做人做事不能不懂的心理学

李问渠 ◎ 编著

专供版

哈尔滨出版社
HARBIN PUBLISHING HOUSE

图书在版编目（CIP）数据

做人做事不能不懂的心理学：专供版 / 李问渠编著
.—哈尔滨：哈尔滨出版社，2019.1
ISBN 978-7-5484-4114-4

Ⅰ.①做… Ⅱ.①李… Ⅲ.①成功心理－通俗读物
Ⅳ.①B848.4-49

中国版本图书馆CIP数据核字（2018）第138395号

书　　名：做人做事不能不懂的心理学：专供版
ZUOREN ZUOSHI BUNENG BUDONG DE XINLIXUE：ZHUANGONGBAN

作　　者：李问渠　编著
责任编辑：翟嫦娥　王婉竺
责任审校：李　战
封面设计：华夏视觉・李彦生

出版发行：哈尔滨出版社（Harbin Publishing House）
社　　址：哈尔滨市松北区世坤路738号9号楼　　**邮编：**150028
经　　销：全国新华书店
印　　刷：哈尔滨市石桥印务有限公司
网　　址：www.hrbcbs.com　　www.mifengniao.com
E-mail：hrbcbs@yeah.net
编辑版权热线：（0451）87900271　87900272
销售热线：（0451）87900202　87900203
邮购热线：4006900345　（0451）87900256

开　　本：787mm×1092mm　1/16　**印张：**22.5　**字数：**330千字
版　　次：2019年1月第1版
印　　次：2019年1月第1次印刷
书　　号：ISBN 978-7-5484-4114-4
定　　价：49.80元

目录

PREFACE

第一章：做人应如水，做事当如剑

做一个善于倾听的人 ………… 002
做一个谦虚的人 ………… 004
做一个会忍的人 ………… 006
自己错了就勇敢承认 ………… 009
悲伤也会是福气 ………… 011
把受批评转换成好事 ………… 013
使批评不能伤害你 ………… 015
学会宽以待人 ………… 016
学会巧妙地拒绝 ………… 017
不要做自己不擅长的事 ………… 020
不找借口开脱责任 ………… 023
不被失败打倒 ………… 026
坚持自己的要求 ………… 027
第一次就把事情做对 ………… 030
做事要主动争取机会 ………… 032
做事要有破釜沉舟的勇气 ………… 034
做到胸有成竹，运筹帷幄 ………… 036
做事要有坚定不移的信念 ………… 038
做事时要把自己当作老板 ………… 040

第二章：做人须守信，做事勿忘利

诚信是最重要的 ………… 044
以诚待人，金石为开 ………… 045

诚心所至，人心所向 ……046
行动是最好的诚实证明 ……049
诚信可以决定生死成败 ……050
诚实是长久的唯一妙策 ……051
品格是一个人最高贵的财产 ……054
让良好的品行成为习惯 ……055
付出就是无形的储蓄 ……057
爱人者人亦爱之 ……059
朋友也要分等级 ……061
好朋友要保持距离 ……063
避免落入他人圈套 ……065
一见如故不一定是好事 ……066
跳槽计策宜掌握 ……068
老板只留用那些最佳的职员 ……070
放弃报复，选择健康 ……071

第三章：做人要方正，做事要圆通

拥有高贵的品格 ……076
保持自己的人格 ……078
做一个正直的人 ……081
获得正直的成功 ……082
“方”是做人的根本 ……086
万无一失的成功秘方 ……087
坚持到底，永不放弃 ……090
不在背后说人长短 ……093
善于控制自己的情绪 ……095
隐藏起自己的喜怒哀乐 ……097
不要让别人丢面子 ……099
不要独享荣耀 ……102
不要因为辩胜了而高兴 ……103
不要轻易批评别人 ……105
用行动代替争辩 ……106
把问题丢给对方 ……108

谨防办公室陷阱 …… 109
避免踏入社会陷阱 …… 112
方与圆决定人生成败 …… 114

第四章：做人重形象，做事懂艺术

树立良好的个人形象 …… 118
良好的教养更胜财富 …… 119
主角配角都能演 …… 122
养成良好的工作习惯 …… 124
充分展现自己 …… 126
主动改掉推诿的毛病 …… 127
管理者要行得端坐得正 …… 128
豁达大度交益友 …… 129
遵守办公室礼仪 …… 131
找回自己，保持本色 …… 133
善于赞美别人 …… 135
学会敬重别人 …… 137
努力记住别人的名字 …… 138
学会看风使舵 …… 141
奉承不能过分 …… 143
做个受赏识的下属 …… 145
做个受人欢迎的好同事 …… 149

第五章：老实不吃亏，吃亏也精明

做个与人为善的聪明人 …… 154
偶尔装点儿傻 …… 155
巧妙地令别人觉得重要 …… 157
不随意评论别人 …… 158
敌人是自己造成的 …… 159
做人切勿率性而为 …… 161
绝对不可以唠叨 …… 164
温和的回答能消除怒气 …… 166

吃亏就是占便宜 …… 167
装聋作哑可以不战而胜 …… 169
争论中没有赢家 …… 174
以友好的方式开始 …… 176
学会韬光养晦 …… 177
学会退一步 …… 178
学会赞同反对意见 …… 180

第六章：头脑要冷静，心态须良好

坚持内心的反省 …… 182
冷静面对不如意 …… 183
不要在失败后倒下 …… 184
人要有自知之明 …… 185
小不忍则乱大谋 …… 186
掌握“刺猬理论” …… 187
向着美好前进 …… 188
别把自己太当回事 …… 189
找出被冷落的原因 …… 190
做事前先说服自己 …… 191
保持平常的心态 …… 193
保持心灵的平衡 …… 195
乐观者掌控未来 …… 197
缺乏热忱，难以成大事 …… 199
犯错是成功的垫脚石 …… 202
珍惜美好的现在 …… 205
放弃完美，追求平凡 …… 207
持有一颗宽广的心 …… 208
摆脱自卑的束缚 …… 210
叩开情绪共鸣的大门 …… 214

第七章：语言做文章，行动做巨人

善于交谈，收获成功 …… 218

学会说好第一句话 …… 219
学会说话拐点弯 …… 220
学会说“不”的艺术 …… 222
掌握说话的技巧 …… 223
敢于说出自己的意见 …… 224
说话要让对方明白 …… 225
不要把自己推向绝路 …… 225
多看多听少开口 …… 226
做行动上的巨人 …… 227
在别人的怀疑中奋进 …… 228
认真做好每一件事 …… 229
行动的影响不可忽视 …… 232
锲而不舍，则百事可为 …… 233

第八章：做好我自己，巧借他人力

主宰自己的思想 …… 238
命运掌握在自己手中 …… 239
努力让自己变得不可替代 …… 241
发挥自己的优势 …… 243
自我激励的方法 …… 244
做自己擅长的事情 …… 245
敢于喊出与众不同的声音 …… 246
存有欲望并全力以赴 …… 248
不抛弃，不放弃 …… 249
培养强大的自信心 …… 250
善于交流合作更易成功 …… 251
不断向别人学习 …… 252
学会“借”的法门 …… 255
让下属增强你的实力 …… 256
让朋友成为成功的砝码 …… 258
起用能力比自己强的人 …… 261
巧妙地刺激别人努力工作 …… 264
激发他人的强烈需求 …… 265

树立替别人着想的意识 …… 266
找一个荣辱与共的支持者 …… 267

第九章：重情又重义，智慧胜一切

同情心最重要 …… 270
争取对方的心 …… 272
真诚地赞赏他人 …… 275
从赞扬和感激开始 …… 276
善用赞美的魔力 …… 277
送人一个好名声 …… 279
重情重义必定获得成功 …… 279
宽容是做人的美德 …… 281
关怀别人等于获得支持 …… 283
送人赞赏，收获支持 …… 286
当众拥抱你的敌人 …… 289
学会识别人 …… 291
抓住别人的目光 …… 294
善于布局可掌控命运 …… 297
巧妙暗示收奇效 …… 299
先说自己的错误 …… 300
命令不受欢迎 …… 301
一开始就让对方说“是” …… 302
倾听他人，谦虚待己 …… 303
一个给你带来奇迹的原则 …… 305
戏剧化地表现你的想法 …… 306

第十章：积极去生活，认真去工作

做一个果敢的人 …… 310
人不能不战自败 …… 311
超越平庸，选择完美 …… 312
怀有一颗感恩的心 …… 315
信念是成功的保障 …… 317

自信能够带来奇迹 …………………………………………………… 319
身处逆境不要逃避 …………………………………………………… 320
执著地去追求梦想 …………………………………………………… 322
在失去后重新树立目标 ……………………………………………… 325
自动自发地工作 ……………………………………………………… 326
做事情要尽职尽责 …………………………………………………… 328
带着热情工作 ………………………………………………………… 331
把创造当成时尚 ……………………………………………………… 333
每天多做一点点 ……………………………………………………… 335
对工作负责 …………………………………………………………… 339
踏踏实实地做事 ……………………………………………………… 340
做最好的员工 ………………………………………………………… 341
坚持勤奋刻苦的工作 ………………………………………………… 343
将工作当成人生的乐趣 ……………………………………………… 345
把每一项工作当成事业 ……………………………………………… 348

第一章

做人应如水，做事当如剑

做一个善于倾听的人

卡耐基受邀参加一个桥牌聚会，由于他对桥牌不十分感兴趣，碰巧当天参加该聚会的，另外还有一个金发女郎也不怎么喜欢玩桥牌，于是他们就聊了起来。

她知道卡耐基以前曾是电台主持人罗威尔·托马斯的经理，专门负责替他撰写到各地旅游的观感见闻，供他在电台上发表。

于是她立即向他说："卡耐基先生！我好希望能亲耳听你述说一下你到各地旅游的所见所闻！"

他俩一坐在沙发上，她就立即告诉卡耐基说，她和她丈夫刚从非洲旅行归来。

"非洲！"卡耐基闻言惊叫一声，"多有意思啊！我一直都好渴望能去非洲看看，可是却苦无机会，只有一次到过阿尔及利亚边境，在那里待了24个小时。告诉我你是不是整个非洲全跑遍了。我好羡慕你，还是由你来告诉我一些非洲见闻吧！"

接下来的45分钟时间，她果然没再问起卡耐基任何有关到各地旅游的见闻。事实上，她所需要的，只是一个耐心、专注的听众，来满足她以自我为中心的意志。

这种心理反常吗？一点儿也不！像她这样的人，到处都可以碰得到。

有一次卡耐基在格林柏先生举办的餐会上，认识了一位植物学家，以往他从来不认识学植物学的人，未料才跟植物学家寒暄几句，立即发现此人所学甚精，谈吐高雅，告诉了他许多有关园艺方面的知识，并帮助他解决了不少这方面的困惑。

当天同桌用餐的宾客，至少也有十几个人，但卡耐基却顾不得礼貌，兀自跟这位植物学家聊了好几个小时。直到将近午夜，卡耐基才向所有宾客与主人告辞准备离去。

临行前卡耐基还听到那位植物学家当着主人的面，夸了他好几句，说他很健谈，很有知识和见地，说跟他谈话，不仅轻松愉快，而且受益匪浅。

但事实上，卡耐基在跟他谈话的那几个小时里，根本就没开几次口，大部分时间全是在听他一个人述说。卡耐基对植物学一窍不通，哪有可能轮得到他插嘴。

但他会如此夸卡耐基，不外乎是卡耐基从头至尾都兴趣盎然地聆听他的演说，而他也明显地感觉到卡耐基真的是十分投入，所以他当然会感到很愉快。专注的聆听，所意味的正是一种不假言辞的赞美。

它所带给人的满足与喜悦，绝非其他实质的赠予所能相提并论的。

世界著名的影剧记者之一伊撒克·马士逊曾明确指出，世上许多人之所以不能留给人良好的印象，正是因为他们不能耐心地做一个很好的听众。

“由于他们只关心自己接下来要说的话，因此根本不肯耐心地去听人家把话说完……多数大人物都曾告诉过我他们喜欢的是肯耐心听对方说话的人，而不是那些争着要发表意见的人。”

而听人说话这门艺术，却非一蹴而就，真正懂得它的人，毕竟是少之又少。

因此，如果你要将机智做事应用自如的话，便要记住：做一个好的听众，鼓励别人谈他自己。

纽约电话公司在几年以前，曾碰到过一件相当棘手的事情，一名顾客非但痛骂公司之接线生，拒绝缴纳电话费，而且还四处宣传，借舆论来攻击该公司。他还列举出多项罪名，公开指控纽约电话公司。

最后，公司终于派出了处事手腕最高明的一位工作人员，登门拜访这位暴躁凶悍的客户，而他在拜访这位先生时，唯一所做的事就是专注地听对方将满腹牢骚倾诉出来，并一再地点头称是。

几个小时后，这位顾客的问题便解决了。

表面看来，这位顾客固然是义正词严，誓死为公众的权利和电话公司争个高下。

而事实上，他真正需要的，不过是一种受到重视的满足感。

刚开始，他是借着暴跳如雷、攻击谩骂来获得这种满足，一旦他能从电话公司派出的代表身上，获得那种受重视的感觉，原先的敌意自然就消弭于无形了。

做一个谦虚的人

许多人对于谦虚这项重要的品质，感到不以为意。

事实上，谦虚是一种积极有力的品质，如果妥善运用，会使人们在精神上、文化上或物质上不断地提升与进步。

谦虚是天真做人的精髓。因为谦虚，甘地使印度独立自由，施韦策为非洲人创造了更美好的世界。

而我们在生活中常可以遇到好为人师的一类人，他们总喜欢指出人家这儿做得不合适了，那儿做得过分了，似乎他们什么都在行，对什么都可以说出个道理来。

这种自负，恰好是自卑心理的曲折表现。

他们所以摆出一副“万事通”的面孔来，就是唯恐被人轻视，他们炫耀自己的目的就是要提高自己的地位。可是这样做的结果更使他们捉襟见肘，遭人厌恶。

道理很简单，你不相信别人有办好事情的能力，别人也不会把你的能力放在眼里。

一个学生拿着一道题目问一位老师，老师正在思考时，一个大学刚毕业的年轻人为了表现自己年轻聪明、反应快，拿过题目就说：“这还不简单，怎么这样的题都做不出来呢？”

结果当他做下去时，却发现自己也做不出来，搞得十分狼狈。

所以，只有谦虚才能学习更多的东西，人外有人，天外有天，我们懂得的那点儿道理没有什么了不起，就不要好为人师了。

一个人有才能是件值得佩服的事，如果再能用谦虚的美德来“装饰”，那就更值得敬佩了。

任何人潜意识深处都是争强好胜的，自负正是人的本性之一。那么你的自我表现，不恰当的炫耀往往就会刺伤别人，所以谦虚是天真做人中使你受欢迎的有效方法。

不论你的目标为何，如果你想要追求成功，谦虚都是必要的品质。

在你到达成功的顶峰之后，你会发现谦虚更重要。

只有谦虚的人才能得到智慧。聪明的人最大的特征是，能够坦然地说："我错了。"

你必须要谦虚，才能在挫折和阻碍中找到成功的契机。

每一次的挫折都具有某种意义，能够使你成长。

雷托尼奥本来是停车场管理员，他的工作并不如意，后来开始承包工程。他承包胡佛水坝的部分工程，却意外地碰到许多坚硬的巨石。

为了移开这些巨石，他遭遇了许多困难，并且造成工程延误，使他耗尽所有。

雷托尼奥对于自己的损失，并没有责怪别人，或是抱怨命运作弄他。他对自己负责任。

每一次遭遇挫折，他都谦虚地思考，试图发现阻碍自己成功的因素，祈求上帝指引他。

后来他终于从一次挫折中找到"成功的契机"，他决定改行，生产可以移动地球上任何一种石头的机器。

结果，世界各地都在使用雷托尼奥的挖掘机械。雷托尼奥拥有好几个生产工厂，他个人的财富高达数百万美元。

但是他谦虚的故事还没有结束。为了表示感恩，雷托尼奥把他大部分的收入都捐给教会，自己大部分的时间则用来传教。

有时候，谦虚会把挫折变成精神上的资产。

许多年以前，伯伦帝拜访企业家李·布雷克顿先生，他曾任北卡罗来纳州怀特维市的市长。当天他正好发现，合伙人的疏忽，造成了一笔重大的经济损失，而对方是他多年来一直充分信赖的事业伙伴。

"由你一手创建及管理的企业，总数有多少？"

"总共有15家，"布雷克顿先生说，"包括怀特维第一银行。我从来没有损失过一分钱，所以这次对我的打击才会这么大，我再也骄傲不起来了。"

"很好，"伯伦帝告诉他，"你将体会出失败和成功一样有意义。如果损失让你懂得谦虚，让对你仍然保有的财富心怀感恩，那么这次的损失将是一种幸运。你会比以前更成功。”

几个月后，伯伦帝收到布雷克顿的来信，他的收入已经达到开始以来的最高峰，他说是谦虚弥补了上次的损失。

富兰克林是美国的政治家、科学家、《独立宣言》的起草人之一。他在美国独立战争时，曾留下许多功绩。

有一次，富兰克林到一位前辈家拜访，当他准备从小门进入时，因为小门低了些，他的头被狠狠地撞了一下。

出来迎接的前辈告诉富兰克林：“很痛吧！可是，这将是你今天拜访我的最大收获。要想平安无事生活在世上，就必须时时记得低头。这也是我要教你的事情，不要忘了谦虚！”

从此，富兰克林牢牢记住这句话，并把“谦虚”列入人生的指导方针之中。

做一个会忍的人

忍是很重要的一个字，因为在任何时间、任何场合，都有不如意的问题存在。

有些问题无法解决，有些问题无法很快解决，更有些问题不是自己的能力所能解决。所以只能忍！

小不忍则乱大谋，古有明言，不能忍的人虽可以暂时解除心理的压力，但终究自毁前程，会失去长远的利益。

你刚刚跳槽到一个薪水很高的单位，但不久就发现，老板是个脾气暴躁、为人粗鲁的人，下属稍有过失便大发雷霆，出言不逊，严重刺伤人的自尊心。

有一天，这种祸事终于降临到你头上了。这时候，你该怎么办？

很多人梦想找到一份十全十美的工作，老板又好，薪水又高，但这样的美梦并不是每个人都能实现的。

不少人肯付出很多代价，只为换取一个薪水很高的工作或职位。而你，既然在这方面拥有很大的优势，其他方面有一些小的牺牲也是理所当然的。

如果老板真是个脾气暴躁、为人粗鲁的人，这也给了你一个表现自己宽容、大度风范的好机会。

另外，就算他不分青红皂白就出言不逊是大错特错，但是，要是你把这当成鞭策自己上进的动力，对待工作一丝不苟、精益求精，从不出现任何闪失，难道他还能鸡蛋里面挑骨头不成？

再说，忍受他大发雷霆的人又不止你一个，其他同事是如何面对的呢？这样在潜意识中可以为自己找来点心理平衡。

当然，一味纵容他的恶语伤人也不是长久之策，只是一定得想出个出奇制胜的点子。

比如，你和另一位同事协商好做搭档，找一个适当的时机，你假装和你的同事在工作中发生了意见分歧，然后，你把自己老板平时最爱挖苦人的话全盘托出，再让你的同事以“不问是非、恶语伤人、影响团结”等等为由逐一反驳。

此时，也许你的老板真能从旁观者清的角度获得一些启发呢！

每个人的性格都是不一样的，遇到一个脾气暴躁的老板也不奇怪。

如果有一天你因为小过失遭到他大伤自尊心的指责，解决问题的方法应该是：

首先，等老板把话说完后，承认自己的过失，并告诉他你想出来的补救措施，这样，老板一定会消了心头之火。

其次，再告诉他刚才他出言不逊很伤你的自尊心而且于事无补。

如果老板是个讲理的人，听了你的一番话一定会感到内疚，下次一定会注意。想一想老板为什么这样做，理解老板的意图，然后调整自己的行为，这是比较有益的方法，既可以保全这份满意的工作，又可以理顺与老板的关系。

其实，老板的意图并不难理解，关键在于能否做到“设身处地”和“将心比心”，只要真心去理解，就能够做到，但是若不想去理解，那永远也无法得到真正的相互谅解。

你可以设身处地地理解老板的处境，他之所以脾气暴躁又出言不逊，也许是出于无奈或是迫不得已，或是工作压力过大，或是与他的地位和出身有关。

总之，你既然是他的下属就应该对他敬让三分，就算想提出自己的意见也要注意语气婉转、时机成熟。

能有一份薪水很高的工作是十分令人羡慕的，要时刻记住：小不忍则乱大谋。

当然，每个人遇到的状况都不一样，因此什么事该忍，什么事不该忍，并没有一定的标准，我只能这么说：为形势所迫时，就要忍！

所谓形势所迫就是客观环境对你不利，譬如对目前工作环境不满意，可是又没有更好的工作机会；自己做个小生意，却受到客户的羞辱；想创业，资本却不够……

当形势所迫时，你是很难施展的，仿佛困兽一般。有些人碰到这种情形，常会顺着情绪来处理，要是被羞辱了，马上就和他们干一架；被老板骂了，干脆就拍他桌子，然后自动走人！

不敢说这么做就会毁了你一生，因为人生的事很难说，有时会因祸得福，也有时可能会弄巧成拙！

但不能忍，绝对会使你的事业造成某种程度的中断，据以往的经验，不能忍的人因祸得福的不多，大部分人都不甚如意，总是要到了中年了，才会感叹地说：

“那时年轻气盛啊！”

其中的关键倒也不在于这种不能忍的人命运不好，而是不能忍的人走到哪里都不能忍，不能忍气、忍苦、忍怨，他总是要发作、要逃避、要抗拒，所以常常形势还没好转，他就垮了。

因此，当你碰到困境和难题时，想想你的大目标吧！为了大目标，一切都可以忍！千万别为了爽快而释放你怒火岩浆般的情绪。

我们一生当中会遇到很多问题，如果你能忍第一个问题，你便学会了控制你的情绪和心志，以后碰到大的问题，自然也能忍，直到最后等到时机成熟时再把问题解决，这样才能成就大事业！

从今天开始，练习你的忍术吧，因为你还有一大段路要走呢！

在中国历史上最有名的忍的例子之一就是韩信忍恶少胯下之辱。那时韩信潦倒落魄，无心与恶少争，只好忍辱爬过恶少胯下。这就是有名的

"胯下之辱"的典故。

孙膑忍庞涓之辱也很有名，他装疯卖傻，就怕庞涓把他杀了。结果呢?

韩信终于留下有用之身，成为大将，如果他当时斗气，恐怕要把恶少打死了；孙膑保住一命，最后终于收拾了庞涓！如果他当时不能忍，早就没命了。

卡纳也很会忍，他在一家电器行当业务员，住在老板家里，他本不愿寄人篱下，但自己租屋又开销太大，就这样一住10年。

但他也不是平白住人家的房子，他一方面努力工作，一方面也帮老板家里的忙，甚至陪老板的老母亲散步、爬山，他自己的休息时间都花在这上面了。一直到结了婚，买了房子，他才搬出来。

如果他不能忍，很快就搬出来，增加的开销恐怕要延缓买房子的时间，他的忍，有了回报。

韩信也好，孙膑也好，卡纳也好，都是忍一时之气，争千秋之利，很值得年轻人学习。

自己错了就勇敢承认

当你坦然面对自己的错误时，会感到某种意义上的满足。因为这消除了自己的罪恶感，也在某种紧张的气氛下保护了自己，更有利于迅速准确地解决错误。

傻子也知道为自己的过失辩护，但如果一个人能主动去承认错误，就会改变别人对他的看法。历史上流传有一个佳话：美国南北战争时期的李将军，曾要求一人承担毕克德进攻葛底斯堡惨败的责任。

当时的毕克德长发披肩，十分浪漫，跟拿破仑在意大利战场上一样，差不多天天都在战场上写情书。那个不幸的7月的一个下午，他把军帽斜戴在头上，迅捷地放马向北军发起冲锋，他的部队紧紧地跟随着他，为他呐喊。整齐的军姿，高扬的军旗，闪亮的刺刀，骁勇的士兵，就连北军也忍不住发出声声赞叹。

队伍迅速地向前挺进，越过果园和玉米田，踏着山上的绿草和野花。

虽然北军大炮持续向他们轰击，但他们士气高昂，毫不畏惧。

就在这时，墓地山脊后面突然蹿出一队埋伏的步兵，毕克德的军队毫无准备，遭到了疯狂的射击。山上顿时硝烟弥漫，死尸遍野。就在几分钟之后，毕克德的旅长，除了一个幸存，其他都死了，5 000名士兵也损失了80%。

南军将领阿米士德领兵冲了上去，他爬上旁边的石墙，用指挥刀顶着军帽挥舞着叫道："兄弟们，去杀他们！"

士兵们沸腾了，他们异常勇猛，用枪把、刺刀和北军进行肉搏，终于在墓地山脊的北方阵线上插上了自己的军旗。

这一刻，是南军战功的辉煌纪录，但军旗只在那儿飘扬了一会儿就倒下了。毕克德超乎寻常地勇敢，他最后的冲刺虽然光荣，但却是失败的开始。

李将军所率军队的这次失败，使南军无法突破北方的阵线，大局已定。

李将军悔恨不已，他将辞呈送到南方的领导人戴维斯那儿，要求找个更能干的把他自己换下来。原本，李将军可以找出几十个理由来推脱责任，例如，有个别将领失职，骑兵没有及时赶到等等。

可李将军胸怀宽广，不责备别人。他亲自迎接败阵回来的军队，在众人面前进行自我检讨："都是我的错，我一个人使整场战斗失败了。"

统帅总是高高在上，能独自承担失败责任的，历史上有几个？

在香港卡耐基培训机构任教的麦克·约翰说，中国由文化所带来的很多特定的问题需要新的解决方式，这比遵守古老的传统更有好处。他班上有一位中年学员，多年来他的儿子都不和他来往，因为这位父亲从前抽过大烟，不过现在他已经戒掉了。中国的传统文化中，长辈不能够先向晚辈认错，所以他以前认为父子和好，必须由他的儿子先来找他。刚开始上课的时候，他说起他多么想和儿子和好，想抱抱从未见过面的孙子孙女。班上的学员全是中国人，很理解他的想法和处境，可突破传统毕竟是困难的。这位父亲坚持认为他是对的，儿子应该先来找他，因为年轻人必须尊敬长辈。

到了快培训完的时候，这位父亲的想法变了。他说："戴尔·卡耐基告诉我们，当你错了，你就应该立刻坦诚地承认。仔细想想不无道理，我早就该认错了，我现在要坦白地承认：我错怪了儿子。他不见我是有道理的。假如我主动请求晚辈的谅解，也许很没面子，但是我自己犯的错误，我就应该承认错误。”听了他的话，全班鼓掌支持他这么做。在下一节课上，他给大家讲了他是如何去他儿子家里请求谅解的。

现在他和他的儿子、媳妇、孙子、孙女和好了。

悲伤也会是福气

悲伤和痛苦都是人生中无法避免的，彻底认识这一点，你就能够经受起不幸和打击，更快地恢复生机。

悲伤可以变成一股力量，突破原来因循的习惯及思考模式，让一个人懂得谦让；悲伤也可以让一个人和自己内心巨大的力量沟通无碍。

古希腊人非常了解这个道理，他们以悲剧净化观众的灵魂。坚毅的个性就像钢一样，必须经过反复锤炼，才不会因为横遭打击而断裂；遭遇的困难越大，就变得越坚强。在深沉的悲伤中，越能显现出智慧。历经悲伤更能体会出真正的快乐。

悲伤可以变成一股积极向上的力量，进而改变一个人的一生，使罪恶的人改过向善，酗酒的人从此滴酒不沾，虚荣的人学会谦虚，失去爱的人重新感受到爱。这种痛苦和悲伤，经常使人愿意帮助有同样遭遇的人。

为了给人类最高的智慧，造物者让我们在经历悲伤的磨炼之后，能够明智且适当地运用我们的优势。愚蠢、残暴的人，虐待狂及罪犯，都可能有很高的智慧，但是却经不起悲伤的打击。

如果你对悲伤有很大的忍受力，只要能够把悲伤化为力量，而不是自怨自艾，就可能有很大的成就。

许多伟大的艺术作品及科学成就，都是创作者和发现者在极度悲伤时，把痛苦升华为创造力的结果。悲伤帮助人们成长，苦难与逆境使人们更感亲近，更能够互相鼓励。

极度的悲伤，更能激发出积极的勇气和信心，使人们渡过难关。帮助别人是消除自我怜悯的最好方法。找一个比你更不幸、更有理由悲伤的人，尽力地帮助他解决困难，你的悲伤将在爱与温暖之中融化。

悲伤就像逆境和打击一样，隐藏着欢笑的种子。找到这颗种子，好好栽培它，给它足够的养分，让它结成胜利的果实。

悲伤是福。

曾经有一天，一大早卡耐基的秘书就走进办公室对他说，有一个流浪汉急着要见他。起初卡耐基只想给他一点儿钱，让他买一份三明治和一杯咖啡，不想耽误时间，但后来还是让他进来了。流浪汉大概有一个星期没刮过胡子，衣服皱成一团，好像是从垃圾堆里捡到的。

“看到我的外表这么惊讶，我并不怪你，”他说，“但是你恐怕完全误会了。我不是来向你要钱，我是来请你帮忙救我的命。

“一年前我和妻子感情破裂，离婚之后，所有的事情都不顺心。我的事业垮了，现在正是贫病交加的时候。

“在我准备跳河自杀，一了百了的时候，被一位警察拦住了。他给我两条路，来找你或是去坐牢，让我自己选择。他在外面等着，看我是否言而有信。”

从那个流浪汉说话的语气和措辞看得出来，他受过相当高的教育。

卡耐基问了他几个问题，知道他曾经是芝加哥一家知名餐馆的老板。卡耐基记得看过一则新闻，那家餐馆在几个月前被拍卖掉了。

卡耐基请秘书帮他准备一份早餐，因为他已经两天没有吃东西了。这时他继续说他的故事。

走到今天这地步，他只怪自己，完全没有责怪任何人。

这是一个有利的信号，也是一个线索，卡耐基知道要如何帮助他了。等他吃完早餐，卡耐基说了以下的话：

“我非常仔细地听完你的故事，也深受感动。我尤其感动的是，你没有找任何借口推卸责任。离婚的事，你也没有怪你的前妻，言谈之间，对她仍然非常尊重。”

此时，那个人已经恢复元气。卡耐基要开始提出自己的建议了：“你来找我帮忙，但是很抱歉，我没有任何办法可以帮助你。”

“不过，”卡耐基又说，“我知道有一个人可以帮助你，如果你愿意的话。这个人现在就在这个屋子里，我来替你介绍。”

卡耐基扶他站起来，带他到隔壁的私人书房，让他站在落地的布帘前面。卡耐基把布帘拉开，他从落地的穿衣镜里面看到了自己。卡耐基指着镜中的人说：“这个人可以帮助你。只有他能够帮助你，让你脱离目前不幸的窘境。”

他趋前仔细地看着镜中的自己，擦擦满是胡须的脸，然后转过身来对卡耐基说：“我明白你的意思，感谢你没有对我滥施同情。”

然后，他欠身离去。几乎有两年的时间，卡耐基没有听到他的消息。有一天他走了进来，和上次判若两人，卡耐基根本认不出来了。

他说，后来他找到了工作，在一家类似自己以前开的餐馆担任领班。他在那里无意间遇到一位以前的朋友，朋友听了他的故事之后，借给他一笔钱，他买下了那家餐馆。

现在他拥有芝加哥数一数二的餐馆，生活十分富裕。但是他更大的财富，是能够发挥意志的力量，把一时的失意和由此而导致的悲伤化作力量和智慧。他终于走出悲伤的阴影成为了一名成功人士。

悲伤是福!

把受批评转换成好事

绝不会有人受到别人的批评或责骂时，还会很高兴，只不过每个人对这种事情的反应会有所不同。

有些人，脸上藏不住半点儿事情，心里不高兴就全写在脸上，表达出来，恨不得能够表演得淋漓尽致，不在心里留下半点儿。而后自己豪爽地说一句：“事情过去了就算啦！”

可是自己心里没有了垃圾，却无从知道这些垃圾是被转移至对方心里去了，还是进了焚化炉？

身处社会之中，接触到人群，偶尔挨两巴掌是常有的事，但是，挨了巴掌之后，要怎么反应，就是一门你我都需要耗费时间和耐心来学习的大学问了。

有位朋友对小仲马说：“我在外面听到许多不利于你父亲大仲马的

传言。”

小仲马摆出一副无所谓的样子回答：“这种事情不必去管它。我的父亲很伟大，就像是一条波涛汹涌的大江。你想想看，如果有人对着江水小便，那根本无伤大雅，不是吗？”

听到别人的批评，再三客观地分析、判断之后，只要认为自己的做法合理，站得住脚，那么大可以坚持到底，不必妥协。

但是，如果冷静客观地分析之后，发现自己确实是理亏的，就要勇敢地承认错误并接受错误的事实，马上改进，并且诚心诚意感谢对方。

英国副国务大臣休谟曾经因为一个政策，被持相反意见的国会议员和社会舆论连续在议会和报纸上，大肆批评了一个星期。

朋友对休谟很同情，忍不住问他：“你怎么能够受得了这种语言轰炸行为呢？”

“还好我身上流着坚强的苏格兰人的血液，”休谟笑了一笑回答道，“最重要的原因是每当我听到别人批评我的政策时，我一定会这样想：嘿！骂吧！这种广告宣传是不用花钱的。”

人的一生似乎总是在否定和肯定的浪潮之中载沉载浮，不管是来自别人，还是源于自己的心底。

打从走路开始，我们就在父母的肯定鼓励之下，迈出人生的第一步。师长的肯定和否定，往往又左右了我们成长过程之中的喜怒哀乐。

不必去排斥别人的否定，换个角度想一想，这是在帮助我们进步。

喜欢依附别人的关爱和肯定来生活的人，因为要努力迎合他人的喜好，最后必定会迷失了自我。

有一个记者，竟然因为在吃饭时，和一家名点心店的服务生有些争执，而在一本休闲杂志上写文章，恶劣地批评这家点心店的食品难以下咽。

点心店的员工看到这篇报道都很生气，纷纷要求老板找律师去告那个记者。

但是，老板非但没有为了这件事懊恼，反而胸有成竹地发信给各路记者，邀请他们来参观一场“挑战XX杂志：传统面食制作的表演”。

点心店特意停业一天，但是店门大开，欢迎民众来观赏表演。这一天，店里四处张灯结彩，喜气洋洋，非常热闹。

只见点心店老板一副古装打扮，身手灵活就像是表演杂耍似的，做出薄得可以看透的包子皮；拉出细细长长，挂在手上一圈又一圈的面条；烙出一层又一层松松软软的葱油饼……

在现场的记者们都成了现成的评委，逐一品尝之后，他们一个个伸出大拇指直夸好吃。

这场大“挑战”点心店赢了，因为记者们回去一报道，点心店的生意好得简直供不应求。

再听到批评的时候，哪怕是挨了骂，也不能急于报复，而要静下心来学一学点心店的老板，变坏事为好事。利用争议和批评崛起的成功者不在少数。

使批评不能伤害你

史密特里·帕特勒少是所有统率过美国海军陆战队的将军中最会玩花样、最讲派头的将军。他年轻时渴望成为最受欢迎的人物，希望给每一个人都留下好印象。那个时候，一丝一毫的批评都会让他觉得非常难受。在海军陆战队的30年则使他变得坚强起来。“我多次被人责骂和羞辱，”他说，“有人骂我是黄狗，是毒蛇，是臭鼬。那些骂人专家几乎将英文里能够想得出来而印不出来的肮脏字眼都用来骂我。这会不会让我觉得难受？哈！现在要是听到有人在背后说我什么，我甚至都不会掉头去看一看是谁在骂。”

即使被人说了许多无聊的闲话，被当成笑柄和谈资，被人骗了，被人从后面“捅”了一刀，被我们最信赖的朋友出卖了，也千万不要纵容自己顾影自怜，而应该时刻提醒自己。想一想耶稣基督的遭遇，想一想12个亲密的门徒中，竟然有一个背叛了他，而其所贪图的赏金，按现在的货币价值折算不过是19美金；他亲密的门徒中的另一个，在他惹上麻烦时居然公开背弃了他，三次表明自己根本不认识耶稣，一边说一边发誓。出卖自己的人占所有亲密的人的六分之一，这就是耶稣所遭遇的困境。为什么你我却希望自己能比他幸运呢?

查尔斯·舒伟伯在普林斯顿大学发表演讲时说，他所学到的最重要的一课，是一名在他的钢铁厂工作的德国老人教给他的。这位德国老人因为谈论战争问题与其他工人发生了争执，结果被丢进了河里。“他走到我的办公室，”舒伟伯先生说，“满身都是泥水。我问他将如何对付那些将他扔进河里的人，他回答说：‘我只是笑一笑。’”

从此，舒伟伯就把这个德国老人的话当作自己的座右铭，谨记“只是笑一笑”。

当一个人遭遇到不公正的批评时，这句话尤其管用。别人骂你的时候，你可以回骂他，但是对那些“只是笑一笑”的人，你又能说什么呢?

如果林肯没有学会对那些咒骂置之不理的话，恐怕早就承受不了内战的压力而崩溃了。他写的关于如何处理批评的文章，已经成为一篇经典之作。第二次世界大战期间，麦克阿瑟将军将这篇文章抄下来，挂在总部办公室的墙上；丘吉尔也将这篇文章镶在框子里，挂在书房的墙上。其中有段神奇的话就是：

“如果我试着去听——更不用说去回应所有对我的攻击，这个店就不如关了门，去做别的生意。我竭尽全力去做好，并且始终如一将事情做完。如果结果证明我是对的，那么他人怎么评论也就无关紧要了；如果结果证明我是错误的，那么即使花十倍的力气来说自己是对的，也无济于事。”

学会宽以待人

尽量要以一种宽容大度的方式对待那些“难以相处的人”，那么久而久之，对方也会自觉不自觉地改变他的行为而同你的高姿态看齐，这样就避免了很多不必要的麻烦。

在生活中，我们经常会碰到所谓“难以相处的人”。有的人整天沉默寡言，即使你主动找他谈话，他也对你爱搭不理；有的人高高在上，目中无人，似乎对你充满敌意；有的人成天牢骚满腹，怨天尤人；有的人对你的工作吹毛求疵，百般挑剔；有的人浅薄无聊，充满低级趣味……如果和这些人只是偶然相处倒也罢了，可问题是有时你会被迫长时间地与这些人交往、相处和共事，在这种情况下，你的烦恼是可想而知的。如何对付这些难以相处的人的确可称得上是一门艺术了，笔者在这里给大家一些建议：

1.从自己身上查找原因。首先你必须明确的是，造成这种困扰是别人的问题，还是你对别人要求过高。你可试着同你周围的人交往，看看你所认为的“难以相处者”在其他人眼里是否也是这样。如果别人并没有这样的感觉，那你就要从你自己或你们两个人的关系上找原因。

2.倾听与沟通。在现实当中，要做到上面那一点并不是一件容易的事。在此，建议你学会一些心理咨询专家经常做的一件事，即倾听。“听”有时会比成百上千次的“说”还要重要。同时，你还可采用恰当的方法让他知道，你对他对待你的方式方法感到十分不安，这种方法常能软化难相处者的敌对情绪。如果在这种情况下，对方仍没有领你的情，你可直言向他表明现在不是交谈的最好时机，过一段时间你们有必要进行更多的交流，并强调，这是你们双方必须做的工作。这样做的目的，是使双方都能得体地从僵局中摆脱出来。

3.运用移情法。对于一个真正的难以相处者，你要学会设身处地地了解对方的处境，即运用移情法。你不必同他争执，更不必强迫他去做些什么，而是心平气和地询问他以这种方式对待别人的原因，在这种情况下，即使你的目的没有达到，也能在一定程度上缓和你们之间的关系。当然，他说出的原因在你看来可能是十分荒谬的，你也不必马上对他进行反驳，而是设法从他的言谈中发现某些真实的成分(这是一定有的)，这样做，能够进一步缓和你们之间的关系，使双方都觉得心情舒畅。

学会巧妙地拒绝

一位与你关系很好的同事，要做一个策划书，请你提意见，你客观地给他分析事情，满以为帮了他一个忙。

可是，不久之后，他的策划书给上司驳回，同时还被上司训示一番。

这是一个很好的教训。“不在其位，不谋其政”，随便说话，容易弄巧成拙。

你可以约那位同事吃饭，表示歉意。但言辞上不必过分内疚，告诉他你的感受：“我希望帮你一把，料不到却愈帮愈忙。”最大的目的是，取得谅解和让对方知道，最后的决定还是在于他本人，你只是提意见而已。

然而，从这件事中，你应该懂得不是事事都能答应别人的，你应该学会拒绝别人。

工作认真、乐于助人的你，终日忙得团团转。

因为除了本身的工作，你还是“清道夫”，对其他同事的请求，一概接纳。但不妨检讨一下，这样做，是否经常弄得你透不过气来，甚至超时工作，如果达此程度，奉劝你应该重新估计自己的能力和态度了。

谁都需要休息，要是你没有停下来喘息和“加油”的时间，对自己的工作肯定有坏处。人是不能长久做“好人”的，否则人家是不懂珍惜的，即使说你辛苦了自己，却可能吃力不讨好。所以你应该学会去拒绝别人。

当然，不是叫你违反社会道德规范，只顾自己，而是请你预先分析一下，那一件工作需要花多少时间，自己的能力和精力又可以承受多少工作。

千万别以为自己是超人，没有人可以长期在巨大压力下工作的，请解放自己。

好了，你确实有剩余时间，不防“择人而助”，那就是研究一下哪种工作可以让你学到新技巧，或在人际关系上有好处。否则，请婉转地拒绝吧。

如果你的好拍档竟然在公在私均十分依赖你，“没有你，我真不知怎么办”，拍档经常公开这样表示，千万别沾沾自喜，这绝不是一个好现象。试想，别人会怎样想，以为你控制他别有妙法！

若是厉言正色，或十分公式化地向对方表示，你不会待他像以往一样地迁就，请他凡事自己决定和实行，这样，当然会使对方不高兴。对方一定以为你嫌他烦，或是要独自邀功，对你的好印象当然大打折扣。

不妨婉转和间接一些。例如对方要求你照例伸出援手时，你可以打趣地说：“其实这件事很简单，你一定可以应付自如的，被我的意见左右，可能不妙。”

这番话是间接在提醒他：一个成功人士，必须独立、自信。这样说一点儿也不会损及大家的情谊。

你的拍档在办公室整天忙着筹备婚礼事宜，结果是你平白要多负上他的责任。

虽然你表示过：“我实在没有余力替你做工作。”但对方的态度却是：“你也将有同样的私事发生，到时我必尽力帮忙。”怎么办呢？

不错，同事间是有义务在紧急关头兼做拍档的工作的。结婚就是个紧急事，但是大多数上司是不会同情只关心私事的下属的。

不妨这样推掉对方的请求：

“你打算怎样处理那份报告书？我手头上还有三个计划书，恐怕在未来几个礼拜都无法腾出时间帮你了。”切记不要强调你将不会伸出援手，而是将责任交回他手上，令他不要误会有你做后盾。

要是对方以将来代你工作为交换，可以提议对方先向上司请示，这样等于避免了直接做决定。

遇上有同事向你借钱应该怎么办？很多人碰到这个问题都很困扰，因为借给他钱，有可能这一笔钱就要不回来了，或是一再“拖延”，毕竟同事需要才会来借钱嘛。如果时间一到便去催债，好像自己太没人情味，何况也没勇气开口，更怕一开口，就伤了彼此的感情。

不借嘛，自己的钱固然是“保住”了，但朋友有难，不出手帮忙，道义上似乎也说不过去，也担心二人的感情恐怕从此要变质了……

请先观察情况，此人是否常有经济拮据情形？是否不会如期还钱？还有，他在同事间的信誉是否不好？

要是答案全是否，大概这位同事的确是有燃眉之急，作为朋友，帮个忙是应该的，而且你不必多次追问，只需要伸出援手，并安慰道：

“不必忧心，我的能力可以应付，你尽管办你的事吧！”

如果答案刚好同上面相反，此人则是不知自爱，起码也是理财无方，值不值得帮忙，就要看你与他的交情了。

他是你同部门的同事，而且与你十分熟悉，看来推也推不掉，那么，你唯有“酌量”帮忙。而治本之法是一方面多规劝老友要小心理财，另一方面“装穷”，希望对方转移目标。

如果对方是别的部门的同事，那就易办得多，因为接触较少，不必尴尬，不妨婉转地回绝：“对不起，我每月都有自己的经济预算，恐怕帮不上忙。”

“拒绝得体”也是一种表达上的艺术。

不瘟不火地就能让人知难而退，更高明的还会让人甘愿接受拒绝。若能不发一言一语，不费吹灰之力就达到这种效果，那就更是上策了。

别看语言是人与人之间沟通的主要桥梁，其实有的时候，撇开它不用，反而更不易惹是生非，这时候，肢体语言就可以派上用场啦！

大文豪雨果写巨著《悲惨世界》之时，为了不让自己的文思中断，集中精力将这本书尽快完成，所以他拒绝了一切的应酬。

可是在这么长的时间内，总会有至亲好友上门来强拉他去应酬。

怎么办呢？他想到了个好方法来应付。

当至亲好友按他家的门铃时，他总是很快地将门打开，可是，亲友们看到的却是一个留了半边头发和半边胡须的人。如此一来，就算多么想拉他一起去应酬，也做不到了。

于是，这部巨著如期完成。就在他把书稿寄给出版社一段时间之后，雨果想要问一问编辑觉得这部书稿怎么样，于是就发了封信给出版社，信上写道：

“？雨果。”

编辑回了他一封信：

“！编辑。”

明智的拒绝同样需要技巧，学会拒绝的艺术当是你机智做事必不可少的一步。

不要做自己不擅长的事

你也许刚刚大学毕业，你也许刚刚被自己的雇主解雇，你也许因为你的老板对你不友好而一怒辞去了工作，总之，你面临着择业。

但无论你干什么，都会有一个共同的难题，那就是你选择何种职业。

毋庸置疑，选择对每一个人来说都是至关重要的。

选择的职业难度过高，你会觉得力不从心，更会让老板以为你的才能不足以胜任，一份辛辛苦苦找到的工作，毫无疑问地泡汤了；反之你选择难度过低的，就会有庞统做知县的感觉，且不利于你的发展。如果在考虑选择的过程中，这般犹豫，就错过了发展的时间。

在很大一部分事业有成的人中，其成功的经验之一是他们在一开始就选定了一个适合于发展自己长处的事业。那么，如何确定自己具有长处的职业呢？

一、给自己的才能定位，也就是正确地对自己进行切合实际的评估，真正知道自己到底有多大本事。

二、把社会资源和自身资源有机地结合起来，以达到优势互补和充分利用。

三、天时、地利、人和是你成功的基本条件之一，你必须努力学会掌控，运用天时、地利、人和的有利条件，其中“人和”是重中之重。

四、记住：无论选择什么职业，都要适合自己的专业，最起码也要是自己感兴趣的职业才行。如果既不专业对口，你也不喜欢那项工作，那么别说成功，就是做好也很难。

一位作家曾经说过：“一个人所成就的事业，必然是这个人的特长。”舍长取短是天下最愚蠢的人才做的。

世间有数不尽的由于选择了适合发挥自己长处的职业而青云直上成为成功者的风云人物。

透纳的家人本来希望他在少女发廊做一名美发师，但是，透纳却成为了一名伟大的风景画大师。

“但是，我还是能干一些事情的。”彼得向老板恳求道，因为老板要解雇他。

“作为一个推销员，你根本不够格。”他的老板这样认为。

“我相信我能成为一个有用的人。”他争辩说。

“你怎么成为一个有用的人？”老板开始嘲弄彼得。

“您只是别把我赶走，请让我试一试其他的工作。”

“我知道你什么也干不好，用你本来就是我的错。”老板挖苦地说。

“但无论如何，我都是有些用处的。”彼得坚持认为。

终于，他的恳求被同意了，他暂时到会计那里帮工。在那里，他在会计方面的天赋很快就显露出来。

几年以后，他不仅成了一家大百货商店的负责人，而且还是个出色的会计师。

当每一个人都选择了适合自己的工作时，这就标志着人类文明已经发展到一定的程度。只有找到了合适的位置，人们才有可能获得理想的成功。就像一个火车头一样，它只有在铁轨上时才是强大的，一旦脱离铁轨它便寸步难行。

每个人都有自己的长处，何特密斯·奥德说：“有的人擅长这一行，有的人擅长那一行，还有些人整天游手好闲，他们擅长无所事事。”

“有两次我企图做自己最不擅长的事。”费尔沉痛地说，“一次我想狠揍一顿那个割破我的帐篷爬进来的可恶家伙。我说：‘好的，先生，请你出去，否则，我让你尝尝我的厉害。’那个家伙说：‘来吧，你这个孬种。’我向他扑过去，但是，他用力抓着我的头，把我从帐篷里拽到了外面的草地上，接着他开始揍我，一直到我起不来为止。我看着那被撕烂的衣服，知道打架不是我的优势。

“我还一度坚信自己可以玩马戏，于是，我搭便车到了一个马戏团。我后面有两匹马，前面有一匹马。但是，当我站在那个位置之后，那些马开始踢我，并且不停地叫唤，四蹄扬起，动个不停，一点儿也不听话。结果，我的肚子和后背重重地挨了好几下，我被踢到了其他马群里，疼得我禁不住像科西嘉的野人一样大喊大叫起来。我被人拉起来背回了旅馆。我头上扎着带子用虚弱的声音对自己说：‘小子，你看来并不擅长驾驭那些马。’”

这两个故事说的是，千万不要做你不擅长的事。

而谨慎地为自己定位，就是为能更好地发挥自己的特长。

但有些人却不知道自己具备哪些特长。其实，你特别的才智就是你自己的天赋。

而真正适合你的职业应当能够充分表现你的个性和天赋，如果你找到了合适的位置，工作本身就会充分而全面地调动你的才能。

如果你的天赋和内心要求你从事木工方面的工作，那么你就做一个木匠；如果你的天赋和内心要求你从事医学方面工作，那么，你就去做一个医生。坚信自己的定位是符合现实的，更坚信自己选择的职业通过坚持不懈的努力，就一定能够成功。

但是，如果你智力平平，或内在的呼声很微弱，那么，你就应该在你最具适应性的方面和最好的机会上慎重地做出选择。

不必怀疑这个世界是任由你去创造的，真正的成功在于出色地履行自己的职业责任，扮演好自己的角色。这一点是每个人都能够做到的。

记住：做一个适合自己特长的一流的搬运工，也要比做一个不适合自己的二流的其他角色强。

中国台湾皮毛大亨虞文先生，生于一个数学之家，父母都是数学界的知名学者。

当然父母更希望他们的孩子将来也会成为数学泰斗。于是夫妇俩从小便向虞文先生灌输各种数学知识。

但不知为什么，小虞文却无论如何也对数学提不起兴趣，却对经商表现出了极大的兴趣。他在夜里偷偷地学习有关商业及管理方面的知识，后来几乎到了如饥似渴的地步。

但他却无法违背固执的父母的意愿。成年后，他不得不到父亲所在的学校里教数学。但他知道，数学绝不是他所长。他时刻在争取机会去商场“搏斗”，他相信，他的知识，足以使他在商界成名。

终于，他的父母放弃了对他的要求，但却不向他提供任何帮助。

若干年后，积累了丰富商业知识的虞文终于在商场上拼出了自己的一块地盘，成为了首屈一指的皮毛大亨。

这个故事说明了一个人要想成功，就必须做自己最擅长的事。

不找借口开脱责任

成功者不善于也不需要编造借口，因为他们能为自己的行为和目标负责，也能享受自己努力的成果。那些喜欢发牢骚、闹别扭，生活在不幸中的人都曾经有过梦想，却始终无法实现自己的梦想。为什么呢？因为他们有找借口的毛病。

一位老人给我讲述了他退休时的感受。本来他和一位同事是一起进入公司的，但最后他退休时为他致辞的就是那位同事。上进的同事节节攀升，就是现在的董事长。不包括种种红利以及其他福利在内，其薪水就是他的10倍。这位老人说："我认为他并不比我聪明多少，他只是能完全投入到工作中，而我没有做到这一点。"

在老人的一生中，他也有很多机会。"是我自己的借口让我错失了公司内外的很多机会。我在公司待了5年后，有一次公司要我到南方去掌管分公司。但是我害怕承担责任，因而拒绝了。后来再有这种绝好机会时，我都习惯找一些借口推掉。"他最后得到的就是一笔足够他晚年生活的保险金，而他的那位同事却经营着靠自己拼搏得来的事业。

与之截然相反的是一位体育界的成功者罗杰·布莱克。他的杰出并不在于他非凡的令人瞩目的竞技成绩，他曾经获得奥林匹克运动会田径男子400米银牌和世界田径锦标赛4×400米接力赛金牌。更让人心生触动的事实是这些成绩是在他患有心脏病的背景下取得的。

除了他的家人、亲密的朋友和医生几个人知道他的病情外，他没有向外界公布这个消息。带着心脏病从事这种大运动量的竞技项目，不仅很难有出色的发挥，而且有可能危及生命安全。第一次获得银牌，他自己并不满意。如果他宣布自己的健康状况，即使他在运动场上半途而废，人们也会理解的。可是罗杰却说："我不想小题大做，如果我失败了，我也不想把这个作为我的借口。"作为世界级的运动员，这种精神一直存在于他的整个职业生涯中。

那些认为自己缺乏机会的人，往往是在为自己的失败找借口。

借口总是在我们的耳畔窃窃私语，告诉我们不能做某事，久而久之让我们的潜意识认为这是"理智的声音"。

请你做一个实验，每当你使用"理由"一词时，请用"借口"来替代它，也许你会发现自己再也无法从中获得那种心安理得的感觉了。

有一次，一位朋友对我说："我不做这件事情是有原因的。"

我回应他说：“是的，如果你想给自己找借口的话。”

“不！这不是借口，而是理由。”他急切地辩解道。

一个人在面临挑战时，总会为自己未能实现某种目标找出无数个理由。正确的做法是，抛弃所有的借口，找出解决问题的方法。

二者之间的区别就在于态度，你选择哪一个呢？

那些实现自己的目标、取得成功之人，并非有超凡的能力，而是有超凡的心态。他们能积极抓住机遇，创造机遇，而不是一遭遇困境就退避三舍，寻找借口。

对那些在工作中推三阻四，老是抱怨，寻找种种借口为自己开脱的人；对那些不能最大限度地满足客户的要求，不想尽力超出客户预期提供服务的人；对那些没有激情，总是推卸责任，不知道自我批判的人；对那些不能优秀地完成上级交付的任务，不能按期完成自己的本职工作的人；对那些总是挑三拣四，对自己的公司、老板、工作这不满意，那不满意的人，最好的救治良药就是：端正他的坐姿，然后面对他，大声而坚定地告诉他：记住，这是你的工作！

记住，这是你的工作！既然你选择了这个职业，选择了这个岗位，就必须接受它的全部，而不是仅仅只享受它给你带来的益处和快乐。就算是屈辱和责骂，那也是这个工作的一部分。

如果说一个清洁工人不能忍受垃圾的气味，那么他能成为一个合格的清洁工吗？

记住，这是你的工作！不要忘记工作赋予你的荣誉，不要忘记你的责任，不要忘记你的使命。一个轻视工作的人，他必将得到严厉的惩罚。

记住，这是你的工作！美国前教育部长威廉·贝内特曾说：“工作是我们用生命去做的事。”对于工作，我们又怎能去懈怠、轻视、践踏呢？我们应该怀着感激和敬畏的心情，尽自己的最大努力，把它做到完美。

除非你不想干了，或你已步入暮年，否则，你没有理由不认真对待自己的工作。当我们在工作中遇到困难时，当我们试图以种种借口来为自己开脱时，让这句话来唤醒你沉睡的意识吧：记住，这是你的工作！

不被失败打倒

我们在做事的时候，经常会遇到这样的情况，“我已经尝试过了，努力了，但我失败了”，其实这是没有搞清楚失败的真正含义才有的话。

人的一生不可能风平浪静，总会遇到挫折和困难。我们纵观历史上的那些成功者对于失败的态度，就能发现一个现象，那就是他们从来不害怕失败，面对失败的时候总是对自己说：“我没有失败，只是暂时没有成功。”而反观失败者，他们才真的把“失败”当成了失败，一次失败就动摇了他们的信心。作为一个人来讲，如果连承受一次失败的能力都没有，那他充其量算是人类的“近亲”。我们在面对失败的时候要总结原因，认为这是暂时的失败，然后继续努力，直到成功。

在美国有一个家喻户晓的电台播音员叫莎莉·拉菲尔，她的成功就是在一次次失败的基础上铸就的。她在30年职业生涯中，曾经被辞退18次，可是她每次都不灰心，而是放眼最高处，为自己树立更大的目标。在当时美国群众并不喜欢女播音员的环境下，她一次次地去面试，从不放弃。由于美国大部分的电台认为女性不能吸引听众，几乎没有电台愿意雇用她。她好不容易在纽约的一家电台谋求到一份差事，可不久又遭辞退。

她回到家后，总结了自己失败的教训，之后她做了一份自己构想的广播节目的材料，去向全国广播公司推销。电台看完她的计划书后，仅是同意让她去试试。为了测验她的能力，电台让她先主持一个政治节目。莎莉·拉菲尔对政治一无所知，起初她真的有点儿退缩，但强大的理想信念让她的信心战胜了懦弱，她开始去播音，终于获得了成功。之后她成了美国最受欢迎的播音员。

有些人在失败后，总是把心态放在痛苦感受上，先要难受一段时间，喝点酒，抽点烟，然后再慢慢恢复。他们从来不想自己的下一步该如何处理。尼采曾说：“苦难中的人没有悲观的权利。”自己已经失败受苦了，悲伤又有什么意义呢？受苦的人必须想方设法克服困境，改变这样的情境，获得成功。

成功不是靠悲伤实现的，而是要脚踏实地地一次次去拼搏才能实现。生活就是充满战斗，当一个个目标被实现的时候，你赢得了战斗的胜利；当成功摆在你面前的时候，你赢得了战斗的胜利。

坚持自己的要求

在现实生活中，我们难免会因为某些事情去要求别人。一个要求提过去，结果有两种：答应或是拒绝。对方答应，我方表示感谢，整个交往过程即宣告结束；如果对方拒绝，我方就面临双重选择：要么放弃要求，要么坚持要求。如果放弃要求，那就没有再次就类似的要求打交道的可能。现在我们所要讨论的是，如果坚持要求，应该采取一种什么样的方式，才能收到好的效果。我们认为，在坚持自己的要求时，有以下原则应该去坚持。

首先，要有高度的自信心。

自信是坚持自己要求的心理基础与前提。自信，就是既相信自己的要求合理、合情、合法，又相信对方一定会对自己提出的要求加以考虑。

德国哲学家费希特年轻时曾到哥尼斯堡就哲学问题向康德求教，可是他的要求遭到了拒绝。当时，费希特大学刚毕业，而康德已是闻名全欧洲的哲学教授。虽然费希特遭到了康德的拒绝，但他并没有失望。为了得到名师指点，他发奋工作了一个多月，写了一篇论文，寄给康德，并附上一封短信，坚持自己希望向他求教的要求。信中写道：

"我到哥尼斯堡来，为的是更近地认识一位为整个欧洲所尊敬的人，然而全欧洲只有少数人会像我这样真正敬爱您。我已经向您做了自我介绍，后来我明白了，希望认识您这样一位人物而不出示任何证书，这是很无礼的。我应该有一封介绍信，但是，我只承认我自己为自己写的介绍信。我此刻就把它附上。

康德读了这封信后，甚为感动，这次他改变了态度，热情地接待了费希特。是什么让大名鼎鼎的康德转变态度，接见了费希特这个毫无名气的小青年呢？那就是费希特的自信。提出要求遭到拒绝后仍不气馁，再次重申要求，这是自信的举动。“我只承认我自己为自己写的介绍信”，更是出口不凡，意味深长。

其次，不要针对对方的拒绝说话。

人们在坚持要求时，常会出现这样的错误：

1.攻击、批评对方的拒绝行为。如“我与你这么要好，这么点小小的要求都不能答应？”“你这个人怎能这样？”这些说法是直接攻击对方的拒绝，并由此批评对方的人品。

2.威胁、恫吓对方必须答应自己的要求。如：“如果今天你不答应我的要求，我们的关系就完了。”“不行，这项任务一定要完成，不然就扣发奖金！”这些说法企图通过压服的手段来让对方接受要求。

3.质问对方拒绝的原因。如一个劲儿地问别人：“为什么你不同意呢？”“我的要求不是很合理吗？为什么不答应呢？”“你完全可以答应我，为什么不呢？”这些说法给人的印象似乎是对方的拒绝没有道理。

4.抱怨自己提错了要求。如说：“唉，这都是我自找的，我就知道你不会答应我的。”“哼，我这个人你看不上眼呗！”“唉，算我瞎了眼，求了你这么个人。”这些说法看起来是自责，实际上是抱怨对方。

上述四种做法有个共同特点，都认定对方拒绝自己的要求是无理无权的，并对对方展开人身攻击。这些做法的后果就是直接造成双方的对抗态势，不但不能使对方接受要求，反而会把关系搞僵。避开对方拒绝的锋芒是坚持要求的一个要领。如妈妈要求孩子上学带伞，孩子说不会下雨，拒绝妈妈的要求，妈妈如要坚持要求，就不应说“你这孩子怎么这么不听话”或“你不带我就揍你”，而应说“带伞当然要麻烦些，但万一下雨呢，天气预报已说有雨。”这种说法就比较好。

再次，要有灵活多变的策略。

在“提出要求对方拒绝要求，再坚持要求”的结构中，坚持要求是“要求”的延续，但不应该是“要求”的简单重复。

我们看到许多孩子向爸爸妈妈提出要求“我要出去玩”，遭到拒绝后，孩子只是一个劲地叫：“我要嘛，我要嘛。”这种“重复式”的坚持要求在成人那里也时常可见。这种方式不但无效，而且令人心烦。而坚持要求的恰当行为则应是变换要求的方式、角度、口气……这样常能取得好效果。国外有一青年来到一家公司提出谋职要求：

“请问你们这里要秘书吗？”

“不要。”

“要采购员吗？”

“不要。”

“要门卫吗？”

“不要。”

“那么，你们一定需要这个了。”他拿出一块木牌，上面写着：“本公司名额已满。”

公司老板笑了，最后这个人被录用为销售经理。

要求一再被拒绝，可他一再改换内容，重提要求，在工作推销已失败时，他还要来个商品推销。既有坚定的自信，又有多变的策略，是坚持要求的一个佳例。

最后，要巧妙化解对方拒绝时提出的理由。

坚持要求时，优秀的行为是并不去反驳对方的拒绝，而是接过对方的拒绝话语，加以“淡化”处理，化解对方的拒绝。

例如舞会上，一小伙子走到一姑娘面前，邀请她跳舞，姑娘羞涩地说：“我不会跳。”这话好像是拒绝。小伙子怎么办呢？放弃要求，悻悻而退，那样自己会非常尴尬；批评姑娘不礼貌，那更是失礼行为。这个小伙子说道：“没关系，我也不会，让我们一起学吧。”说着，两人就一同下了舞池。这话就非常合理，一方面他承认了对方的拒绝是一个理由，这就尊重了对方；同时又“淡化”了这个理由，“不会跳没关系”，从而坚持了要求。

再如，一个警察为调查案情找到被调查人，他正和一女人在一起。警察提出要求：“我想和你单独谈谈。”这显然是在要求这女人回避，但被调查人加以拒绝：“她是我的妻子，没关系的。”对此，警察没有反驳这句话，也没指责这个人，而是接过对方的话语，认可对方认为的夫妻之间无秘密的观点，但仍然坚持和被调查人单独谈话的要求。他说：“如果你愿意，待会儿你可以告诉她。”这种坚持要求的方式是很好的。

第一次就把事情做对

我们很多人都有一种大不了从头再来的心理，其实这种心理是你成功道路上的最大阻碍。能做好的事情为什么不第一次就做好呢？难道第二次做好了会有奖吗？第一次没做好，同时也就浪费了没做好事情的时间，返工的浪费最冤枉。

有位广告经理曾经犯过这样一个错误，由于完成任务的时间比较紧，他在审核广告公司回传的样稿时不仔细，在发布的广告中弄错了一个电话号码，服务部的电话号码被打错了一位。就是这么一个小小的错误，给公司造成了一系列的麻烦和损失。

我们平时最经常说或听到的一句话是："我很忙。"是的，在上面的案例中，那位广告经理忙了好几天才把错误的问题料理清楚，耽误的其他工作不得不靠加班来弥补。与此同时，还让领导和其他部门的数位同事和他一起忙了好几天。如果不是一连串偶然的因素使他纠正了这个错误，造成的损失必将进一步扩大。

平时，在"忙"得心力交瘁的时候，我们是否考虑过这种"忙"的必要性和有效性呢？假如在审核样稿的时候那位广告经理稍微认真一点儿，还会这么忙乱吗？"第一次就把事情做对"，在我参加工作之后不久，有一位领导就告诉过我这句话，但一次又一次的错误告诉我，要达到这句话的要求并非易事。

"第一次就把事情做对"是著名管理学家克劳士比"零缺陷"理论的精髓之一。第一次就做对是最经济的经营之道！第一次就做对的理念是中国企业的灵丹妙药，也是做好中国企业的一种很好的模式。有位记者曾到华晨金杯汽车有限公司进行采访，首先映入眼帘的就是悬在车间门口的条幅——"第一次就把事情做对"。

"第一次就把事情做对"这个说法也许令人疑惑：怎么可能第一次就把事情做对呢？人又不是神仙，怎么可能不犯错呢？不是允许合理的消耗吗？不是允许一定比例的废品吗？但是从该汽车公司的全面质量管理和准时化生产中可以令人惊奇地发现，原来，第一次就把事情做对不仅是可能的，而且是一定要做到的。想想看，整条流水线上，每一个零配件生产出来之后马上就被送去组装，因为没有库存，任何一个环节出了质量问题，都会导致全线停产，所以必须百分之百地“第一次”就把事情做对。

在自我管理上，“第一次就把事情做对”是一个应该引起足够重视的理念。如果这件事情是有意义的，现在又具备了把它做对的条件，为什么不现在就把它做对呢？当然，在提法上可以更人性化一点儿，叫作“把一点一滴的事情做好”。每个人只有把一点一滴的事情做好了，才可能达到第一次就把事情做对的境界。

在很多人的工作经历中，也许都发生过工作越忙越乱，解决了旧问题，又产生了新故障，在一团忙乱中造成新的工作错误，结果是轻则自己不得不手忙脚乱地改错，浪费大量的时间和精力；重则返工检讨，给公司造成经济损失或形象损失。

由此可见，第一次没把事情做对，忙着改错，改错中又很容易忙出新的错误，恶性循环的死结越缠越紧。这些错误往往不仅让自己忙，还会放大到让很多人跟着你忙，造成巨大的人力和物力损失。

所以，盲目的忙乱毫无价值，必须终止。再忙，也要在必要的时候停下来思考一下，用脑子使巧劲解决问题，而不盲目地拼体力交差，第一次就把事情做好，把该做的工作做到位，这正是解决“忙症”的要诀。

你还忙吗？当然忙！但希望是忙着创造价值，而不是忙着制造错误或改正错误。只要在工作完工之前想一想出错后带给自己和公司的麻烦，想一想出错后造成的损失，就应该能够理解“第一次就把事情做对”这句话的分量。

企业中每个人的目标都应是“第一次就把事情做对”，至于如何才能做到在第一次就把事情做对，克劳士比先生也给了我们很好的建议，这就是首先要知道什么是“对”，如何做才能达到“对”这个标准。

克劳士比讲过这样一个故事：

一次工程施工中，师傅正在紧张地工作着。这时他需要一把扳手。他叫身边的小徒弟：“去，拿一把扳手。”小徒弟飞奔而去。他等啊等，过了许久，小徒弟才气喘吁吁地跑回来，拿回一把巨大的扳手说：“扳手拿来了，真是不好找！”

可师傅发现这并不是他需要的扳手，他生气地说：“谁让你拿这么大的扳手呀？”小徒弟没有说话，但是显得很委屈。这时师傅才想起，自己叫徒弟拿扳手的时候，并没有告诉徒弟自己需要多大的扳手，也没有告诉徒弟到哪里去找这样的扳手。他以为徒弟应该知道这些，可实际上徒弟并不知道。师傅明白了，发生问题的根源在自己，因为他并没有明确告诉徒弟做这项事情的具体要求和途径。

第二次，师傅明确地告诉徒弟，到某间库房的某个位置，拿一个多大尺码的扳手。这回，没过多久，小徒弟就拿着他想要的扳手回来了。

克劳士比讲这个故事的目的在于，告诉人们要想让别人把事情做对，就要让别人知道什么是对的，如何去做才是对的。在我们给出做某事的具体标准之前，我们没有理由让别人按照我们头脑中所谓的“对”的标准去做。

做事要主动争取机会

几年前，著名的咨询专家舒沃兹博士在美国科罗拉多州举行的一次管理研讨会上演讲，他演讲的题目是：

个人才能引导你的升迁。

演讲结束后，有一位工厂经理比尔来到舒沃兹博士面前，说道：“我同意你对升迁的准则的看法，但是你遗漏了一个重要的因素。你并没有把一个人得到升迁的重要性说得十分透彻。”

舒沃兹想了一想，回答说：“你说得没错。我的演讲只适合于你这种高级主管，并没有说到有关底层员工们对升迁的希望。”

“确实如此，”比尔接着说，“也许现在有数十万的经理，他们有资格，也能获得升迁，如果他们愿意做一件事的话。”

“什么事呢？”舒沃兹问。

比尔回答：“只要向他们的上司要求升迁即可。也许他们没办法一下子就得到升迁，但提出要求一定会得到帮助的。”

在舒沃兹博士和比尔讨论这件事的几个月后，詹妮丝，舒沃兹以前的学生跑来找他谈论自己的问题。

她抱怨说她已经有3年都没有升迁了：“我看见有些条件比我差的人，都升迁到薪资较高的工作岗位，但我却被忽视。”

她说道：“我认为这是不公平的，我该怎么做呢？”

舒沃兹博士回答说：

“我对你的公司了解也不多，所以我也不知道高级主管是否有欠公允。但是，詹妮丝，你告诉我，你曾要求过升迁吗？”

詹妮丝看起来很困惑，回答说：“没有，我没有要求过，我认为我的上司知道我的工作比一般人做得好。”

于是，舒沃兹博士又想到了比尔给他的提示。他向詹妮丝说明，高级主管认为较高职位的工作是很重要的，他们提升的人必须有一个条件，他们喜欢提升那些想成为领导者的人。具有领导的欲望，是领导过程中最重要的部分。当你要求提升时，你表现出了进取的精神，而高级主管通常是喜欢提拔有进取精神的员工的。

这次交谈，舒沃兹以这样的建议做了总结：“詹妮丝，下周告诉你的上司说，你认为你有资格升迁，同时你也会负起所有责任。”

几个星期后，詹妮丝打电话给舒沃兹，告诉他，她得到升迁了。

在之后的5年中，舒沃兹又接到詹妮丝打来的3次电话，她告诉他自己又升迁了3次。5年之内，她的收入增加了3倍多！

当你再想想看时，你会很惊讶地发现，你没有得到生活中所有美好的事物，只因为你没有要求。

如果你认为你应该获得升迁的话，提出你的要求。俗话说得好：“吱嘎作响的车轮才能滴上润滑油。”如果你认为你应该得到，你就必须去争取。也只有积极主动地争取，你才能争得升迁的机会。

有一个人很不满意自己的工作，他愤愤地对朋友说：“我在公司里一点儿也不受重用，我要辞职不干了。”

“你对你的上司要求担当更重要的职责了吗？”他的朋友反问。

“没有！”

“你可以试探着向你的上司提出你的要求，如果不这样，你就不会受到重视。但是我建议你好好地把公司的一切贸易技巧、商业文化和组织结构完全搞通，甚至连怎么修理复印机的小故障都学会，然后再提出来。”

他的朋友还建议：“你用公司做免费学习的地方，什么东西都通了之后，再提出自己的要求，如果上司还不重用你，你再一走了之，不是既出了气，又有许多收获吗？”

那人听从了朋友的建议，从此便默记偷学，甚至下班之后，还留在办公室研究写商业文书的方法。

一年之后，那位朋友偶然遇到他：

“你现在大概多半学会了，现在怎么样？”

“可是我发现近半年来，老板对我刮目相看，最近更总是委以重任，又升官、又加薪，我已经成为公司的骨干了！”

“这是我早就料到的！”他的朋友笑着说，“当初你的老板不重视你，是因为你的能力不足，却不努力学习。后来你痛下苦功，勇于担当重任，当然会令他对你刮目相看。只知抱怨上级，却不反省自己的能力，这是人们常犯的毛病啊！”

原来努力提高自己也是要求被重用的一种方式啊！

做事要有破釜沉舟的勇气

很多青年在开始做事的时候往往便给自己留着一条后路，作为遭遇困难时的退路。这样怎么能够成就伟大的事业呢？

一个人无论做什么事，务必抱着绝无退路的决心，勇往直前，遇到任何困难、障碍都不能后退。如果立志不坚，时时准备知难而退，那就绝不会有成功的一日。

一生的成败，全系于意志力的强弱。具有坚强意志的人，遇到任何艰难曲折，都能克服困难，消除障碍；但意志薄弱的人，一遇到挫折，就畏缩不前，最终归于失败。实际生活中有许多青年，他们很希望上进，但是意志薄弱，没有坚强的决心，没有抱着破釜沉舟的信念，一经挫折，立即后退，所以终遭失败。

一旦下了决心，不留后路，竭尽全力，向前进取，那么即使遭遇重重困难，也不会退缩。如果抱着不达目的决不罢休的决心，就会勇往直前，不怕牺牲，排除万难，去争取胜利。把犹豫、胆怯等“妖魔”全部赶走，在坚定的决心下，获得成功指日可待。

一个人只有具备了成功的决心和信心，方能克服种种艰难，去获得胜利，这样才能得到人们的敬仰。所以，有决心的人，必定是个最终的胜利者。只有有决心，才能增强信心，才能充分发挥才智，从而取得最终的成功。

对一些人尤其是对一些渴望成功的青年来说，犹豫不决的痼疾已经深植于大脑中，这些人无论做什么事，总是留着一条退路，绝无破釜沉舟的勇气。他们不明白把自己的全部精力倾注于目标是可以生出一种坚强和自信的，这种坚强、自信能够破除犹豫不决的恶习，把因循守旧、停滞不前、苟且偷生等成功之敌，统统捆缚起来。

有人喜欢把重要问题搁在一边，留待以后解决，这其实是个恶习。如果你有这样的习惯，你应该尽快将其抛弃。你要训练自己学会敏捷果断地做出决定。无论当前问题是多么严重，你也应该把问题的各方面都顾及到，加以慎重地权衡考虑，但千万不要陷于优柔寡断。你倘若有着慢慢考虑或重新考虑的念头，准会失败。即便你有一千次错误的决策，也不要养成优柔寡断的习惯。

当机立断的人，遇到事情就会迅速做出决策；而优柔寡断的人，进行决策时，总是逢人就要商量，即便再三考虑也难以决断，这样终至一无所成。

如果你养成了决策以后一以贯之、不再更改的习惯，那么在做决策时，你就会运用自己最佳的判断力。

但如果你觉得你的决策不过是个实验，你不认为它就是最后的决断，这样就容易使你自己产生重复考虑的不良习惯，也因此不会产生一个成功的决策。

如果决策后决不更改，你就会在决策之前，小心翼翼慎加判断，从而训练、发挥你自己的最佳判断力。因为你清楚地知道，一个未加深思熟虑的决策，必定不会成功。既然是经过了慎重的利害思考，你就不要犹豫，更不要给自己留退路。

公元前1世纪，罗马的恺撒大帝统领他的军队进攻英格兰。

恺撒虽然充满了必胜的信心，但他也要号召自己的将士与自己共同浴血奋战。他该怎么办呢？

在所有将士抵达英格兰后，他让人将运送他们的所有船只聚拢在一起，然后在大家惊愕的目光中，把船只烧毁了。

在满天的火光中，恺撒登上一处高地，大声说："现在所有的船只都已被烧掉了，也就是说，除非我们能够打败敌人，否则绝无退路。"

将士们都明白失败就意味着死亡，所以奋勇作战，最后，终于获得了胜利。

破釜沉舟的军队，才能够树立以死相拼的决心，取得最终的胜利。同样，不给自己留退路，才能鼓足勇气全力去实现自己的目标。

做到胸有成竹，运筹帷幄

当年，小提琴家克莱斯勒兴致勃勃地准备在伦敦举办一场演奏会。

他十分期待这场盛大的伦敦公演，夜以继日地苦练，想要在这场演奏会上有最出色的表现。不论是宣传还是造势，一切都进行得十分顺利。随着演出日期的临近，克莱斯勒气定神闲地做着最后的演练。

没有想到就在演出的当天早上，克莱斯勒竟然看到伦敦一家有名的报纸报道：

"如果读者准备去欣赏克莱斯勒的表演，那么各位欣赏到的不会是一个名音乐家的表演，只不过是听听有名的盖里留斯小提琴的音响罢了。"

这个尖酸刻薄的评论可让克莱斯勒气炸了，就像是突然遭受到一个敌人投掷过来的手榴弹，一切都给炸得支离破碎。

演出当天，当克莱斯勒的第一个节目表演完毕时，观众席上响起的如雷掌声久久不息。

只见这位小提琴家突然拿起琴弓，放在膝盖上用力一折，琴弓竟然被折成了两截。全场观众哗然。

只见克莱斯勒慢条斯理、不慌不忙地对着麦克风说：“这把断了琴弓的琴是我今天早上在一家百货公司，用4英镑6便士买的，接下来，我要用自己的盖里留斯小提琴演出。”

这场演奏会非常成功，但是如果克莱斯勒无法掌控突然发生的变数，那么演奏会之后即使有许多好评，可能也会被刻薄的评论家归之于那把名琴吧！

各种突发性状况，或是不确定性因素，或是某一个转折点，我们都可以称之为变数。

我们必须设法掌控出现变数的原因，主要是因为它的每一种变化，都会牵动整个形势的走向，关系到成败。有很多的变数都是因人而起，因为每个人都有自己的思想和立场，所以人是最不易掌控的变数。

变数的多寡，影响到风险的高低。变数愈多风险愈高，成功的概率就会下降，所以躲在变数后头等着我们的多半就是压力。

聪明人掌控变数的方法有下面几种：

1.以不变应万变。遵守既定的规则，静观其变，然后谋定而后动。这是比较被动的处理方式，优点是见招拆招，不易衍生其他的问题。

但是必须要有忍的功夫，因为一开始难免只有挨打的份儿，随着事态的演变再设法掌控。

2.先下手为强。制造新变数，主动积极地利用变数来制造机会，让自己先取得主动权。

前面的故事中，小提琴家克莱斯勒就是使用这种方式来掌控变数的。

在制造新的变数之前，很多人都会丢出试风球先行试探，借以了解别人有何反应，然后再从这些反应当中探出虚实。

最后再想办法制造新的变数，让变数一直牵引着对方，让其朝着对自己最有利的方向走去。

3.遇变则变。采取打蛇随棍上的方法，刚柔并济，随着变数的产生，再增添新变数将主导权取回。

这是一种遇强则强，进可攻退可守的应变之道。可以随着局势的变化，来影响整个局势的发展，并让自己随时取得有利的地位。

美国牧师亨利·沃德·比彻反对奴隶制度，对争取人权、自由不遗余力。

有一次在比彻牧师的演讲会上，听众之中夹杂着蓄意来捣蛋的奴隶主，他们故意学雄鸡的叫声，企图打断牧师的演讲。

听众哗然，纷纷指责，会场一片喧嚣之声。

但是，比彻牧师却丝毫没有愤怒，反而不慌不忙地掏出手表，很认真地看看表，又将表左右摇晃几下。

听众发现了牧师这个不寻常的举动，顿时安静了下来，想要知道牧师到底想做什么。

过了一会儿，比彻牧师一本正经地对大家说：

“真是奇怪，明明是清晨，可是我的表却是10点钟！嗯，我肯定现在是清晨，因为下面那些动物的本能绝对是可靠的。”

拥有掌控变数能力的人，也就有能力机智做事。

做事要有坚定不移的信念

那些相信自己能“移山”的人定会成功，而那些不相信自己有这种能力的人，只能做到他们所相信的程度，因为信心可以激发一个人成功的原动力。

事实上，在当今时代，信心所能成就的事要比“移山”大得多。

在太空探险中，如果没有“我们必能征服太空”的伟大信念，那些科学家就不会有那么多的勇气、兴趣与热忱继续研究下去。

相信会成功，是所有伟大的科学发现背后的动力；相信会成功，是那些已经成功的人所拥有的一个基本而必备的要素。相信会成功，实实在在地相信，就会使你有能力获得成功。

与许多在各种职业中失败过的人谈话后，你能了解无数失败的理由和借口。比如他们会无意中说：“老实说，我原来就不认为它会行得通。”或说“我在开始前就感到不安了”，以及“事实上，我对这件事情的失败并不觉得太惊奇”。

失败者大多都采取暂且试试看的态度，然而有这种不以为意或怀疑自己能力的心理，必然会引出各种理由来支持他们的不相信。这些怀疑、不相信、潜意识要失败的倾向，以及不是很想成功的态度，都是失败的主要原因。

心存疑惑，就会失败；相信胜利，必定成功。

人类是自己思想的产物，所以我们应当有高标准，提高自信心，并且执着、认真地相信自己必能成功。

最实用的成功经验就是“坚定不移的信心能够移山”。

可是真正相信自己能够“移山”的人并不多，的确，真正做到“移山”的人也不多。

有时候，你可能会听到这样的话：“光是像阿里巴巴那样喊‘芝麻，开门吧’，就想使山真的移开，那是根本不可能的。”

说这话的人把“信心”和“想象”等同起来了。不错，你无法用“想象”来移动一座山，也无法靠“想象”实现你的目标。但是只要有信心，你就能用自己的实际行动来移动一座山；只要你相信能成功，你就会赢得成功。

关于信心的威力，并没有什么神奇或神秘可言。信心起作用的过程是这样的：相信“我确实能做到”的态度，产生了能力、技巧与精力这些必备的条件，每当你相信“我能做到”时，自然就会想出“如何去做”的办法。

每天都有不少年轻人开始新的工作，他们都“希望”能跻身最高阶层，享受随之而来的成功果实。但是他们绝大多数都不具备必要的信心与决心，因此他们也无法达到自己的愿望。

也因为他们相信自己达不到，所以找不到登上巅峰的途径，因而他们的成功一直停留在一般人的水准。

但是还是有少部分人真的相信他们总有一天会成功。他们抱着“我就要登上巅峰”（这并不是不可能）的积极态度来进行各项工作。

这些年轻人仔细研究成功者的各种作为，学习他们分析问题和做出决定的方式，并且留意他们如何应对进退。最后，他们终于凭着坚定的信心实现了自己成功的愿望。

“依靠自己，相信自己，这是独立个性的重要成分，”米歇尔·雷诺兹说道，“是它帮助那些参加奥林匹克运动会的勇士夺得桂冠。所有的伟大人物，所有那些在世界历史上留下名声的伟人，都因为这个共同的特征而同属于一个‘家庭’。”

自信心是我们做事情与生活的精神支柱，没有了自信心，就等于自己给自己判了死刑。

做事时要把自己当作老板

曾在报纸上看到一位企业家的感慨。他感慨现在的年轻人敬业精神不如以往，工作漫不经心，犯了错也说不得；要求多了，便一走了之……

他说，能虚心学习，苦干实干而且认真负责的年轻人实在不多。他并且忧心忡忡地说：“再这样下去，我们的社会怎么得了！”

他所说的有无夸大成分不得而知，但如果真的如此，那么我们的社会的确有令人担忧之处。不过在此不谈这个问题，何况这个问题也非你我所能解决。但是我要告诉你一件事，如果你在工作上能敬业，以老板的心态对待公司，那么保证你一辈子受益多多。

首先从敬业二字讲起。

所谓敬业就是敬重你的工作！这在心理上则分为两个层次，低一点的层次是拿人钱财，与人消灾，也就是说敬业是为了对雇主负责或对得起雇主；高一点的层次是把工作当成自己的事，甚至把工作上升到使命感和道德感的高度。而不管哪个层次，敬业所表现出来的就是认真负责，按规程办事，一丝不苟，并且有始有终！

大部分的人最初受聘于公司会认为做事都是为雇主而做，不过我认为这并无多大关系，“你出钱我出力”，本该如此。其实做事最主要是为了自己，因为敬业的人能从工作中学到很多成功的经验，而这些经验便是你向上发展的踏脚石，就算你以后从事其他职业，你的工作经验也必会给你带来帮助！因此，以老板的心态对待公司，你从事任何行业都容易成功。

有人天生有敬业精神，任何工作一接上手就废寝忘食；但有些人的敬业精神则需要培养和锻炼。而我要告诉你的是，如果你自认为敬业精神不够，那么就应趁年轻的时候强迫自己敬业，以老板的心态对待公司！天真做人，经过一段时间后，敬业就会变成你自然的习惯！

把敬业变成习惯之后，或许不能立即为你带来可观的好处，但可以肯定的是，不养成敬业习惯的人，他就不可能取得成功。因为他的散漫、马虎、不负责任的做事态度已深入他的潜意识之中，做任何事都会有很大的随意性，结果不问也就可知了。如果到了中年还是如此，很容易就此毁掉自己的一生！

所以，以老板的心态对待公司，短期来看是为了雇主，长期来看是为了你自己呀！

我们常常看到，年轻一代以频繁跳槽为能，以善于投机取巧为荣。老板一转身就懈怠下来，没有监督就不能认真工作。在工作中推诿塞责，故步自封；不自我反省，而以种种借口来遮掩自己缺乏责任心的事实；懒散、消极、怀疑、抱怨……种种职业病如同瘟疫一样在企业、政府机关、学校中流行，无论付出多么大的努力都挥之不去。

但是，只有才华，没有责任心，缺乏敬业精神，是否真的能顺利前行？在现实世界里，到处可以看到有才华的人。

有一个受过良好教育、才华横溢的年轻人，长期在公司得不到提升。他既没有勇气独立创业，也不愿意自我反省，却养成了一种嘲弄、吹毛求疵、抱怨的恶习，只能在一种被迫的情况下工作。在他看来，提倡敬业是老板剥削员工的手段，崇尚忠诚是管理者愚弄下属的工具。由于他在精神上与公司格格不入，他无法真正从公司受益。

他应该明白，有所投入才有所收获，如果决定留下来，就应该安心工作，并引以为自豪。如果你无法使自己安静下来，做好工作，并轻视自己的公司和同事，那么请先放弃你的职位，从旁观者的角度审视自己的心灵。

只要你依然是某一机构的一部分，就不要诽谤它。不要伤害、轻视自己所就职的公司，否则就等于轻视你自己。

一种职业的责任感和对事业高度忠诚的工作习惯一旦养成，会让你成为一个值得信赖的人，可以被委以重任的人。这种人永远会被老板看重，永远不会失业。而那些懒惰的、终日抱怨和四处诽谤的人，即使独立创业，为自己做事，也是无法改变这些恶习而获得成功的。

懒惰是一种自私的行为，对公司是有害的，但是对个人是否就是有益的呢？许多员工常常将自己与公司和老板对立起来，他们常常在一种被迫的情况下工作。在他们看来，老板不过是在榨取自己的血汗。

敬业是必能获得丰厚回报的。

退一万步说，即使不能得到好的回报，那么最终受益的依然是你自己。

有个老木匠准备退休，他告诉老板，说要离开建筑行业，回家与妻子儿女享受天伦之乐。老板舍不得木匠，再三挽留，可木匠决心已定，不为所动。老板只得答应，但问他是否可以帮忙再建最后一座房子，老木匠最后答应了。

在盖房过程中，大家都看出来，老木匠的心已不在工作上了。用料也不那么严格，做出的活也全无往日水准，敬业精神已不复存在。

老板并没有说什么，只是在房子建好后，把钥匙交给了老木匠。

“这是你的房子，”老板说，“我送给你的礼物。”

老木匠愣住了，他的后悔与羞愧大家也都看出来了。他这一生盖了许多好房子，最后却为自己建了这样一座粗制滥造的房子。这个例子说明，敬业精神要贯穿人的一生，只有敬业才能使自己真正受益。在任何时候，都应该以老板的态度对待公司。

第二章

做人须守信，做事勿忘利

诚信是最重要的

世界上任何大企业的老总几乎都说过相同的一句话，那就是为人处世首先要讲求诚信，以诚待人才会赢得别人的信任。

事实也确实如此，离开了诚信，我们所做的一切其实都是无根之花，无本之木。

著名的大企业家张浩曾经讲过一个关于他自己的故事：

在他还是一家小电器商行的推销员的时候，他的业绩非常糟糕，很长时间内甚至没有业绩。但他并不灰心，他坚信他是世界上最好的推销员。他就这样鼓励着自己坚持做下去。

后来，在他不懈的努力，下他终于推销出去了公司的商品，并且和许多客户建立了友谊。可是不久后，他发现自己的商品比别家的贵，而且质量也比不上其他商家的东西。他感到极度不安，生怕自己的客户知道后，和他断绝交易。他思考了很久后，决定去挨个拜访自己的客户，把情况和他们坦白，以求获得他们的谅解。

他的这种行为深深地打动了他的客户，他们不但没有断绝和他的交易，还向他预约了很多新产品。

这个故事说明了什么呢？是什么打动了张浩的顾客呢？毋庸置疑，是诚信让张浩获得了成功。

诚信，是一个非常重要的交际原则。只有坚持诚信原则的人，才能赢得良好的声誉，他人也才愿意与其建立长期稳定的交往，他才能获得成功。

东周时期，晋国晋文公遭到很多小国的弹劾。晋文公为了平息动乱，为自己的霸业打好基础，决定讨伐原国。攻打之前他对将领和士兵们许下了十天拿下原国的诺言。可战争并没有向他预期的结果发展，进入了胶着状态，十天之限转眼就到了。晋文公为遵守诺言，便坚定地下达了撤离的命令。这时，侦察人员报告说：“原国粮已快吃完，力已快用尽，三天便可投降了。”将士建议不要撤军，晋文公说：“得原失信，吾不为也。”于是撤退了。原国人知道这件事后都很佩服晋文公的诚信精神，就主动依附了晋国。晋文公依靠诚信的精神成了“春秋五霸”之一。

要想建立好声誉，获得别人的好感，诚信是最关键的。人一旦失信就无法立足在这个世界上，所以我们一定要有诚实守信的观念。

以诚待人，金石为开

古人云：“以诚感人者，人亦诚而应。”这是人们在长期人际交往中得出的至理名言。

你用什么方式来对待别人，别人也会用什么方式来对待你。

老李是一位乡镇企业家。一次，他向一家业务单位追讨欠款。由于对方资金紧张，他来到这里已经好长时间了，却连一分钱也没有要回来。

老李很着急，尽管天天都坐到办公室里“死缠烂打”，可是人家采取“柔和”的战术，任他磨破嘴皮，说破了天，人家还是笑脸相迎。老李实在没有办法，像这样的单位，他讨债以来还是第一次碰上。真是即使你有千条妙计，人家都有化解的主意。老李无奈，只得继续干等下去。

这天，老李一大早又来到了对方的办公室。现在，他除了采用这种办法之外，一时间再也想不出别的高招。

不久，电话铃声突然响了起来，办公室主任小张拿起话筒，就听里边传出着急的声音：“喂，是办公室吗？请找一下赵厂长！”

“赵厂长开会去了。”

“哎呀，这下可糟了！”

“喂，你是哪儿？有什么急事吗？”

“我是医院的，你们赵厂长的儿子刚才在路上被汽车给撞伤了，正在医院抢救，现在急需输血，可是，我们医院里没有适合他的RH阴性血血浆。我们也询问了血站，血站现在也没有这种血，想请你们工厂帮忙解决血源问题。"

小张立刻跑到厂卫生所。可是他很快就失望了，厂卫生所翻遍了所有职工的档案，全厂职工中，没有一个是RH阴性血。

小张回到办公室，不知怎么办才好。

这时，老李站起身来说："不用着急，我就是RH阴性血。你们赶快把我送到医院去吧。"

小张一听，高兴地抓住老李的手说："真的？真是谢天谢地，这太好了！"

赵厂长听到儿子出了交通事故的消息后，立即赶到医院。他跑进急救室，见医生正在给孩子输血。这时，办公室主任小张把老李为孩子输血的事告诉了赵厂长。

赵厂长听了，握住老李的手激动不已，说："老李！是你救了我儿子的命，这可叫我怎么报答你啊！"

老李说："没什么，不管是谁的孩子，我都不能见死不救。"

赵厂长用力握着老李的手，说："老李，我真是了解你这个人了，够朋友！"

第二天，老李在旅店里刚吃完早饭，就见办公室主任小张走了进来，他微笑着对老李说："老李，赵厂长让你去，我们欠你们的那笔钱款，今天全部还给你们。"

"张主任你说的是真的？"老李睁大了眼睛，真不敢相信自己的耳朵。

小张说："老李，说实在话，我们厂里现在资金确实非常困难，可是，通过昨天的事，我们大伙儿算服了你。我们现在就是再困难，那笔钱款也要想办法还给你，不能让你为此白白浪费这么长时间啊。"

就这样，在逆境中老李把握住了有利时机，以真诚感动了对方，终于将这一桩心事了却了。

诚心所至，人心所向

其实，在为人处世中，用诚心来拉近人与人之间的距离，最终赢得人心，是效果非常好的一个方法。有时，诚心也需要机巧，全看你怎样使用。

在美国历史上最得民心的总统行列中，林肯可说是名列前茅。很多人研究林肯的魅力，曾经是没有任何背景，而且外表不但不出色，还有些奇怪的穷律师的林肯，为什么他会那么受人民的爱戴呢？因为他知道“用诚心赢得人心”。

“用诚心赢得人心”是他成功的主要原因之一。

林肯成为总统候选人的时候，有一天接到一个小女孩的来信，信里写着：

“林肯先生，您好！我的名字叫葛丽丝，住在纽约州的西费尔德村，我写这封信给您，是想建议您留胡子，如果您留胡子，相信一定会变得很英俊。”

林肯在百忙之中给这个小女孩写了回信：“葛丽丝你好！很高兴收到你的来信，我很希望采纳你的意见留起胡子，可是刚成为总统候选人，这样一来，可能会有许多选民不认识我了。”

过了几天，林肯又接到了小女孩的来信：“先生，我看过您的照片，实在是太严肃了，留起胡子看起来就会好些，我相信别的女孩和我一样，对一位没有胡子的总统，会觉得很害怕。”

后来当林肯由伊利诺伊州搭乘火车到华盛顿就职时，特意让火车在西费尔德村停下来，林肯站在火车尾端的车台上对蜂拥而至来看新总统的民众说：

“有一位名叫葛丽丝的女孩住在这里，她曾经写信给我，如果她在的话，请她站出来好吗？”

一位兴奋得满脸通红的小女孩惊喜地捂着嘴走了出来。

女孩大声说：“总统先生，我在这里！”

“嘿！葛丽丝。”林肯弯下腰，从栏杆间伸出手去握住女孩的小手，接着说：“你看，我特意为你留了胡子，是不是比较英俊呢？”

葛丽丝开心地回答道：“总统先生，你是我所见过的最英俊的总统。”

损人利己是条走不通的道路，大家都知道不可以走，但是能真正做到利人利己的，又有几人？

想要做到利人又利己，需要有宽大的胸怀，以及看得很远的眼光，否则往往是把“利”往自己的身边拉，只看得到近处的“大饼”，却瞧不见远处的“金山”。

懂得真诚做人的人会往远处看，眼光看得远，就能以诚心待人，尽量先利人。

财富容易缩水，但是智者所积得的财富，是可以让三代都要花不完的无价之宝——声望名誉。

说到诚心，有些年轻人会说，对女朋友说出自己过去的感情经历是错误的。有很多专家也建议，能够不说，就不要说，以免破坏感情。而任何事情都有正反面，只是看你会不会去运用。

对女友“坦白”过去，如果是在刚开始遇到的时候就去做，给对方选择的权利，那个时候她做的抉择会是理性的，在你说之前喜欢你，在你说之后的变化也不会太大，可能反而因为你的坦白，她倒认为你很可靠。

有些男青年“躲躲藏藏”的，到了双方感情很深的时候，不小心让对方发现自己的“过去”，没有给她选择的权利，让她有上当受骗的感觉，两人的关系自然就无法和谐。

很多人在交朋友的时候“坦白”自己的私事，是为了使双方的感情获得平衡。两个交情原本有段距离的同学，其中一位忽然对另一位说出自己家中的不幸，两人彼此有了共同的秘密，成了亲密好友。

一位平日很骄傲的女性主管，忽然有一天情绪失控，向一位同事倾诉心中的不愉快，使得这位原来对她敬而远之的同事，向她靠拢。

由于她的坦白，两人站在相等的地位，自然就容易成为朋友了。

诚恳地坦白出自己的私事，让人感觉你对他的信赖，他自然也会产生出同样的反应而信赖你。

当然，这种坦白还是要有前提的，那就是那人的本性就很诚恳、实在，否则你的一番坦白，第二天就可能会被传遍天下。

人与人脑袋里的资讯不一样时，容易造成彼此之间的差异和距离。

这个时候如果将自己的资讯灌输一些到对方的脑袋中去，使得双方的认知达到平衡状态，那么沟通就会变得很容易。一旦沟通得很好，感情自然也就会融洽了。

一家杂志社的社长，想要请一位非常有名的学者，在他的杂志上开设专栏。

他开着车来到学者的家里，对他说：“我想在杂志上为您开设一个专栏，麻烦您支持。”

可是这位学者实在是太忙了，每天要上课、演讲，时间排得满满的，于是不管社长怎么劝说，他都百般推辞，就是不答应。

学者说："您看，我简直快要忙疯了，等一下还得赶飞机到外地去演讲。"

看到学者如此坚决，社长只好告辞。

过了三四个小时之后，学者推开自家大门，想要走到巷口叫出租车赶赴机场，却看到社长的车子还没有离开。

社长下车，打开车门对学者笑着说："时间不早了，我载你去机场。"

过了些时候，学者的专栏，如期在这家杂志社的杂志上开设了。诚恳待人，坦陈自己将使你获得朋友，并得到朋友的拥戴和支持。所谓人心换人心，八两换半斤。你的诚心会得到没有"注水"的帮助。

行动是最好的诚实证明

在公共关系的处理中，"诚实的宣传"配以诚实的行动，才能得到"人亦诚而应"的效果。行动是最好的"诚实"证明。

一位华侨富商，决定在家乡投资办厂。很多人都希望自己能够成为老华侨的合作者，纷纷跟他联系。

在众多的人选中，老人看好两个比较合适的人选，但是他只能选择一个作为自己在家乡投资的经营管理者。老人酷爱下棋，而刚好那两个候选者也都是下棋高手，老人便对他俩说："你们谁下赢了我，那么我就与谁合作。"

第一个人以一子之差惜败于老人；第二个人很精明，在老人转身去倒水时，偷偷地换了一个棋子，最后，他获得了胜利。

但是，后来老人却选择了输了棋的那个人来作为自己的合作者。第二个候选人责问老人："明明是我赢了，你为什么选择他呢？"

老人说："第一个人虽然没有赢我，但他是凭着自己的实力，没有去耍小计谋，诚心诚意地与我对弈，从这一点就可以看出他是一个诚实可靠的人；而你，自以为换了个棋子无人知晓，但恰恰这一切被我从镜子里看到了。虽然你赢了这盘棋，但你输掉了你的人品。我又怎么会选择你作为我的合作者呢？”

一个小小的棋子便可以反映出一个人的品德。为人做事都要踏踏实实，不可投机取巧。要做好事情，首先要学会做人；连人都不会做，又谈何做事呢？

诚信可以决定生死成败

美国凯特皮纳公司的老板爱默斯德和用户的关系密切，靠的就是真诚待人，实惠服务。爱默斯德首先在广告中说：“凡是购买了我公司产品的用户，不论在世界上什么地方，哪怕只是需要更换零配件，我公司都将保证在48小时内送达。如果送不到，那么我公司的产品就白送给用户。”

随后，他以自己的行动，实现了对用户的承诺。有时候为了往边远地区送一件价值50美元的零件，他不惜花掉一两千美元的运输费；有时候因故无法在48小时内把需要更换的零件送到用户手中，他就兑现诺言，将产品免费赠送给用户。真诚的服务，为凯特皮纳公司赢得了信誉，同时也收获了业务上的发展。

当然，类似于爱默斯德这样以诚待人的例子还有很多，在世界上的许多国家和地区，都能够见到。只不过，有的人做得好，属于“货真价实”的以诚待人；有的人做得不尽如人意，甚至有的人“挂羊头卖狗肉”，以“诚”骗人。不言而喻，类似于爱默斯德这样的诚实服务，其结果，必定会顾客盈门。与此相反的那种以“诚”骗人的行为是很难让顾客再次踏其门槛的。

诚信的人会得到上天的尊重，会赢得意想不到的结果。

在两千多年前的古罗马，一个名叫皮斯阿司的年轻人因冒犯了国王而被判绞刑。

皮斯阿司是个孝顺的孩子，临死前他最大的愿望就是能与远方的母亲见上一面，为自己不能为母亲养老送终而表达自己的歉意。

国王得知他的要求后，感其诚孝，答应让他回家与母亲相见。但是，国王还有一个条件，就是皮斯阿司必须找一个人来代替他坐牢，否则，他就无法去见他母亲。

可是有谁会冒这个险呢？达蒙，皮斯阿司的朋友，他毫不犹豫地来替皮斯阿司坐牢。

皮斯阿司赶回家跟母亲诀别。日子一天天过去，离行刑的时间越来越近了。如果皮斯阿司逃跑了，将由达蒙代替他接受绞刑。到了行刑的那一天，皮斯阿司仍旧没有回来，达蒙被押赴刑场，围观的人都在嘲笑他的愚蠢。但达蒙毫无惧色，一脸的从容。

绞索已经套在了达蒙的脖子上了，人们在内心深处同情达蒙，并诅咒那个出卖朋友的"小人"皮斯阿司。正在这时，远处传来了喊声："我回来了，我回来了。"皮斯阿司在风雨里正朝着刑场奔跑而来。

皮斯阿司的出现令在场的人难以相信。消息很快就传到了国王那里，国王也很惊诧，他亲自赶赴刑场。当他亲眼看到皮斯阿司时，他高兴地亲手为他松了绑，并向所有的人宣布赦免了他。

皮斯阿司的诚信感动了国王而被免去一死，而在我们的生活中，"以诚待人"能够给我们带来好的人际关系，甚至是事业的成功。

诚实是长久的唯一妙策

诚实赋予一个人公平处事的品格，使生意人诚实可靠，使人们不会利用特长来欺骗他人。

诚实是天真做人的最坦率也最简单的证明方式。

给足尺寸，不缺斤短两，商品真实，服务周到，严格履行责任，这些对一个人的品格来说都是必不可少的要求。

举个普通的例子。塞姆·福特抱怨一个小饭馆给他的啤酒不够量。他把店主叫来，对他说："先生，请问，你一个月能卖几桶啤酒？"

"10桶，先生。"店主回答说。

"那么你希望能卖11桶吗？"

"当然，先生。"

"那我就告诉你怎么办，"福特说，"把分量给足！"

再看一看韦奇伍德的例子，他具有真正的诚实精神。虽然他出身低微，但他在尽全力做好工作之后，从不自满。他尤其看重其工作的质量如何，看是否能满足别人的需要或受别人欣赏。这是他的力量和成功的源泉。他对低劣的质量无法忍受。如果做出的东西不符合他的设想，他就会挥起棍子把器皿打碎并扔掉，嘴里还说："这不是乔赛亚·韦奇伍德做的！"

某布帛商店的经理说，他正在商店中忙着将整匹的布帛剪成碎段。他说，只要通过广告大加宣传，提示人们购买碎段的布头比购买按码计算的布帛便宜得多，人们就会乐于购买，因此可望会获大利。

但是试问，一旦顾客发现了这是一种欺骗以后，还有谁愿意再去光顾那位经理的商店呢？

许多人都认为欺骗、说谎话是一种有利的事情。他们以为欺骗的手段是很值得使用的。所以许多声誉好的商店，也往往要掩饰自己商品的缺点、坏处，而登载各种欺人的广告。

有些人甚至认为，在商战中，欺骗的手段与资本一样为必需品。他们相信，在言行诚实的同时想要在经营上得到大成功，实在是很难的。

现代新闻界中有一种很不幸的现象，就是刊物常有偏离事实、颠倒黑白等倾向。

其实，一家刊物的名誉如同一个人的名誉。如果一家刊物常常有意地刊登不真实的信息，那么它必定会得到"造谣说谎者"的恶名。那些忠实于事实的刊物，在社会中所占的地位，要比那些虽销路很广但却不忠于事实的刊物高得多。

不为利动，没有私心，在任何情形下都有诚实的美誉，其价值比从欺骗中得来的利益大过千倍。

不坚持诚实，没有正直品格的人是很危险的。他们在平时也许是愿意站在正直这一面的，但是一旦关系到自己的利益时，他们就会放弃正直，就会不说正直话，不做正直事了。

他们也许并不正面说谎、欺骗，但他们往往会留有一些应该说特别是作为一个诚实的人所必须说的话而不说。

他们不明白，在他们多得到一分钱的同时却损失了诚实的品格。他们的钱袋固然是鼓了，但他们的人格却降低了！

所以，世间不知有多少人会在日后醒悟，欺骗的行为是不可靠的，是要失败的！所以从实现愿望这一点考虑，诚实也是一种最好的策略呀！

天下没有一种广告能比诚实的美誉更能取得他人的青睐。

一个诚实的人，因为有正义公理作为后盾，所以能够无畏地面对世界。“而一个言行不诚实的人，即会在内心听到这种声音：‘我是一个说谎者，我不是一个人；我是一个卑污者，一个戴假面具者。’”

欺诈者是堕落的人！这样的人因为不诚实，所以不能够与人相处长久，更不能达成自己对幸福和成功的愿望。

有些青年人，为了取得一些小名小利，会把自己的人格和名誉，像在跑马场中赌马一样地肆意挥霍，这岂不是一种可悲的现象吗？

一个人有着大宗的财产，然而他却为千夫所指，为万人所笑。出卖人格，出卖尊严，出卖名誉，出卖一切有人格的人认为有价值的正直的东西，这样的人，财产对他有什么用处呢？

一个人腐化了他内在的最高贵的东西，失去了做人的资格，又怎么能称得上是一个真正的人呢？一个不诚实的人会常常受内心的谴责，他没有力量可以压制住这种谴责。

服务于英国警界已30多年的尼格尔·柏加，最近于国际退役警员协会在日内瓦举行的周年大会上，荣获“世界最诚实警察”的美誉。

尼格尔·柏加现年54岁，未婚。有一次，他到英格兰风景如画的湖泊区度假，发现自己在时速30公里区域内以时速33公里驾驶之后，给自己开了一张违例驾驶传票。他回忆道：“由于当时见不到其他警员在场，无人抄牌，因此最简单的办法莫过于把车停在路旁，走下车来，写一张传票给自己。”

驶抵市区后，他立刻把这件事报告给交通当局。主管违例驾车案件的法官起初大感意外，继而大受感动，他说：“我当了多年法官，从未遇到过这样的案件。”结果，他判罚尼格尔25英镑。

尼格尔另一件为人乐道的往事，是他的母亲在公园散步时擅自摘取花朵，作为帽饰，他发现后毫不留情地把母亲拘控。罚款定了以后，他立刻替母亲交付了那笔罚款。他解释说：“她是我母亲，我爱她，但她犯了法，我有责任像拘控任何犯法的人一样拘控她……”

品格是一个人最高贵的财产

品格，是人生的桂冠和荣耀。它是一个人在信誉方面的全部财产，是一个人最高贵的财产。品格，使社会中的每一个职业都成为荣耀，使社会中的每一个岗位都受到鼓舞。它比财富更具威力，它使所有的荣誉都毫无偏见地得到保障。它伴随着时时可以奏效的影响，因为它是一个人被证实了的信誉、正直和言行一致的结果，一个人的品格比其他任何东西都更显著地影响别人对他的评价。

品格是人性最好的形式，它是道德规范在个体身上的体现。品格高尚的人不仅是社会的良心，而且，在任何国度里，他们还是社会前进的动力和民族的脊梁，因为主宰世界的主要还是道德品质。就连拿破仑也承认，道德的力量比物质的力量强大十倍。

约翰·罗素爵士颇有见地地指出："在英国，向天才人物请求帮助，但听从品格高尚者的教导，这是一条根本的原则。"

弗兰西斯·霍恩的一生就极有说服力地证明了这一点。悉尼·史密斯指出，霍恩将会风范长存，名垂青史。科克本爵士发表评论指出："他的一生散发着耀眼的光芒，他的精神将感召每一个心地正直的年轻人。虽然他在38岁时英年早逝，但他在公众中比任何个人都更有声望。除了那些铁石心肠的人和那些卑鄙龌龊的人以外，所有人都尊敬、爱戴、信任和哀悼他。死去的议员从没有人像他这样获得议会的尊敬。"

霍恩出生于一个普通商人家庭，他没有受过高等教育，因而并不是一个才华出众的人，他和他的家人勉强可以维持生计。那么，究竟是什么原因，使他获得如此殊荣呢？是他不同凡响的人格力量。他的见识、勤劳、严格的自律和善良的心地，这些品质是许多人所望尘莫及的。这种人格不是先天的禀赋，不是由什么特殊的元素构成的，而是他通过后天的努力形成的。在参议院中，比他更有才华、更有雄辩口才的大有人在，但是，在道德品质方面，却无人可与他匹敌。

霍恩的一生表明，除了通过文化和慈善事业获得影响外，还可以通过其他途经获得社会影响，即使在公共生活的竞争和嫉妒中，这种影响也不可抹杀。

富兰克林说：“正直诚实使我在人们中间享有声望。”他把自己作为社会名流所获得的崇高声望，归因于自己的个性品质，而不是自己的才能或其他方面。

诚实、正直和仁慈，这些品质应该与每个生命息息相关，也是一个人品格的最重要方面。正如一位古人所说的：“即使缺衣少食，品格也先天地忠实于自己的德行。”具有这些品质的人，一旦和坚定的目标融为一体，那么他的力量就可惊天动地，势不可当。他有能力实施善行，有能力抵制邪恶，有能力忍受各种困难和不幸。

一个流氓曾经对一个以诚实正直著称的人说：“我愿意以1 000英镑来换取你的美名。”“为什么呢？”“因为我可以用它赚1万英镑的利润。”这个流氓回答说。

让良好的品行成为习惯

习惯是人的第二天性，是一个人的行为举止和思想的延续性重复。人拥有许多习惯，良好的习惯对性格的强化和支持起着巨大的作用。

麦塔斯塔索坚持认为：“人类的所有东西都是习惯，品行本身也不例外。”巴特勒在他的《模拟》一书中，强调了自我约束和抵制诱惑的重要性：养成了品行方面的习惯，最后就易于乐善好施，而不会屈服于邪恶。他说：“属于感官的习惯是由外部行动所产生的，而属于精神的习惯是由内在的实际目标所产生的，是实际目标把精神的习惯转化为行动，或者是按照顺从、真诚、公平和仁慈的原则去行动。”

布鲁姆勋爵也多次强调了在青年时期进行训练和榜样作用的重要性。使节制饮酒成为一种习惯，酗酒就是可憎可恨的；使节俭成为一种习惯，那么挥霍浪费就有悖于个人生活的行为规范。因此，在生活的道路上，小心谨慎和时刻留意以防养成任何恶习，这是十分必要的。因此，一旦个性向诱惑屈服一次，它就往往会变得极为脆弱，失去抵抗力；而一条原则要成为一条决不可动摇的坚定信念，是需要长年累月训练的。

习惯一旦形成，它就会自然而然地发生作用，而无须你的努力。只有在你违背习惯行事的时候，你才会感觉到它的力量。一件事做了一次、两次，你就会发现它变得容易，做起来得心应手。在一开始，习惯似乎不会比一张蜘蛛网结实多少，但是，一旦形成，它就会变得很强大。人生中琐碎的小事，单独来看，可能是微不足道的，就像从天降落的雪花，一片接着一片，然而，这些雪花积累起来，就能形成势不可当的雪崩。

对年轻人进行教育训练，使之养成良好习惯，这种重要性怎么样强调也是不过分的。在年轻的时候，习惯最容易形成，而且，一旦形成，终生难变。这就像刻在树皮上的字母，随着时间的推移，它们会变大变宽。对一个小孩按照他应该走的道路从小进行训练，到了老年他也不会背离，他会自始至终地坚持。人生道路的起步决定了人生的方向，决定了人生的整个旅途。

柯林伍德勋爵对一个他喜爱的年轻人说："记住，在你25岁之前你必须养成自己的个性，它会为你终生服务。"随着年岁的增长，习惯的力量越来越强大，人的个性也就慢慢形成，任何新的转变都越来越困难。因此，改变一种习惯比学习一种习惯往往要艰难得多。也正因为这个原因，一位希腊长笛演奏家向那些曾经师从低水平乐师的学生索要双倍的学费，或许这个理由是正当的。根除原有的习惯比拔掉一颗牙要痛苦得多、困难得多。试图去改变一个懒惰成性的人，或一个挥霍浪费的人，或一个嗜酒如命的人，在多数情况下你是要失败的。因为这些习惯已经成了他们生活不可分割的组成部分，是难于根除的。

甚至连幸福本身也可以成为习惯。有的人习惯于看到事物好的方面，而有的人则习惯于看到事物的阴暗面。约翰逊博士指出，看到事物好的方面这种习惯比每年获得1 000英镑的财富要有价值得多。在很大程度上，我们有能力去实现那些可以创造幸福和改善生活状况的目标，而不必去考虑它们的对立面。通过这种方式，我们可以养成让人快乐思想的习惯，正像养成其他习惯一样。让孩子在这种快乐的天性中、在这种温和的性情中和这愉快的心境中长大，在多数情况下，或许比教给他们许多知识，比让他们取得许多成就更为重要。

付出就是无形的储蓄

当你学会了如何正确地看待每一个人时，你在社交活动中能够学到的东西会多得让你自己感到惊讶。

当然，实际上只有在你自己付出了许多的同时才会获得许多。你越是展示自己的才华，心地越是无私，越是慷慨大方，越是毫无保留地与别人交往，你获得的回报也就越多。

要得到多少，你就必须先付出多少。任何东西只有先从你这儿流出去，才会再流进来。

总之，你从别人那儿获得的任何东西都是你原先付出的东西的回报。

你在付出时越是慷慨，你得到的回报就越丰厚。你在付出时越吝啬、越小气，你得到的就越是少得可怜。

你必须是出于真心地、慷慨地给予，否则，你得到的回报本应是宽阔的大江，但实际上你只得到了一条浅浅的溪流。

一个人如果能够利用各种可能的机会去探知生活的方方面面，他可能会获得全面而均衡的发展，然而一旦他忽略了培养自己在社交方面的才能，结果是除了自己那点儿少得可怜的特长外，他仍然是一个能力上的“侏儒”。

无论你是朝气蓬勃的青年还是白发苍苍的老人，真诚坦率的付出都是令人愉悦的品质之一。那些愿意付出的人，没有人会不喜欢。一般来说，这些人都心胸宽广，慷慨大方。他们会唤起别人的爱心和自信，用他们的淳朴与直率换来别人的坦率与真诚。他们从不鬼鬼祟祟，他们坦诚待人、心胸宽广、言辞恳切、坦率淳朴。他们是那么快就赢得了我们的信任，尽管他们有时会有许多小的错误或缺点，但是我们总能原谅他们，因为他们从不掩饰自己的错误，并总能积极改正。

如果有缺点，他们也从不隐藏，我们也总能抱着宽容的态度接受他们。他们正直诚实、光明磊落，他们古道热肠、乐于助人。

就是他们具有的这些优秀品质，才让他们成为最优秀、最杰出的人。

每一个事业有成的人，在成功的路上，都曾经得到别人的许多帮助，因此也应该对别人付出以作为回报，这是公平的游戏规则。

付出是追求个人成功最保险的方式。

一个能够为别人付出时间和心力的人，才是真正富足的人。为别人付出不仅利人，同时会提升自身生命的价值，不论对方是否接受你的帮助，或是否心存感激。

想想看，如果每一个人都为他人付出，终其一生帮助他人，世界将变得多么和谐与美好！当然，付出是没有存折的“储蓄”，我们每一个人也都会得到别人的帮助。

付出也可以使你的事业获利。费城的商业大亨约翰·马克曾经说过，获利的最好途径是：“出人意料地提供有用的服务。”

美国东部某一个城市里，有一家经营非常成功的商店，他们所用的方法非常简单。

店里的职员经常巡视商店附近的停车表，看到快逾时的信号时就代驾驶人投币，并且附上一张纸条，说该家商店非常乐意为驾驶人服务，以免他们因为逾时停车而被开罚单。许多驾驶人专程到店里道谢然后买一些东西。

波士顿有一家大型的男装店，店里所卖的每一套西装口袋里，都装着一张印刷精美的卡片，告诉消费者，如果那一套西装令他感到满意，可以在6个月后，拿着那张卡片回到店里换一条领带。

当然，这样做消费者很高兴再回到店里，而且经常会再买一套西装。

你所付出的额外服务会为你带来更多的回报。

想想看种植小麦的农民吧！如果种植一株小麦只能收一粒麦子，那根本就是在浪费时间。但实际上从一株小麦上可收获许许多多的麦子。尽管有些小麦种子不会发芽，但无论农民面临什么样的困难，他的收成必定多出他所种植的好几倍。

这种情形同样也适用于你所提供的各种服务。如果付出价值100元的服务，则你不但能收回这100元，而且可能会得到好几倍的回报。而到底能有多少回报，就看你是否抱持着正确的心态了。

如果你是以心不甘情不愿的心态提供服务，那你可能得不到任何回报；如果你只是从为自己谋取利益的角度提供服务，则可能连你希望得到的利益也得不到。

帮助别人解决问题，也会帮助你解决自己的问题，因为付出是没有存折的“储蓄”。

在一个多雨的午后，一位老妇人走进费城一家百货公司，大多数的柜台人员都不理她，但有一位年轻人却问她是否能为她做些什么。

当她回答说只是在等雨停时，这位年轻人并没有推销给她不需要的东西，也没有转身离去，反而拿给她一把椅子。

雨停之后，这位老妇人向这位年轻人说了声谢谢，并向他要了一张名片。几个月之后这家店主收到一封信，信中要求派这位年轻人前往苏格兰收取一份大订单！

这封信就是这位老妇人写的，而她正是美国钢铁大王卡内基的母亲。

当这位年轻人收拾行装准备去苏格兰时，他已升为这家百货公司的合伙人了。

这个例子是报酬增加规律的最佳写照，而报酬增加的原因，就是他比别人付出更多的关心和礼貌。

爱人者人亦爱之

法国启蒙思想家强调：平等、自由、博爱。

在天真做人中，“博爱”不仅是一种社会伦理，更重要的是，它还是一条让你的人生更快乐的法则。只有“博爱”的人，才能胸襟开阔，才能真正做到待人热情、友善、乐于助人，才能在人际交往中永立不败之地。

人们放弃对暴力的信仰，实在是太慢了。暴力是野蛮人的普遍逻辑。

我们是否已经明白，如果我们希望使人们生活得更好更幸福，那么就必须求助于一种更伟大、更仁慈的力量——博爱的力量呢？

爱默生说：“博爱将给这个可怕的旧世界一张新面孔。我们像一个陌生的敌人在这个世界里已经生活得太久了。”

自从霍华德投身于他孜孜以求的监狱改造工作以来，12年过去了，他访遍了欧洲大小城镇的监狱，走过了4.2万公里以上的行程。他为拯救囚犯、病人和无助者，花掉了3万英镑之多！

他访问欧洲，一头扎进地牢里；他深入医院，与传染病搏斗；他探察不幸和痛苦的“大厦”，测量悲哀、沮丧和耻辱的“深度”；他记着被遗忘者，照顾被忽视者，问候孤独的人。

在他所到的国家，他拯救了众多的痛苦者。

霍华德先生目睹了同情心和人类之爱，在把那些可怜的罪犯从他们已经陷进去的痛苦深渊中拯救出来方面，可以有多么大的作为。

献出你的爱心，你也同样会得到爱的回报。我们都在渴望着我们生存的环境更加美丽，如果，大家都在用爱心去浇灌这个世界，那么，地球就是一个天堂，我们都是圣徒。

是的，如果你是真心地希望世界成为天堂，那么，没有什么可以阻挡你的爱心。

一个富翁忧心忡忡地来到教堂，祈祷之后他去请教牧师。

“我虽然有了金钱，但我感觉我并不幸福，我甚至不知道应该用自己的金钱做些什么？它能买来欢乐和幸福吗？”他问。

牧师让他站在窗前，看着外面的街道，然后问他看到了什么，富翁说：“来来往往的人群，多么美妙啊！”

牧师又把一面很大的镜子放在他面前，问他看到了什么，他说：“我看到了我自己，我很沉闷。”

牧师说道：“是啊，窗户和镜子都是玻璃制作的，不同的是镜子上镀了一层银粉，单纯的玻璃让你看到了别人，也看到了美丽的世界，没有什么阻拦你的视线，而镀上银粉的玻璃只能让你看到你自己，是金钱阻拦了你心灵的眼睛，你守着你的财富，却忘记了博爱，像守着一个封闭的世界。”

富翁得到启示，就尽可能地去资助那些困难的人，把自己的博爱带给他们，而得到帮助的人则用无尽的感激和祝福报答他，富翁从中不断地得到欢乐，心情也变得开朗了。

心灵的眼睛一旦被金钱蒙蔽，就只能看见自己而看不见别人，这样心中当然没欢乐了。

朋友也要分等级

朋友相交以诚，此乃至理，那为何又要分等级？那不就是不诚了吗？

朋友要分等级，这是为了保护自己免受伤害。

有个绅士，朋友无数，三教九流都有，他也曾向人夸耀，说他朋友之多，天下第一！

有人问他，朋友这么多，他是否都同等对待。

他沉思了一下，说："当然不可以同等对待，要分等级的！"

他说他交朋友都是诚心的，不会利用朋友，也不会欺骗朋友，但别人来和他做朋友却不一定是诚心的。

在他的朋友中，人格高尚的朋友固然很多，但想从他身上获取一点利益、心存坏意的朋友也不少。

"对心有坏意，不够诚恳的朋友，我总不能也对他推心置腹吧！"这位绅士说，"那只会害了我自己呀！"

所以，在不得罪朋友的情况下，他把朋友分了等级，有刎颈之交级、推心置腹级、可商大事级、酒肉朋友级、点头之交级、保持距离级等等。

他就根据这些等级来决定和对方来往的亲密度和自己"心窗"打开的程度。

"我过去就是因为把人人都当作好朋友，受到了不少伤害，包括物质上的伤害和心灵上的伤害，所以今天才会把朋友分等级！"他说。

把朋友分等级听来似乎太过现实无情，但听了那位绅士的话，才觉得分等级的确有其必要性，这是为了保护自己免受伤害！

要把朋友分等级其实不容易，因为人都有主观的好恶，因此有时会把一片赤心的人当成有一肚子坏水的人，也会把凶狠的"狼"看成友善的"狗"，甚至在旁人提醒时还不能发现自己的错误，非等到被朋友害了才如梦初醒。

所以，要绝对客观地将朋友分对等级是十分难的，但面对复杂的人性，你非得勉强自己把朋友分等级不可。

心理上有分等级的准备，交朋友就会比较冷静客观，可把伤害降到最低！

要把朋友分等级，对感情丰富的人可能比较难，因为这种人往往在对方尚未把他当朋友时，他早已投入感情；而且把朋友分等级，他也会觉得有罪恶感。

不过，任何事情都要经过一段时间的实践。慢慢培养这种习惯，等你到了一定年纪，自然热情冷却，不用人提醒，也会把朋友分等级了。

分等级，可像前述那位绅士那样分，也可简单地分为可深交级和不可深交级。

可深交的，你可以和他分享你的一切；不可深交的，维持基本的礼貌就可以了。这就好比客人来到你家，真正的客人请进客厅，推销员之类的在门口应付应付就行了。

另外，也要根据对方的特点，调整和他交往的方式。但有一个前提必须记住，不管对方智力多高或多有钱，一定要是个好人才可深交。

也就是说，对方和你做朋友的动机必须是纯正的。不过人常被对方的身份和背景迷惑，结果把坏人当好人，这是很多人无法避免的错误。

如果你目前平平淡淡或失意不得志，那么不必太急于把朋友分等级，因为你这时的朋友不会太多，还能与你维持感情的朋友应该不会太差。

但当你有成就了，手上握有权和钱时，这时你的朋友就非分等级不可了，因为这时的朋友有很多是另有所图，不是真心的！

因此到了你把朋友分等级的时候了。

有两个年轻人在旅途中相遇了，相同的兴趣使他们很快成了朋友。

一个年轻人说："我们已经是朋友了，我们应该相互帮助。"

另一个也说："是的，朋友的友谊是人间最宝贵的财富。"

他们行走在山间的树林中，正说着这些热切的话，突然从远处走来一只庞大的熊。第一个年轻人叫了一声"不好"，便迅速地爬到了身边的一棵树上。

另外一个人不会爬树，他想让自己的"朋友"拉自己一把，而"朋友"却只顾自己的性命，不去理会他。熊越来越近了，他急中生智趴在树下装死。

熊来到树下，看到树下的"死人"，在他耳边嗅了好半天，才慢慢离开了。

看到熊走远了，树上的人才下来。他很疑惑地问：“刚才熊用嘴在你耳边干什么？”

树下的那个人说：“它是在告诉我，并不是每个朋友都是真心的，只有朋友的等级分清了，才能避免自己被伤害。”

这就是为什么要把朋友分成等级的道理所在。

好朋友要保持距离

人从小到大，都会交一些朋友，这些朋友有的只是普通朋友，但有的则是可称为“死党”的好朋友。

但是我们也常发现，一些死党到后来还是散了。有的是“缘尽情了”式地散，有的则是“不欢而散”式地散，无论怎么散，就是散了。

人能有死党是很不容易的，散了，多可惜啊！

而死党一散，尤其是不欢而散式地散，要再重新和好是相当不容易的，有的甚至根本没有再见面的可能。

人一辈子都在不断交新的朋友，但新的朋友未必比老的朋友好，失去友情是人生的一种损失，因此机智做事特别强调：

既要交新的朋友，也不能失去老朋友，好朋友要保持距离！

这话似乎有些矛盾，好朋友才应该常聚首呀！保持距离不就疏远了吗？

问题就是常聚首！很多死党就是因为一天到晚在一起，所以才散了。为什么呢？

人之所以会有一见如故、相见恨晚的感觉，之所以会有死党，是因为彼此的气质互相吸引，一下子就越过鸿沟而成为好朋友，这个现象无论是异性或是同性都一样。但再怎么相互吸引，双方还是会有些差异的。

由于彼此来自不同的环境，受不同的教育，因此人生观、价值观再怎么接近，也不可能完全相同。当两人的“蜜月期”一过，便无可避免地要碰触彼此的差异，于是从尊重对方，开始变成容忍对方，到最后成为要求对方！当要求不能如愿，便开始挑剔、批评，然后结束友谊。

很奇妙的是，好朋友的感情和夫妻的感情很类似，一件小事也有可能造成感情的破裂。我有一位朋友，他和租同一栋房子的房客成为了朋友，后来因为对方一直不肯倒垃圾，他认为他受到不公平的对待，于是愤而搬出去，两人至今未再来往过。

所以，如果有了好朋友，与其太接近而彼此伤害，不如保持距离，以免碰撞！

人说夫妻要相敬如宾，如此自然可以和谐相处；但因为夫妻太过接近，要彼此相敬如宾实在很不容易。其实朋友之间也要相敬如宾，而要相敬如宾，保持距离便是最好的方法。

何谓保持距离？

简单地说，就是不要太过亲密，一天到晚在一起。也就是说，心灵是贴近的，但肉体是有距离的。

保持距离就会产生礼，尊重对方，这礼便是防止双方碰撞而产生伤害的海绵。

有时太过保持距离也会使双方疏远，尤其是商业社会，大家都忙，很容易就忘了对方。

因此好朋友之间，也要打打电话，了解对方的近况，偶尔碰面吃吃饭、聊一聊，否则就会从好朋友变成朋友，最后变成只是“认识”了！

也许你会说，好朋友就应该同穿一条裤子，彼此无私呀！

你能这样想很好，表示你是个可以肝胆相照的朋友，但问题是，人的心是很复杂的，你能这么想，你的好朋友可不一定这么想。到最后，不是你不要你的朋友，而是你的朋友不要你！更何况，你也不一定真的了解你自己，你心理、情绪上的变化，有时你也不能掌握！

所以，为了友谊，为了人生不要那么寂寞孤单，好朋友应保持距离！

在一个飘雪的冬天，森林中有十几只刺猬冻得直发抖。为了取暖，它们只好紧紧地靠在一起，却因为忍受不了彼此的长刺，很快就各自跑开了。

可是天气实在太冷了，它们又靠在了一起取暖，然而靠在一起时的刺痛，又使它们不得不再度分开。就这样反反复复地分了又聚，聚了又分，不断在受冻与刺痛两种痛苦之间挣扎。

最后，刺猬们终于找到了一个适中的距离，可以相互取暖而又不至于会被彼此刺伤。

距离是一种美，也是一种保护。人与人之间的相处，彼此需要有一些空间，有时太过亲近，不小心失了分寸，口无遮拦，就会造成彼此的紧张和伤害。

避免落入他人圈套

在人生“丛林”中，要时常训练自己对环境的观察力，提高观察事物的敏锐度，一旦面临了险阻，就能够迅速地做出反应，让自己脱离险境。

一位医学院的教授，在一次期末考试时对系里的同学说：“这次期末考试只测一个实验项目，由我带头你们跟着做，然后写报告告诉我结果就行了。不照着做，或是最后报告写出来不对的人，全算零分。”

系里的同学战战兢兢地跟着教授走到实验室，实验室中央的台子上放了4个盛了尿液的瓶子。

只见教授走向第一个瓶子伸出一根手指放进去，然后抽出来，将一根手指放在嘴里尝了一下，然后拿起笔来记录，接着走到第二、三、四个瓶子前面也是如此。

同学们看到他尝尿，觉得一阵恶心要作呕。可是看到老师严肃的表情，也都只好一一地捏着鼻子尝尿了。

报告交出来的时候，同学们都写得满满的，什么有甜味，可能是糖尿病啦，什么色泽微黄，和肾脏又有什么关系啦，简直是五花八门。

过了两天，教授评分后，将所有的报告发回来给学生。大家拿到报告后全都叫了起来，因为所有的报告全被打上了“零蛋”。

教授为什么这么做呢？

面对同学们的惊讶、叫嚷，教授冷静地说：

“我当初说的是你们要跟着我做，当我将手指放进瓶内时是放入中指，拿出来后是将食指放进嘴里，你们都照做了吗？报告上的答案应该是无尿液，没有一个人答对！”

说到这里只听见学生们一片哗然。

接着教授清了清喉咙严肃地说：“这次测试主要是测验你们的观察

力，一个医生如果没有很好的观察力，面对病人所做的第一眼的判定就不对，轻则需要再花很多的时间找出病因，重则延误病情导致病人生命的危险，你们说重不重要。”

一只年老的狮子生病了，躲在洞穴中大声地呻吟。附近的一些动物听到了狮子的呻吟，十分同情年老多病的狮子，纷纷进洞探视。

狐狸听到了消息也前往探视，走到洞穴前，只听到老狮子的呻吟声愈来愈大，可怜极了。正欲进洞的狐狸，忽然竖起了耳朵，收回了正欲跨进洞穴的前脚，在洞穴四周来回踱步。

洞里的老狮子忍不住问道：“狐狸啊，既然来了，为什么不进来呢？”

“我只看见一些向洞里走的动物的脚印，没有看到走出来的脚印，我怎么敢进去呢？”狐狸回答道。

注意观察眼前的一切事物，并加以分析，做出最正确的判断，是使自己避免落入别人圈套的保证。

一见如故不一定是好事

一见如故是很多初见面的人习惯使用的一句话，意思是，虽然是初次见面，可是彼此的感觉就好像已经认识很久了那样。

的确是有一见如故的情形发生，这是很难用科学来解释的现象，只能说这彼此一见如故的人上辈子有过交往了！

能碰到一见如故的人是人生中的一种幸运，因为彼此可以省掉试探这个过程，而可直接进到交心的层次。

可是以机智做人的经验来看，一见如故固然是幸运，但有时却也是不幸的开始。

在人性“丛林”里，人会呈现他的多面性。在不同的时空，善与恶会因不同的刺激而以不同的面貌出现。

也就是说，本性属恶的人，在某些状况之下也会出现善的一面；本性属善的人，也会因为某些状况的引发、催化而出现恶的作为。

而何时何地出现善与恶，甚至他自己也无法预测及掌握。例如，一辈子循规蹈矩的正人君子却因为一时缺钱而忽然浮生恶念，这是他过去所无法想象的事，但就是发生了，连他自己都感到不解。

所以，当一个人和你初次见面，并且热情地向你说和你一见如故时，你可以不必拒绝他的热情，甚至也可回他一句“一见如故”，但你一定要理性地看待这句话，思索这句话的真正意义。因为这可能纯粹是一句客套话，也有可能是一颗裹上了糖的毒药，他是要用温情来拉近和你的距离，好从你的身上获得某些利益。

如果这是一句客套话，你的热切回应不但无法对对方产生效用，你也会因为对方随之而来的冷淡而受伤，更有可能暴露了你自己，反给“有心”人以可乘之机。而最有可能的是，你把对方吓跑了！如果对方真的另有所图，你的热切回应，正好自投罗网，结果也就不用多说了！

因此，当你听到“一见如故！”这句话时，你应该想想自己有没有因为这句话而兴奋、感动。如果有，那么就赶快浇熄、扑灭这些兴奋和感动，以免自作多情或自投罗网。

如果对方的“一见如故”还有后续动作，你应该与之保持一种善意的距离，保持距离的目的是检验对方用心的真伪，以免自己受伤。

如果对方和你彼此都一见如故，这是最危险的状况，你应该立刻向后退，以免“引火自焚”，或因太过接近而彼此伤害，葬送有可能好好发展的友情。

如果一见如故只是对方一厢情愿，话不投机半句多，就不必花心思在这上面了！

当然，如果双方真一见如故，也都能理智地各取所需，那就另当别论了！

不过，有些人不说一见如故，却直接用行动表示，这种人你也应该和他保持距离。

你最应该提防的是，一见如故中，“有心”者常会掺杂很多奉承、拍马屁的语言，这很容易扰乱一个人的判断，也最难抗拒！因此，当听到这类话语时，你就要提高警惕了！

德军准备发动进一步的侵略，这次的目标是S国的一个重要城市，如果这次战役胜利，希特勒称霸全球的野心将会进一步扩大。

行动计划在绝对机密的情况下制订，世界上最高明的间谍都无法获得丝毫情报。

一天，德军最高作战部机要秘书彼格，在小酒吧中偶遇年轻貌美的女画家迪丝小姐。对艺术狂热喜欢的彼格与女画家一见如故，两人从喜爱的画家到绘画流派都是如此相似，甚至在生活中的很多细节都有相同之处。

两天之后，二人便坠入爱河。女画家迪丝表示将把自己的爱和艺术都献给彼格。

共同的理想和兴趣使二人无话不谈，从人生到爱情、从生活到工作，所有的隔阂对他们来说，都不复存在。

战斗开始了，德军遭到了严重打击，看来，对方很清楚地知道德军的行动计划。谁泄露了机密呢？

不久之后，军事法庭审判了机要秘书彼格，原来是他把最高机密透漏给了S国女特工，也就是女画家迪丝小姐。

如此的一见如故，所导致的失败让人如此震惊！而惨痛的教训更提醒人们，随时审慎对待自己那些不期而遇的“一见如故”。

跳槽计策宜掌握

一个人的一生之中总有一次或者几次的跳槽的经历。当在一个单位工作了一段时间后，觉得自己不适合这个单位，或者感到在这儿屈才，英雄无用武之地，或是与老板和同事无法相处，无论怎样，这时的你都已有了跳槽的准备。

跳槽时自己辞职的还好说，可一旦是因被解雇而无奈跳槽时，我们该怎么应付呢？本文教你几招应对之策。

自己辞职的暂且不说，被迫离职的人总要面对现实，以积极的心态面对一切。往往在一些大企业和国有单位里，职员被解雇前都有如下征兆：

当你在一个工作岗位上干得非常出色，单位却突然调你去干别的工作，而面对你的质疑时，回答以工作需要这样的理由，这种莫明其妙的调动很可能是要开除你的前兆。

当你在单位再也领不到重要的任务时，也极有可能是老板对你丧失了信任，而准备将你扫地出门。

你的工作很出色，却突然派别人来帮助你完成工作，并冠冕堂皇地说是为了减轻你的工作压力，而实际上极可能是老板在寻找你的接替者，打算将你开除。

当你犯了一个极其微小的错误，老板却借题发挥，对你大加呵斥，这极可能是老板在逼你自己辞职。

当你立下了大功，可老板却并不表扬，反而对你极其冷淡，这时你基本可以准备卷铺盖走人了。

综上所述，就是单位要开除员工的种种先兆，当然这并不是全部。但一旦你发现自己的处境占了其中的一条，那你最好做好离职的准备，以免到时难以接受。

人这一生总可能有被人辞退的经历，被人辞退时，我们怎么办呢？是怨天尤人，还是坦然接受呢？下面介绍几种应对的方法：

首先，当然是要坦然地接受事实，因为老板既然辞退了你，那他就再无聘用你的兴趣，你就没有必要再和老板聒噪，而是赶紧去寻找另一份工作，把心态摆正，想着凭着自己的才能到哪都是精英，这样你就能寻找到更好的发展机会。

其次，最好询问一下老板辞退你的原因，这样对于你在以后的工作中吸取教训有极大的帮助。

再次，你要是在国有单位的话，就要尽可能地为自己争取该得的权益，这是你必须要做的。

最后，不要搞一些鲁莽的报复行为，任何破坏都会为自己带来不良影响，还有可能遭到官司。

人生就是一场戏，需要在各种各样的舞台上演绎，该跳槽时就跳槽，为了自身的利益，这无可非议。选择跳槽时一定要下定决心，不管是自己被辞退的还是自己离开的，都要抱着一颗平常的心，这样你就将拥有更广阔的前程。

老板只留用那些最佳的职员

对待自己的职业像对待自己生命一样的人，我们应该为他塑造“不朽”的雕像，放在每一所大学里。年轻人所需要的不只是学习书本上的知识，也不只是聆听他人泛泛的指导，而是要加强一种敬业精神，对上级的委托，立即采取行动，全心全意去完成任务。

在一个大企业里，你常常会因一些人无法或不愿专心去做一件事而大吃一惊。懒懒散散、漠不关心、马马虎虎的做事态度，似乎已经变成常态。除非管理者煞费苦心、威逼利诱地叫下属帮忙，或者，除非奇迹出现，上帝派一名助手给他，否则没有人能帮他把事情办成。

不信的话我们来做个试验，你坐在办公室里，叫来一名职员，对他说：“请帮我查一查百科全书，把某某的生平做成一篇摘录。”

那个职员会静静地说：“好的，先生。”

然后他就去执行了吗？

他绝不会，反而会满脸狐疑地提出一个或数个问题：我怎样完成它？能给我一个助手吗？到哪里去查资料？数据如何得到？

然后，他可能会在工作时与情人煲上1个小时的电话粥；在WC里借方便之际，看完24版的娱乐新闻；在QQ上与不知是“青蛙”还是“恐龙”的人唇枪舌战……

最后，他会回来对你说，根本查不到这个人。真的，如果你是聪明人，你就不会对你的职员解释，某某编在什么类，而不是什么类。你会满面笑容地说“算啦”，然后自己去查。这种被动的行为，这种姑息的作风，有可能把这个社会带到“三个和尚没水喝”的危险境地。如果那些人都不能为了自己而自发工作，你又怎能期待他们为别人采取行动呢？

你登广告招聘一名速记员，应聘者中，十之八九不会拼也不会写，他们甚至不认为这些是必要条件。这些人能是完美的员工吗？

一家大公司的总经理评论一个职员：“他是个不错的会计，不过如果我派他到城里去办个小差事，他可能把任务完成，但也可能就在途中走进一家酒吧，而当他到了闹市区，可能根本忘了他去做什么事。”

近来我们听到了许多人，为“那些为了廉价工资工作而又无出头之日的工人”以及“那些为求温饱而工作的无家可归人士”表示同情，同时把那些雇主骂得体无完肤。

但从没有人提到，有些老板一直到年老，都无法使有些不求上进的懒虫做点正经的工作；也没有人提到，有些老板长久而耐心地想感动那些当他一转身就投机取巧的员工。在每个商店和工厂，都有一个持续的整顿过程。公司负责人经常送走那些显然无法对公司有所贡献的员工，同时也吸收新的员工进来。不论业务怎么忙碌，这种整顿一直在进行着。只有当公司不景气，就业机会不多，整顿才会出现较佳的成绩。那些不能胜任、没有才能的人，都被摈弃在就业的大门之外；只有最踏实肯干的人，才会被留下来。为了维护自己的利益，每个老板都只保留那些最佳的职员。

当然，我知道像这种道德不健全的人，并不会比一个四肢不健全的人更值得同情。但是，我们也应该同情那些努力去经营一个大企业的人，他们不会因为下班的铃声而放下工作。他们因为努力去使那些漠不关心、偷懒被动、没有良心的员工不太离谱而日增白发。如果没有这份努力和心血，那些员工将挨饿和无家可归。

如果你曾为了三餐而替人工作，也曾当过老板，那么，你就会知道这两方面的种种甘苦。贫穷是不好的，贫穷是不值得推崇的。并非所有的老板都是贪婪者、专横者，就像并非所有的人都是善良者。

我们钦佩的是那些不论老板是否在办公室都会努力工作的人，敬佩那些尽心尽力完成自己工作的人。这种人永远不会被解雇，也永远不必为了要求加薪而罢工。他们在每个城市、乡镇、村庄，以及每个办公室、商店、工厂，都会受到欢迎，任何一位雇主都不会拒绝这种人才，世界上需要这种人才。

放弃报复，选择健康

我们在为人处世时想要获得快乐和满足，那么就要遵循一些法则。对待敌人和对手，我们该如何处理呢？试着做些如下的心理活动，你可能会有不一样的收获：爱你们的仇敌，善待恨你们的人。诅咒你的，要为他祝福；凌辱你的，要为他祷告。

著名的成功学大师卡耐基在其著作里有这么一篇文字：

“许多年以前的一个晚上，我外出旅行时经过黄石国家公园。一位森林管理员骑在马上，和我们这群兴奋的游客谈起熊的故事。他说：‘有一种大灰熊能击倒除了水牛和另一种黑熊以外的其他动物，但是有一天晚上，我却发现一只小动物，而且只有一只，却能够让大灰熊和它在灯光下一起共食，那是一只臭鼬！大灰熊知道自己的巨掌一下就可以把这只臭鼬打昏，可是它为什么不那样做呢？因为它从经验里学到，那样做很不划算。我同样也懂得这个道理。我是孩童时，曾在密苏里州的农庄里抓过四只脚的臭鼬；成年之后，在纽约街头也经常碰到一些像臭鼬一样却长着两只脚的人。从许多不幸的经验中我发现，无论招惹哪一种臭鼬，都是不划算的。’

“当我们恨自己的仇人时，实际上等于给了他们制胜的力量。这种力量可能会影响我们的睡眠、我们的胃口、我们的血压、我们的健康和我们的快乐。如果仇人们知道他们是如何令我们担心，令我们苦恼，令我们一心想报复的话，他们一定会兴高采烈地跳起舞来。我们心中的怨怼不仅无法伤害到他们，反而使我们的生活变得像地狱一般。

“我们每个人都有很强烈的报复心，可报复是把双刃剑，它也会伤害我们自己。报复心甚至会有损人的健康状况：高血压患者主要的特征就是容易愤怒。长期愤怒，高血压和心脏病就会随之而来。

“现在你应该懂得了，耶稣所说的‘爱你的仇人’，不仅仅是一种道德上的训诫，而且是在宣扬一种21世纪的医学原理。当他说‘原谅70个7次’的时候，他是在告诉我们如何避免高血压、心脏病、胃溃疡和其他疾病。

“曾经有一个朋友心脏病突发，医生命令他躺在床上，并告诫他无论发生什么事都不能动气。懂得一点儿医学知识的人都知道，心脏衰弱的人，发脾气可能会送命。几年前，在华盛顿州的史泼坎城，就曾经有一名餐馆老板因过度生气而猝死。我手边有一封华盛顿州史泼坎城警察局局长杰瑞·史瓦脱写的信，他在信上说：‘68岁的威廉·传坎伯开了一家小餐馆，因为对厨子用茶碟喝咖啡而感到非常生气，他抓起一把左轮手枪去追那个厨子，结果因为心脏病发作倒地而亡，死时手里还紧紧抓着那把手枪。验尸官的报告显示，他是因为愤怒引起心脏病发作而死的。

“我们经常可以看到一些女人，她们的脸常常因为过多的怨恨而满是皱纹，因为悔恨而扭曲，表情僵硬。无论如何美容，都比不上让她们的心中充满宽容、温柔和爱。

“怨恨甚至可能会影响我们对食物的享受。

“如果仇人们知道怨恨会搞得我们筋疲力尽，使我们疲惫而紧张不安，使我们外表受到伤害，使我们得心脏病，甚至可能置我们于死地，他们难道不会额手称庆吗？

“哪怕我们无法爱我们的仇人，但至少应该学会爱我们自己，要使仇人无法控制我们的快乐、我们的健康和我们的外表。正如莎士比亚所言：‘不要因你的敌人而燃起一把怒火，最终烧伤了你自己。’”

第三章

做人要方正，做事要圆通

拥有高贵的品格

品格就是力量，就是影响力。因为品格可以获得友谊与财富；因为品格可以获得支持与帮助；因为品格可以把我们引向通往财富、荣耀和幸福的康庄大道。

有些人很容易就生意兴隆，他们能吸引客户来公司，吸引顾客来店里，吸引病人来诊所。就像是铁片不由自主地转向磁石一样，所有的人都转向他们，因为人们被这些人深深地吸引了。

在生意场上，这些人就是磁石，生意自动就跑到他们那里去了。

甚至有时候他们显然连别人一半的努力都没有付出，却远远比别人成功，朋友称他们为“幸运儿”。然而，如果我们仔细分析一下这些人，就会发现那是因为他们有吸引别人的品格。

正是这些品格的魅力吸引了别人的目光，打动了别人的心。

许多事业有成的商人或自由职业者仔细分析他们成功的原因，他们会吃惊地发现，原来成功一大部分是归功于习惯性的礼节和许多其他受人欢迎的品格。

如果没有这些品格，他们所有的智慧才能、所有的深谋远虑和所受的专业训练，这一切加起来都不会让他们达到现在一半的成功。因为无论他们是多么精明强干，多么才华横溢，他们那粗鲁无礼的举止行为都会吓跑客户或病人。

只要他们的个人品格让大家排斥，他们就永远无法在众人当中立足，永远无法处于有利的地位。

无论在哪一个国家，总会有这样一些人，他们甚至不用发号施令，就可以实现自己的目的。他们的影响力和他们自身的能力几乎不成比例。

人们也难免感到诧异，究竟是什么原因，使人们这么容易就听命于他们？其实这不奇怪，人们都会敬仰并追随那些具有伟大品格的人，因为品格就是力量。

可惜的是，现在明白这一点的年轻人真是太少了。

华盛顿、林肯之所以会当选为美国总统，能力是一方面，还有很重要的因素是他们的品格很高尚。

伟大人物的“根”常常扎在地下，但他们的品格却让他们能够傲然独立，虽然周围的一切都在变来变去，但他们犹如高大的橡树岿然不动。

如果世界上还有一种力量能够让我们感觉到它的存在的话，那一定就是品格。

在社会上，一个人可以没有文化，没有能力，没有财产和地位，然而，只要他具有纯正而卓越的品格，他就一定会产生影响，一定会赢得人们的尊重。

那些受人欢迎的人，那些极具个人魅力的人，在培养那些点点滴滴的受人欢迎的品质时都遭受过很多的磨难，经历过很多的痛苦。

那些天生不善交际的人，只要能像那些具有高贵品格的人一样，肯花费同样的心思，肯经受同样的磨砺，也会创造出同样的奇迹。

无论何处，人们都喜欢具有高贵品格的人，排斥品行恶劣的家伙。

拥有美好品行的所有原则都包含在这句话里：举止优雅招人喜爱，行为粗鲁令人厌恶。

我们总是情不自禁地被一个乐善好施者吸引，因为他总能满怀同情，给人安慰，尽其所能帮人摆脱困境。

另一方面，我们鄙视、唾弃另外一种人，他们时时处心积虑想从别人那儿得到什么。他们会在公共汽车或音乐厅里左挤右推，为的是能抢在别人前面找到最好的位置。他们总去抢最舒服的座位，他们总是坐在餐桌上最容易伸手夹菜的位置。无论在餐厅，还是在旅馆，他们总是目中无人，抢占位置，让别人在他们后面排队等候。

而高贵的品格会给你带来最大的益处，比如使你在第一次见面时给人留下良好的印象。当你去接近一个多年前就认识，但关系泛泛的潜在顾客时不表现出任何冒犯之意，不引起对方任何心理上的不快，相反，还对对方抱有良好的意愿，这种行为本身就是一种极大的成就。

更为重要的是，高贵品格还会给你带来可观的收益。优良的品质有一种内在的魅力，这种魅力永恒持久，不易消逝，让人难以拒绝。

没有人会去嗤笑具有这种魅力的人，因为他们焕发出了耀眼的光芒，消除了所有的偏见。

在法国大革命期间，愤怒的人们冲进了巴黎的监狱，单单这股汹涌的人流，就足以把那些贵族、神甫挤死，变成人们狂热情绪的牺牲品。

就在一片血腥之中，一个名叫毛诺的平民突然发现了西卡尔神甫。

毛诺以前见过西卡尔神甫，知道他的为人与声望，知道他把自己全部的心血都奉献给了残疾人的教育事业，于是拦住众人说道："这是西卡尔神甫，一个正直的公民。你们不认识他，但我知道，他是我们这里最仁慈、最有贡献的一个人，他把自己的爱都献给了那些残疾人。"

众人听了他的话，马上停止了攻击，而且一拥而上，争相与西卡尔神甫、拥抱，要抬他起来把他送回家。

可见，即使在这样满怀仇恨的民众心中，一种高贵的品格仍然可以表现出至高无上的力量。

保持自己的人格

保持自己的人格，这种"投资"的价值要远远大于任何能以金钱衡量的货币资本。

因为有了这种品质，所有的大门都会向你敞开。无论你走到哪里都会畅行无阻，大受欢迎。

许多年轻人在谈及自己的提升或是人生最初起步的成功时，都归功于自己乐于助人、亲切随和的正直性格，也就是说，在任何可能的情况下去帮助别人。

这正是林肯最突出的品质之一。他乐于助人，这使得他在任何场合中都能与别人打成一片。他在律师事务所的合伙人亨恩顿先生说："在林肯先生的住所住满了人的时候，他会把自己的床让给别人。然后，他自己就到店里的柜台上睡，卷一卷布当作枕头。"

这种乐于助人、乐善好施的正直品格使得林肯备受人民的爱戴。

林肯的美好名声为什么没有随着岁月的流逝而消失，反倒与日俱增，妇孺皆知呢？

这是因为林肯的一生都保持着正直的品格，从来没有作践过自己的人格，从来不糟蹋自己的名誉。

试问，在人类的历史上，有谁能像林肯那样精神不死、流芳百世呢？恐怕是比较少的。看来的确是印证了一句话，“正直的人格是世界上最伟大的一种力量”。

如果一个青年在刚踏入社会的时候，便决心天真地做人，做任何事情都无悖于养成完美人格的要求，那么，即使他无法获得盛名与巨大利益，但终不至于失败。而那些人格堕落、丧失操守的人，却永远不能成就真正伟大的事业。

完美的人格是事业上最可靠的资本，不少青年对于这一点缺乏认识。这些年轻人过分地注重技巧、权谋和诡计，却忽视对正直的品格进行培养。

为什么有许多公司情愿以非常昂贵的代价，去用已死数十年或数百年的人的名字来做公司的名称呢？因为在那些已逝者的名字里面含有正直的人格，他们的名字代表着信用，使消费者感到可靠。

想想有些人的名字，其信用之稳固程度如同直布罗陀的岩石一样坚固，这就可以明白人格的价值了。

有一些年轻人明明知道这样的事实，但是他们仍然不将事业的基础建立在正直的品格上，反而建立在诡计和欺骗上，难道不令人感到奇怪吗？

完美的人格是成功所包含的要素。而此种美德，成功者无一不具备。倘若缺乏这种美德，哪能做出轰轰烈烈的事业来？

每一个人都应该感到，在自己的体内有一种“富贵不能淫，贫贱不能移，威武不能屈”的力量。这极其宝贵的力量就是一个人的人格，而人应不惜生命来保持他正直的人格。

大凡历史上真正的伟大人物，是不会出卖其人格的，不会因金钱、权势、地位等种种诱惑而出卖人格。

林肯虽然贵为一个国家的总统，但在欧洲上流社会的时尚圈子里，他却常常是人们的笑料，这归因于他是一个不出卖自己人格的人。

很多欧洲国家的报纸都用漫画来讽刺这位来自边远地区的穷学生，挖苦他的笨拙，嘲笑他的风范。他所颁发的政府文件行文过于简单明了，这一点也让政客们感到震惊，他们希望这些文件能够更正式一些。对于他们所有的反对意见，林肯仅仅简单地答复道："人们看得懂就行了。"

当时有很多美国人在欧洲人开办的制棉厂里做工人，生活十分拮据。由于棉花禁运，有的人几乎到了衣食无着的地步，但他们从来没有抱怨，没有一次起来抗议林肯的禁运政策，各地的劳工组织都信任他。

当一个人过着一种虚伪的生活，戴着假面具，做着不正当的职业时，他将受到自己内心的嘲笑，甚至会鄙弃自己。他的良心必将不住地拷问他的灵魂："你是一个欺骗者，你不是一个正直的人。"

无论有多大的利益，多么难以抵制的诱惑，千万不可出卖自己的人格。如果一个人过分地追逐名利，将会败坏他的才能，毁灭他的品格，使他做出违背良心的事情来。

无论你从事何种职业，你不但要在自己的职业中做出成绩来，还要在自己做事的过程中建立自己高尚的品格。

在你做一个律师、一个医生、一个商人、一个职员、一个农民、一个教师，或者一个政治家时，你都不要忘记：你是在做一个不出卖自己人格的人，一个具有正直品格的人。这样，你的职业生涯和生活才能有重大的意义。

林肯坚决不出卖自己的人格，他的合作者说他"到了顽固的地步"。他可以拒绝一切诱惑，绝不与有错误的一方为伍。或者，即使一开始不小心站错了立场，一旦发现，他也马上改弦更张，绝不助纣为虐。

林肯做律师时，有人找林肯为一件诉讼中明显理亏的一方做辩护，林肯回答说："我不能做。如果我这样做了，那么出庭陈词时，我将不知不觉地高声说：'林肯，你是个说谎者，你是个说谎者。'"

有一次，一位太太付给了他200美元的律师费，他考虑了很久，还是把钱退了回去，并对这位太太解释道："你的案子还没有开审呢。"

"可是这钱是你应该挣的啊！"那位太太说。

"不，不，"林肯回答，"这不对。我只是在尽义务，这不应该收钱。"

做一个正直的人

我们都知道，大自然母亲对人类的弱点一向是宽容的。

她从来不会让她宠爱的孩子一无所获，她为正直的人提供了最丰富的嫁妆，然而她小心提防，免得让利益的诱惑引起那些求爱者的兴趣，而这些求爱者对正直的人的朴素价值其实是漠不关心的。

大自然非常聪明，她所提供的嫁妆，只有在那些一心向往正直的人眼中才具有吸引力，那就是荣誉。

荣誉就是正直的人的嫁妆，就是丰厚的报酬，就是加于廉洁无私的爱国者那思虑深重的头上或是胜利的勇士那饱经风霜的头上闪光的桂冠。

正直的人靠着这种无比崇高的奖赏的提携，蔑视一切享乐的诱惑和一切危险的恐吓。当他想到死亡只能支配他的一部分时，就连死亡本身也失去了它的恐怖。不论是死亡还是时间流逝，不论是自然力量的强大还是人世浮沉的无定，他确信在人群中他会享有不朽的声名。

正直的人无须对那些暧昧的问题做任何抉择，他满意于万物的最高主宰给予他的那些嫁妆，他无比感激地收下了为他备下的赏赐。

即使遭受了挫折，他也并不认为正直是徒具虚名。相反，他把正直视为是自己天真生活的报偿，他欣喜地感受造物主的宽宏大量，因为是造物主让他得以生存，并赋予他这样的机会，从而获得了正直这一种极为宝贵的品德。

正直的人的荣誉是我们刻在事物上的标记，正是这种无法涂抹的标记，决定了所有人、所有劳动的全部价值。

我们都会相信正直的人，在人生丛林中，那些带着“荣誉嫁妆”的正直的人，意味着一种神圣的力量！

两度出任英国首相的政治家约翰·罗素说：“在英国，所有的政党都有一种天然的倾向，它们都试图寻求天才人物的帮助，但它们只会接受那些具有正直品格的人做指导。”

匈牙利政治家科苏特常年流亡在外。土耳其曾答应，如果他肯皈依伊斯兰教，就可以为其提供避难所。但科苏特回答道："如果让我在死亡和屈辱之间选择，我会毫不犹豫地选择死亡。我曾经做过总督，管理过一个生性慷慨的民族，但最后我没有留给子女一分财产。这么做，至少比被大家指指点点要好得多。意愿总会完成，我随时准备献出自己的生命。虽然我的双手空空如也，但它们却是清白干净的。"

文艺复兴时期的著名诗人彼特拉克一次要上法庭做证，本来他要像一般人那样履行宣誓程序，但法庭却告诉他，他们相信他的正直，他不需要为自己的证词进行宣誓。同时，法庭将以他的证词为准，因为他身上有"荣誉嫁妆"。

休·米勒曾经在一家大银行得到了出纳员的职位，但他婉言谢绝了，表示自己对账目簿记一无所知，而且也没有人为他担保。

"我们不需要你有什么担保。"银行总裁罗斯先生语气很坚决。而在此之前，米勒甚至不知道罗斯先生认识他。

可以说，任何时候，一个正直的人的荣誉总是让他处于众人有意无意的观察之下，这点无论我们是否认识到都是如此。

维多利亚·柯罗娜的丈夫曾经宣誓效忠西班牙王室，所以，当意大利诸王侯劝说他离开西班牙时，他非常犹豫，毕竟，他受到自己誓言的约束。

这时，他的妻子写信给他，信中写道："牢记你的荣誉，正因为有了它，你才高过国王。拥有这种荣誉，便是拥有了真正的辉煌，完全无须任何头衔的点缀。如果这种辉煌能够不受任何玷污传给子孙后代，你会真正感到幸福和光荣。"

获得正直的成功

如果你是诚实正直的人，你的成功会是一种真正的成功。

诚实正直具有强大的亲和力，它可以让你的服务对象和同行伙伴产生与你成为朋友的渴望，如果他们认为你对他们是公平公正的，他们就会无条件地接受你。他们良好的信誉将会给你的生活和事业带来许多意想不到的好处，给你的回报是建立在你的所作所为的基础之上的。

一个诚实正直的人首先应该是公正的。如果上司和同事偏离了正确的轨道，就应该及时加以阻止。一个诚实正直的员工，应该具有收集相关的事实，严密地考虑会出现的问题，然后做出判断的能力。而最重要的是，坚持自己的判断并让相关的人知道。

一家公司的老板因为生意上的问题而遭受到了很大的打击。但是，我却听到这家公司的职员在背后议论："其实，我早就料到他会有这么一天。我不说，是因为我不想让自己掺和进去。"

他们的态度是："这跟我有什么关系？那是他自己的问题，我自己的事情已经够多了。"你难道会说这样的职员是诚实正直的吗？他们又怎么会得到更多的报酬呢？

如果那位老板听到这些话，当面质问这些职员："为什么不及时阻止我，以避免造成如此大的损失？"这时就很难想象他们会怎么回答了。

马克·吐温说过："当你处在进退两难的境地时，就诚实地说出真话。"如果你发觉老板或是你为之服务的顾客正滑向一个错误的方向，就应该毫不犹豫地加以阻止，即使他不可能接受你的劝告，你也要表示出自己的诚实。你没有因为他是老板或是顾客而虚伪地迎合他，你会因为说出真话而觉得心胸坦荡。

诚实正直的人不仅勇于向他人提出建设性的批评，而且同时也乐于吸取建设性的批评意见。你应该善于倾听周围人的种种意见，认真地加以评估，去伪存真，使自己不断地完善。如果你自以为是，不愿意花费时间听取他人意见，对他人而言你是不正直的，对自己而言你则是不诚实的。

那些希望自己的下属只会说漂亮话的人在事业上是不会长久的；那些善于溜须拍马、阿谀奉承的人，或许短时间内可以获得很大的好处，但是绝对无法成为一棵"常青树"。

至善就是真实，真实不会伤害拥有它的人。一个正直的人会在适当的时机做该做的事情，即使没有人看到或知道。

时不时地回顾一下你的所作所为吧！你是否能毫无羞愧地说"我是诚实正直的"？如果不能，请立即改变自己的行为方式吧！

有的谎言有时并没有什么恶意，也不会造成什么危害，但是，久而久之就会养成撒谎的习惯，进而变成根深蒂固的劣根性，使你的心灵渐渐变得低下。相反，诚实的人会逐渐形成宽容博大的胸怀。因此，说真话是获得别人信任和尊敬的最有效的方法。

虽然你可以由于优雅的风度、仁慈的行为、丰富的知识，或者其他美德，赢得他人的尊敬，但是，一旦你有谎话被拆穿，所有的优点就会烟消云散。只有真诚地袒露自己的心灵，才能真正做到诚实无欺，赢得别人的尊重和信赖。

做一个可以信赖的人，那么你的一举一动都是诚实可靠的，丝毫没有见不得人的地方。对自己的工作积极主动、尽心尽力，你会理所当然地得到升职和奖励的回报。这与你的职位和工作没有任何关系，也与男女、长幼和贫富没有任何关系。

在工作中，许多员工以为有时撒个小谎无伤大雅，还乐此不疲，结果变得十分糟糕。

永远都不要尝试说谎，只有这样，你的心思才会纯洁，你才能养成自律的习惯，你工作生活的环境才会宁静平和。

马萨诸塞州众议员兼国务卿丹尼尔·韦伯斯特说：“没有任何东西比事实更具力量。”这世界上到处充满着成功，充满着恪守事实而获得成功的人和事业。有一个很普遍的例子，最成功的广告往往就是诚实地说出事实。

当乔治·华盛顿还是个少年的时候，有一次不小心砍倒了他父亲种的樱桃树，他向父亲认错，说：“爸爸，我不能说谎。”

如果你不小心犯了某种事实上的错，那么最好的办法就是坦率地承认和检讨，并且在很短的时间内，尽可能快地对事情进行补救。只要处理得当，你一样可以立于不败之地。

诚实正直也许会使你暂时失去一些东西，有时候，也许会被人嘲笑，但是如果你能坚守这一品格，最后就会成为赢家。

法国思想家孟德斯鸠曾经说：“我观察到，想在这个世界获得成功，必须十分真诚，又十分明智。”

真诚的人会赢得更多的机遇，机遇总是去寻找诚实可靠的人！人的天性有对不公正的待遇抵触的习惯。如果你讨厌正直诚实，那么能给予你机会的老板同样也会讨厌你。如果一开始就让别人觉得你很狡猾，别人就会自然而然设立一道防护的屏障，来抵御潜在的威胁。真诚的、睿智的人是最受老板欢迎的人。

在一些公司里，有些刚刚得到升迁的人，被自我中心主义折磨着，内心充满欺诈，他们的同事既不喜欢也不尊敬他们，并且一有机会就会对他们施以报复，他们的好日子屈指可数！

你如果要其他人喜欢你，你必须先做真正的自己；你如果要向别人推销自己，你必须自己先接受自己。在对别人真诚以前，你应该先对自己真诚。“最重要的事情，就是对自己真诚。”

当你走入自己的心灵深处，你会发现做个诚实的人要简单多了。真诚是树木的根，没有根，树木也就没有了生命。每个成功者都要培养自己信任并且让别人信任的优秀品质，只有这样他的事业之树才会常青。

在一家大公司里，有人问起这家公司的录用标准与晋升尺度主要是什么。那家公司的经理看上去精干利索，表情却很和气。他说：“别的公司的录用标准与晋升尺度是什么，我不太清楚。我只能说，我们公司最注重的是应征者的诚实态度和正直坦率。一般来说，如果应征者在金钱使用上有了不良的记录，或者因为不诚实在学校有过处分记录，我们公司就不会雇用他。我们这样做的理由是：

第一，我们需要有责任感的员工。以前的种种不良记录就表示那个人在人格上有缺陷。在金钱上不守信用和不诚实，和偷盗又有什么两样呢？

第二，如果一个人在金钱上不守诺言，你能相信他还会对其他事情守信用吗？

第三，我们需要的是兢兢业业为公司效力的人，很难想象一个没有诚意、投机取巧的人会在他的工作岗位上尽职尽责。

第四，我们不想自掘坟墓，因为财务问题会导致很高的犯罪率。如果他无法妥善地解决自身的财务问题，我不敢保证这个人不会挪用公款、偷窃。我可不想我的公司是一个犯罪的发源地。”

这家公司的用人标准说明了这样一个问题：诚实是衡量一个人品行的尺子，无论什么时候、什么地方都可用于检验一个人。

许多公司在用人方面，很注重一个人的品行，并且以此作为任用晋升的标准。即使有些人工作经验丰富、技术熟练，如果不诚实也不会被任用。不为利动，没有私心，在任何情形下都言行诚实，这种美德，其价值比从欺骗中得来的利益大千倍。

如果你的朋友和商业伙伴确信你是一个诚实可靠的人，他们就会信任你，让你担负起重要的责任。诚实和可靠是一对孪生兄弟，没有诚实，就不可能赢得别人的信赖。如果你在和别人打交道的时候都诚实可靠，你将得到丰厚的回报。

“诚实是最好的策略”。诚实和正直是事业取得成功的基石。你应该以诚实履行合同中的每一条款而骄傲；你应该从你一丝不苟的工作质量上获得坦然。只有凭借诚实和正直，你才能拥有晋升、发展的机会，获得永久的成功。

小心谨慎、诚实正直的人致富提升的速度可能不如弄虚作假、投机钻营的人来得快。那些利欲熏心的人不明白，在他们多得到一分钱的同时，已经损失了一分品格。他们的钱袋固然是有所增益了，但他们的人格却是有所降低了！

聪明可能会欺骗你，而正直却不会。如果你是诚实正直的人，你的成功会是一种真正的成功。即使在金钱地位上一时达不到一定的程度，你的人格尊严和受人尊敬的地位已经永久地保持了。而人格和良好的声誉将会是你得到老板重用和获得高薪的保证。

“方”是做人的根本

我们时常听到有人提到“做人要外圆内方”“方圆之道”等观点，那么何为方，何为圆呢？

“方”就是堂堂正正地做人，心中一团正气，有思想，在任何时候都不放弃自己的原则。“圆”就是圆通世故，洞悉人性，通达权谋。

做人要外圆内方就是要求我们内心坚守原则，表面圆通世故。首先“方”是做人的根本，是一个人活在这个世上的根本，是为人处世的准则。“圆”是次一等的处世手段。

一个人的“方”体现在他的品质上，要做到正直，坚持原则，身体力行，善良，相信一切美好的事物和真理。在现代社会，堂堂正正做人的人不一定会有好的际遇，但放弃“方”的人一定不会成功。

日本的小泽征尔是世界著名的音乐指挥家。柏林爱乐乐团和纽约大都会歌剧院等许多著名歌剧院，都曾多次邀他加盟执棒。一次，他去欧洲参加音乐指挥家大赛，在决赛中，他被安排在最后一位。小泽征尔拿到评委给的乐谱后，稍作准备，便全神贯注地指挥起来。突然他发现乐曲中出现了一点儿不和谐的地方。开始他以为是演奏出了问题，就让乐队停下来重新演奏，但仍觉得不和谐。他对评委们说他认为乐谱确实有问题，可是在场的作曲家和评委会的权威人士都郑重声明，这是他的错觉，乐谱不会有问题。

面对音乐界的众多权威人士，他难免对自己的判断产生了犹豫，甚至动摇。但是，经过再三考虑，他坚信自己的判断是正确的。于是，他斩钉截铁地大声说：“不！一定是乐谱错了！”他的声音刚落，评委席上的那些评委立即站立起来，向他报以热烈的掌声。

原来这是评委们精心设计的一个圈套，以此来试探指挥家们在发现错误而权威人士又不承认的情况下，是否能够坚持自己正确的判断。只有具备坚持自己正确的判断这种素质的人，才真正称得上是世界一流的音乐指挥家。

坚持自己的正确意见，这不是容易做到的事情，一旦处理不好就会导致记恨，但坚持到最后并用事实告诉大家自己所坚持的是正确的，即使受到了些许的委屈也是值得的。

万无一失的成功秘方

世界上有没有万无一失的成功秘方？

有！它就是正直。

在英语中，“正直”一词的基本词义指的是完整。同样，一个正直的人也不能把自己分成两半，他不会心口不一，想一套，说一套，他不会撒谎；他也不会表里不一，说一套，干一套，他不会违背自己的原则。

正是由于没有内心的矛盾，一个人才有额外的精力和清晰的头脑，他必然获得成功。有了正直的品德，一个人的能量可以发挥出成倍的效力。

正直的人，实际上意味着他有某种内在原则。有许多例子可以说明正直意味着高标准地要求自己。

许多年前，一位作家在一次失败的投资中，损失了一大笔财产，还欠了很多债。他打算用他所赚取的每一分钱来还债。3年后，他仍在为此目标而不懈地努力。为了帮助他，一家报纸组织了一次募捐，许多要人都慷慨解囊，这是一个诱惑，接受这笔捐款将意味着结束这种折磨人的负债生活。然而，作家却拒绝了，他把这些钱退还给了捐助人。几个月之后，随着他的一本轰动一时的新书的问世，他偿付了所有剩余的债务。

这位作家就是马克·吐温。

正直意味着有高度的名誉感，这里指的不是声誉，而是名誉。

伟大的弗兰克·劳埃德·赖特曾经对美国建筑学院的师生们发表讲话，他说："这种名誉感指的是什么呢？什么是一块砖头的名誉感呢？那就是做一块实实在在的砖头。什么是一块板材的名誉感呢？那就是做一块地地道道的板材。什么是人的名誉感呢？那就是要做一个正直的人。"

正直意味着具有道德感并且遵从自己的良知。

马丁·路德在他被判死刑的城市里，面对着他的敌人说："做任何违背良知的事，既谈不上安全稳妥，也谈不上谨慎明智。我坚持自己的立场，上帝会帮助我，我不能做其他的选择。"

正直意味着有勇气坚持自己的信念。

这一点包括有能力去坚持你认为是正确的东西，在需要的时候义无反顾，并能公开反对你确认是错误的东西。

正直意味着自觉自愿地服从。

从某种意义上说，这是正直的核心，没有谁能迫使你按高标准要求自己，也没有谁能强迫你献身。同样，没有谁能勉强你服从自己的良知。然而，不管怎样，一位正直的人是会做到这些的。

从根本上说，在天真做人的范畴里，正直所具有的无与伦比的价值，是值得人们为此而努力的，它将会为你带来如下的品格：

勇敢。正直的人具备冒险的勇气和力量，他欢迎生活的挑战，绝不会苟且偷安，畏缩不前。一个正直的人是有把握并能相信自己的人，因为他没有理由不信任自己。

坚定不移。正直经常表现为坚持不懈、一心一意地追求自己的目标，拒绝放弃自己坚韧不拔的精神。

"我们决不屈从！决不，决不，决不，决不。事无巨细，永远不要屈从，唯有屈从于对荣誉和良知的信念。"温斯顿·丘吉尔是这样说的，也是这样做的。

心地坦然。正直的人都是抗震的，他们似乎有一种内在的平静，使他们能够经受住挫折甚至是不公平的待遇。

亚伯拉罕·林肯在1858年参加参议院竞选活动时，他的朋友警告他不要发表某一个演讲。但是林肯答道："如果命里注定我会因为这次讲话而落选的话，那么就让我伴随着真理落选吧！"他是坦然的。他确实落选了，但是两年之后，他就任了美国的总统。

正直还会给一个人带来许多好处：友谊、信任、钦佩和尊重。人类之所以充满希望，其原因之一就在于人们似乎对正直具有一种近于本能的识别能力，而且不可抗拒地被它吸引。

怎样才能做一个正直的人呢？这是找不到现成答案的。也许第一步就要锻炼自己在小事上做到完全诚实。当你不便于讲真话的时候，不要编造小小的谎言，不要去重复那些不真实的流言蜚语，不要把个人的电话费用记入办公室的账上……

这些戒律听起来可能是微不足道的，但是当你真正在寻求正直并且开始发现它的时候，它本身所具有的力量就会令你折服。最终，你会明白，几乎任何一件有价值的事，都包含有它自身的不容违背的正直的内涵。

这就是万无一失的成功的秘方吗？

是的，我们还不得不将它作为天真做人的首篇。它之所以是百试百灵的，正是因为它与人的声望、金钱、权力以及任何世俗的衡量标准毫不相干。如果你追求它并且发现了它的真谛，你就一定会享受生活最精致的幸福。

在一所大医院的手术室里，一位年轻的护士第一次担任责任护士。

“大夫，你已经取出了11块纱布，”她对外科大夫说，“但我们用的是12块。”

“我已经都取出来了，”外科大夫断言道，“我们现在就开始缝合伤口。”

“不行，”护士抗议说，“我们用了12块。”

“由我负责好了！”外科大夫严厉地说，“缝合。”

“你不能这样做！”护士激烈地喊道，“你要为病人负责！”

外科大夫微微一笑，举起他的手让护士看了看这第12块纱布。“你是合格的护士。”他说道。

他在考验她是否正直，而她具备了这一点。

坚持到底，永不放弃

在天真做人的过程中，坚韧不拔是一个关键的要素。

坚韧不拔就是一种即使面临失败和挫折仍然不放弃的能力。

有人研究发现，正确对待逆境的销售人员、军校学员、学生和运动员能从失败中恢复并继续坚持前进，而当遇到逆境时不能正确对待的人则放弃了，这样的人必将会面临失败。

其实，胜利的意思就是重新站起来的次数比被打倒的次数多一次。

有一位推销员，在为公司推销日常用品。

有一天，他走进一家小商店里，看到店主正忙着扫地，他便热情地伸出手，向店主介绍和展示公司的产品，然而对方却毫无反应，只是漠然地望着他。

推销员一点儿也不气馁，他又主动展示所有的产品向店主推销。他认为，凭借自己的努力和推销技巧一定会说服店主购买他的产品。

但是，出乎意料的是，那个店主却暴跳如雷起来，用扫帚把他赶出了店门。并说，如果再见他来，就打断他的腿。

推销员却没有愤怒和放弃，他决心要查出这个人如此恨他的原因。于是他就去询问其他推销员，了解那个商店的情况，终于了解到店主对他不满的原因了。

原来是他的前一任推销员推销不当遗留下来的问题。由于前任推销员的失误，那个店主存货过多，损失了大量资金。

这个推销员疏通了各种渠道，重新做了安排，请求一位较大的客户以成本价格买下了那个商店的存货，当然，之后他受到店主的热烈欢迎。

这个推销员运用自己坚韧不拔的精神，在坚持中不断地寻找突破逆境的途径，这是天真做人的表现。

在人生的道路上坚韧不拔是很重要的一个环节，如果你没有恒心和毅力的话，就会无法忍受挫折和失败，甚至在生活的道路上刚一迈步，就会被逆境吓退。只有坚韧不拔，你才能是赢家。

有些成功的人培养恒心、毅力，是出于需要。他们把恒心、毅力培养成一种习惯，因为他们为周围的局势所迫，不得不坚持到底。那些已培养出恒心和毅力的人像上了保险一样，不再惧怕失败。他们无论再受挫多少回，仍将继续朝成功的顶端迈进。

有时候，仿佛是有位隐形的指引者，借着各式各样的磨难来考验成功路上的前进者。那些在失意之后仍坚持继续努力尝试的人，终将成功。隐形向导是不会让没有通过耐力考验的人坐享巨大成就的，它只偏爱那些坚韧不拔的人。不论他们所追求的目标多高多难，都能如愿以偿，以此作为对吃苦耐劳、坚韧不拔的补偿。

当我们观察成功人士的成长环境时，会发现他们的背景各不相同。那些大公司的经理、政府高级官员以及每一行业的知名人士有很多来自清贫的家庭、破碎的家庭、偏僻的乡村甚至于贫民窟。这些人现在都是社会上的优秀人物，他们都经历过艰难困苦的阶段，具有很强的承受挫折的能力是他们成功的要素之一。

英国前首相丘吉尔是一个非常有名的演讲家，也是推崇坚韧不拔精神的一位成功者。

他生命中的最后一次演讲是在一所大学的毕业典礼上。那次演讲的全过程大概持续了20分钟，但是在那20分钟内，他只讲了两句话，而且是相同的：坚持到底，永不放弃！坚持到底，永不放弃！

这场演讲是他成功演讲史上的经典之作。丘吉尔用他一生的成功经验告诉人们：成功根本没有什么秘诀可言，如果真有的话，就是两个：第一个就是坚持到底，永不放弃；第二个就是当你想放弃的时候，回过头来看看第一个秘诀——坚持到底，永不放弃。

在人生的道路上要具有敏锐的目光、果断的行动和坚韧不拔的毅力。用你敏锐的目光去发现机遇，用你果断的行动去抓住机遇，最后还要用你坚韧不拔的毅力才能把机遇变成真正的成功。

人生有两杯水，一杯是苦水，一杯是甜水，只不过不同的人喝甜水和喝苦水的顺序不同：天真做人者都是先喝苦水，再喝甜水；一般人都是先喝甜水，再喝苦水。

坚持的毅力非常重要，面对挫折时，要告诉自己：要坚持，再来一次。

面对挫折，要记住告诉自己不要服输，失败永远不会是定局，失败的本质就是前行中的转折，它之所以存在，是因为暂时还缺乏成功的条件。

让我们记住丘吉尔的话：坚持到底，永不放弃！

克尔曾经是一家报社的职员。他刚到报社当广告业务员时，对自己很有信心，他跟经理提出不要薪水，只按广告费抽取佣金。经理答应了他的请求。

于是，他列出一份名单，准备去拜访一些很特别的客户，都是些很难招揽的。报社里的其他业务员都认为那些客户是不可能与报社合作的。

在去拜访这些客户前，克尔把自己关在屋里，站在镜子前，把名单上的客户念了10遍，然后对自己说："在本月之前，我一定让你们购买我的广告版面。"

他怀着坚定的信念去拜访客户，第一天，他和20个"不可能的"客户中的3个谈成了交易；在以后的几天里，他又成功地谈成了两笔交易；到第一个月的月底，20个客户中只有一个还不买他的广告版面。

在第二个月里，克尔没有去拜访新客户。每天早晨，那拒绝买他的广告版面的客户的商店一开门，他就进去请这个商人做广告，这位商人却每天都同样地回答说："不！"每一次，当这位商人说"不"时，克尔就假装没听到，然后继续前去拜访。

到那个月的最后一天，对克尔已经连着说了30天"不"的商人说：

"你已经浪费了一个月的时间来请求我买你的广告版面，我现在想知道的是，你为何要坚持这样做？"

克尔说："我并没浪费时间，我等于在上学，而你就是我的老师，我一直在训练自己坚韧不拔的精神。"

商人点点头，接着克尔的话说："我也要向你承认，我也等于在上学，而你就是我的老师。你已经教会了我坚持到底这一课，对我来说，这比金钱更有价值。为了向你表示我的感激，我要买你的一个广告版面，当作我付给你的学费。"

克尔完全凭着自己在挫折中坚韧不拔的精神达到了成功的目的。我们在生活和事业中，却往往因为缺少这种精神而和成功失之交臂。

不在背后说人长短

混迹于茫茫都市，穿梭于高楼大厦，为了生存我们都要深入职场，那么如果你深知职场难混，明白要小心处世的道理，就不应该在背后说人长短。

杰夫的公司长期和外贸公司合作做生意，外贸公司的胖子经理如同他们的财神爷。有一天，杰夫极力劝说胖子经理和他们扩大贸易范围未果，杰夫恼羞成怒。胖子经理刚一走，杰夫就说："你看那胖子，往公司大门口一站，蚊子只有侧着身子才能进来。"结果胖子经理忘了拿包，正好回来。

之后，虽然杰夫多次请胖子经理吃饭，想方设法赔礼道歉，但关系始终恢复不到以前的水平了，合作因此也少了很多。这就是道人长短的代价。

许多人都有背后论人是非的习惯，其中，所论的大多是"非"，说的多是别人的坏话。这种攻击通常是在非利益冲突的前提下说的，于是论人者觉得自己不背负道德意义上的责任，也就放任自己，对自己的这一"恶行"不加反思及制止。

这是因为，论人者没有意识到自己所做的事情的严重性，也没有想到这将给他带来严重的后果。如故事中的杰夫，背后说胖子经理的身材是"你看那胖子，往公司大门口一站，蚊子只有侧着身子才能进来"，他或许没有很强的攻击目的，只是调侃调侃为平淡生活增添几缕笑声，但实际上却给被调侃的人很大的打击。

可以想象胖子经理听到的那一刻，他心中是何等愤怒，这代表他的尊严被践踏！

这个故事里，胖子经理因为忘了拿包而回来，多多少少有点儿戏剧性的味道，跟电影中的情节有相似之处。别以为这只是戏剧情节而轻视了背后论人是非带来的后果。有一个词语叫作“流言”，就是说话语可以像水一样流动，从这张嘴巴流进那只耳朵，再从那张嘴巴流到另一个人的耳朵中。你的论人是非的话迟早都会传入被论者的耳朵里的。

我们可能都遇到过这样的事情：张三对着李四，把王二的是非说了一遍；过两天，李四与王二单独相处，卖弄忠心地把张三论王二是非的话说了出来；过两天，王二质问张三是否说了他什么，张三问他听谁说的，王二说李四跟他说的，这还有假？

经过这么一个循环，张三怪李四出卖了他，李四怪王二捅出了他，王二怪张三背后说他，坏他名声。结果是彼此之间相互仇视，大家都没有好处。这不是戏剧性变化，这样的事情天天在我们的现实生活中上演。或许几乎所有人都曾充当过这里边的张三或李四或王二的角色并吃过苦头，但有的人改掉了这种毛病，有的人却没有改掉，继续不定时地因之吃上一点儿苦头。吃过苦头就该改掉，被一块石头拌倒两次是很愚蠢的。

这种流言蜚语通常是在闲谈时制造出来的。既然是闲谈，就想轻松一点儿，愉快一点儿，想要弄点儿笑声出来。在制造笑声方面，恶毒的讽刺与挖苦无疑是最为奏效的。如上面故事中杰夫说“你看那胖子，往公司大门口一站，蚊子只有侧着身子才能进来”，假若这时候不是胖子经理走了进来，想来听众会大笑出来。

其实，打发时间、制造笑声的方法有太多太多，在别人背后恶毒讽刺挖苦是最笨的一种。天下那么多话题可聊，何必要论人是非？幽默方式千万种，何必冒险去挖苦、讽刺人？假若你觉得除了论人是非外没有别的话好说，那你冲杯咖啡喝了，闭目养神也是个不错的选择，比冒险论人是非好得多了。

善于控制自己的情绪

情绪是一种很“滑溜”的东西，有时滑溜得让人捉摸不透。但是，不管怎么滑溜，都得想办法将它捏得紧紧的。有许多世故做人的“高人”已经能把情绪控制到收放自如的地步，这个时候，情绪不但是一种感情上的表达，而且成了攻防战略上所使用的一种武器。功夫练到这种地步，也难怪能够步步高升了！

有时候掌控不住情绪，不管三七二十一地发了出去，结果就会搞得场面十分难堪。在压力很大的社会里，每个人难免都会碰到这种“擦枪走火”的状况，但是，聪明人就要有将情绪立即收回来的本事。

美国的林登·约翰逊总统，曾经为了自己的秘书乔治·里狄出了个差错而怒气冲天地在电话里将他骂得狗血淋头，什么恶毒的话都讲了出来，连站在旁边听到这些话的人，都不以为然。

但林登·约翰逊一挂电话，竟马上对随从说：“现在把这个礼物送给乔治。”大家都觉得十分惊讶。

林登·约翰逊叹了口气解释说：“当一个人在情绪低落时，最需要别人的礼物。”

情绪是一种感性反应，大致可分为喜、怒、哀、乐等不同表达形式。情绪的掌控属于一种反应上的管理。

一个受到太多的保护，或是自主性较高，主观、个性过强的人，容易忽略周围的反应，所以情绪的掌控能力往往较差。

相反，阅历较多、客观、顾全大局的人，情绪上的掌控能力就相对较高，因为他会采取同情的看法，顾及别人和自己之间的情绪平衡问题。

只要是动物都会有情绪上的反应，从人类身上所表现出来的情绪反应，我们称之为人性；从动物身上所表现出来的情绪反应，我们称之为兽性。

人类在情绪上的反应相当明显而容易让人感受到，因为人类属于理性与感性（七情六欲）并存的动物。

自古以来，对于人的评判标准，只看一个人的涵养、行事的风格，就知此人是否可以成为可塑之才、是否有大将之风。因此要成为人上人，除了知识与能力之外，全视其在情绪上是否能操控得当。

情绪处理得好，可以将阻力化为助力，帮你解危化险，遇难成祥。

情绪若处理得不好，便容易将人激怒，产生一些非理性的言行举止，轻则误事受挫，重则违法乱纪，甚至命丧黄泉。

在这里我们要来探讨，如何善用情绪的阻力与助力，帮助我们达到成功的目的。

人类在情绪上的反应，都是以自我为中心的。外力对自己所造成的影响，由脸部五官清楚地表达出来，一般以喜、怒、哀、乐四大情绪为代表，再经过情绪涟漪的辐射效应，迅速地传达给四周的人。

所以一个人情绪的好坏，不但影响自己，也会间接地刺激到周围的人、事、物。

情绪对人类有一定的影响力。不能世故做人者，始终很难摆脱被情绪操控和奴役，结果一生被情绪衍生出来的是是非非束缚，甚至原来拟定好的生活规划，也会被突如其来的情绪问题搅乱。

一旦搅乱了方寸之后，就容易做出非理性的判断，使自己陷入劣势、屈居下风。

美国石油大王洛克菲勒，善于运用情绪的攻防术，完成自己所想要达到的目的，他曾经在法庭上漂亮地击退了一位有名望的律师。

“洛克菲勒先生，你收到我寄给你的信了吗？”律师拿出一封信，以严肃的口气问道。

“收到了！”洛克菲勒回答他。

“你回信了吗？”

洛克菲勒面带微笑，不紧不慢地回答他：“没有！”

其后，律师一封又一封地拿出了二十几封信，一一询问洛克菲勒，而洛克菲勒都以相同的表情，嘴角泛着笑意，用同样幽默的语气一一给予相同的回答。

法官偏过头来说：“你确定收到了吗？”

“是的！法官，我十分地确定。”洛克菲勒很镇静地回答法官。

刹那间，只见律师面红耳赤地怒吼：“你为什么不回信？你不认识我吗？”

“我当然认识你呀！”洛克菲勒依然是面带微笑，有些讽刺地回答他。

这时候律师已控制不住自己的情绪，暴跳如雷不断咒骂，而此时洛克菲勒却不动声色，好像对方所讲的事，跟自己一点关系都没有。

最后，法官宣布洛克菲勒胜诉！因为该律师因情绪失控让自己乱了章法。

这则故事说明情绪的变化可以影响事情的结果，善于控制情绪的人获得胜利的概率远远大于无法控制自己情绪的人。

隐藏起自己的喜怒哀乐

人是感情动物，所以会有情绪的波动，这是人和其他动物不同的地方。不过，有人控制情绪的功夫一流，喜怒不形于色；有人则说哭就哭，说笑就笑，当然，说生气就生气！

哭笑随意的情绪表现到底是好是坏呢？有人认为是率真，是一种很可爱的人格特质。这么说也不是没有道理，因为喜怒哀乐都表现在脸上的人，别人容易了解，也不会有戒心，而且，有情绪就发泄，而不积压在心里，也合乎心理的卫生。但说实在的，这种率真实在不怎么适合世故做人。

喜怒哀乐表达失当，有时会招来无端之祸，应该把喜怒哀乐放在口袋里。

其实，没有喜怒哀乐的人并不存在，他们只是不把喜怒哀乐表现在脸上罢了！而在人性丛林里，这一点是很重要的。

为什么这么说呢？

在人性丛林里，人为了生存，会采取各种方法来接纳力量、分享利益、打击对手。而任何人，只要在社会上做过一段时间的事，便多多少少会练就察颜观色的本事。他们会根据你的喜怒哀乐来调整和你相处的方式，并时而顺着你的喜怒哀乐为他们自己谋取利益，这原本无可厚非，本来就是要这样的嘛！

可是谋取利益的另一面，有时却是对你的伤害，就算不是伤害，你也在不知不觉中，意志受到了别人的控制。

一听到别人奉承就面有喜色的人，“有心者”便会以奉承来向他接近，向他要求，甚至向他进行软性的勒索。

一听到某类言语，或碰到某种类型的人就发怒的人，“有心者”便会故意制造这样的言语，指使这种类型的人来激怒你，让你在盛怒之下丧失理性，迷乱心智，失去风度。

一听到某类悲惨的事或自己遭到什么委屈，就满脸哀伤，甚至伤心落泪的人，“有心者”了解你内心的脆弱面，便会以种种手段来博取你的同情，或是故意打击你情感的脆弱处，以达到他的目的。

一个因为些许小事就乐不可支的人，“有心者”便可能为你提供可乐之事，好迷惑你，以达到他自己的目的……

诚然，连喜怒哀乐都不能自由表达，这种人生也没太大的意义。不过，若因喜怒哀乐表达失当而招来无端之祸，那人生就更没有意义了，也可以说是人生的悲哀！因此，人也没有必要做一个喜怒哀乐见不着痕迹的人。

但何妨把喜怒哀乐放在“口袋”里！

如此做的好处有：

把喜怒哀乐在情绪中抽离，便可以理性、冷静地看待它们，思索它们给你的生命带来的积极意义，并进而训练自己对喜怒哀乐的控制，做到该喜则喜，不该喜则绝不喜的地步。

把喜怒哀乐放在“口袋”里就是不随便表现出这些情绪，以免为人窥破弱点，予人以可乘之机。

要这样做很难，但如果想到世故做人给你带来的幸福，你就不会觉得难了！

不能把喜怒哀乐放在“口袋”里的人，则无法适应这个社会。这有两方面的原因。

第一，不能把喜怒哀乐放在口袋里的人，给人的印象就是不成熟，还没长大。

只有小孩子才会说哭就哭，说笑就笑，说生气就生气。这种行为发生在小孩子身上，大人会说是天真烂漫，但发生在一个成年人身上，人们就不免对这个人的人格感到怀疑了，就算不当他是神经病，至少也会认为他还没长大。

如果你还年轻，则尚无多大关系。如果你已经做了好几年事，或是已经过了30岁，那么别人会对你失去信心，因为别人除了认为你还没长大之外，还也会认为你没有控制情绪的能力。一遇不顺就哭，一不高兴就生气，这样是不能成就大事的！

第二，不能把喜怒哀乐放在“口袋”里的人，会被人看不起，被人认为软弱，容易生气还会伤害别人。

哭其实也是心理压力的一种缓解，可是人们始终把哭和软弱扯在一起。绝大部分的人都能忍住不哭，或是回家再哭，但却不能忍住不生气。

生气有很多坏处。首先是会在无意中伤害无辜的人，有谁愿意无缘无故挨你的骂呢？而且被骂的人有时是会反弹的。

其次，大家看你常常生气，为了怕无端挨骂，所以会和你保持距离，你和别人的关系在无形中就拉远了。

再次，偶尔生一下气，别人会怕你，如果常常生气久而久之别人就不会在乎了，反而会抱着“看猴戏”的心理，这对你的形象也是不利的。

最后，生气对身体不好，不过别人对这点是不在乎的，把你气死了是你自己的事呀！

所以，在机智做人中，把喜怒哀乐放在“口袋”里是很重要的一件事，你不必喜怒不形于色，让人觉得你深沉不可捉摸，但情绪的表现绝不可过度，尤其是哭和生气。如果你是个不易控制这两种情绪的人，不如在事情发生，引动了你的情绪时，赶快离开现场，让情绪过了再回来。如果没有地方可暂时躲避，那就深呼吸，不要说话，这一招对克制生气特别有效！

你如果能恰当地掌握你的情绪，把喜怒哀乐放在“口袋”里，那么你将在别人的心目中呈现沉稳、可信赖的形象，虽然不一定能因此获得重用，或立刻在事业上有帮助，但总比不能控制情绪的人好！

不要让别人丢面子

面子是一个人的尊严，很多利益可以失去，但面子不能失去，机智做人需要注意的必不可少的一项便是面子问题。

我们常听到这样的话：

“某某人太不给面子了！”

“这是面子问题，不是原则问题。”

“面子被丢光了，这一口气非讨回来不可！”

面子是什么呢？

面子是一个人的尊严，是立足的根本，换句话说，它代表地位。所以你若当面羞辱某人，某人因为觉得被别人看笑话，很没面子，他是有可能为此和你拼命的！

所以，寻求机智做人的技巧，就一定要了解面子问题，否则处理失当，会对你的人际关系和事业造成很大的困扰。

不过，面子问题又很微妙，有关面子的事大多不好明说，只能靠自己体会。那么面子问题就难以处理了？不然，只要抓住两大原则就可以了。

第一个大原则是消极的，也就是不要做出不给面子的事，有如下一些情况：

不要当面羞辱人，包括同事、上司、下属、朋友，尤其是人身攻击的羞辱更是不宜。

对某人有意见，应私下沟通，不要当面揭发，以免他下不了台。

强龙不压地头蛇，勿越界管人闲事。

打狗看主人，勿因意气而羞辱对方的手下。

遇到分输赢的场合，手下留情，不必赢得太多。

心中有别人，也就是有上司，有长辈，有友人，不要逾越自己的身份。

不要抢别人的功劳，也不要抢别人的机会。

总而言之，只要心中怀着对对方的尊重，替对方着想，那么就不至于做出不给面子的事了。不给面子的事最易引起是非，所以必须小心。

第二个大原则是积极的，也就是主动留面子给对方，有如下一些情况：

替对方在同事、朋友及上司面前说好话，为他做公关，但不可太肉麻、露骨、刻意。

对方有喜事，主动以适当的方式参与庆贺。

适当地捧他，协助他在人群中处理关系。

当然，具体的做法非常多，总而言之，带着替对方做什么能让他有面子的想法来做就对了。

这两大原则，前者可避免人际关系出现问题，后者则可积极地建立良好的人际关系，而你的付出，也必然得到回报！

也许你会说，这样太虚伪了！是有些虚伪，但人生丛林就是这么回事，你忽略这个问题，就会吃苦头。

如果你是个对“面子”漠视的人，那么你必定是个不受欢迎的人；如果你是个只顾自己的面子，却不顾别人的面子的人，那么你必定会吃大亏。

这个社会的人很奇妙，可以吃闷亏，也可以吃明亏，但就是不能吃“没有面子”的亏。

所以若想机智做事，必须了解这一点，这也是很多精于世故的人受欢迎的原因。“高帽子”一顶顶地送，如果保住了别人的面子，别人也会如法炮制，给你面子，彼此心照不宣，尽兴而散。

年轻人常犯的毛病是，自以为有见解，自以为有口才，逮到机会就大发宏论，把别人批评得脸一阵红一阵白，他自己则大呼痛快。

其实这种举动正是在为自己的祸端铺路，总有一天会吃到苦头。

事实上，给人面子并不难，大家都是在人生丛林里讨生活，给人面子基本上就是一种互助；尤其是一些无关紧要的事，你更要学会给人面子。

给人面子，保住别人的面子，对你是非常重要的。

沃恩每年都会受邀参加某单位组织的杂志评鉴工作，这个工作虽然报酬不多，但却是一项荣誉，很多人想参加却找不到门路，也有人只参加一两次，就再也没有机会了！沃恩年年有此“殊荣”，让大家都羡慕不已。

他在临近退休时，有人问他其中的奥秘，他才微笑着向人们揭开谜底。

他说，他的专业眼光并不是关键，他的职位也不是重点，他之所以能年年被邀请，是因为他很会给别人“面子”。

他说，他在公开的评审会议上一定把握一个原则：多称赞、鼓励而少批评。但会议结束之后，他会找来杂志的编辑人员，私底下告诉他们编辑上的缺点。

因此虽然杂志有先后名次，但每个人都保住了面子。而也就因为他顾虑别人的面子，所以承办该项业务的人员和各杂志的编辑人员，大家都很尊敬他、喜欢他，当然也就每年找他当评审了！

原来“面子”虽是一件很重要的东西，但帮别人保住面子也不是很难的事。

不要独享荣耀

不要独享荣耀。独享荣耀，有一天就会独吞苦果！

中国台湾有个人很有才气，编的杂志很受欢迎，有一年更是得到金鼎奖。一开始他还很快乐，但过了个把月，他却失去了笑容。社里的同事，包括他的上司和下属，都在有意无意间和他作对。

原来他犯了独享荣耀的错误，原因是这样的：

他得了金鼎奖，老板在新闻局颁发给他的奖金之外，另外给了他一个红包，并且当众表扬他的工作成绩。

但是他并没有现场感谢上司和下属们的协助，更没有把奖金拿出一部分请客。大家虽然表面上不便说什么，但心里却感到不舒服，所以就暗中和他作对了。

其实就事论事，这份杂志之所以能得奖，他的贡献最大，但是当得到好处时，别人并不会认为他是唯一的功臣，总是认为自己没有功劳也有苦劳，所以他独享荣耀，当然就引起别人的不舒服了。

尤其是他的上司，更因为此事而产生不安全感，害怕失去权力，为了巩固自己的领导地位，也暗地里给他设置障碍，不时增加压力，他自然就没有好日子过了。结果两个月后，他就因为待不下去而辞职了。

所以，当你在工作上有特别表现而受到奖励时，千万记得别独享荣耀，否则这份荣耀会为你带来更大的人际关系上的危机。

为了让这份荣耀为你带来助力，有几件事你必须做。

感谢。感谢同人的协助，不要认为这都是自己的功劳。尤其要感谢上司，感谢他的提拔、指导、授权。

如果实情也是如此，那么你本就应该感谢。

如果同人的协助有限，上司也不值得恭维，你的感谢也有必要。虽然虚伪，但却可以使你避免成为“箭靶”。中国台湾的电影金马奖或电视金钟奖得主上台领奖时都要感谢一堆人，道理就是在此。这种华而不实的感谢虽然缺乏实质上的意义，但听到的人心里都会很愉快，也就不会嫌弃你了。

分享。口头上的感谢也是一种分享，这种分享可以无穷地扩大范围，反正礼多人不怪嘛！另外一种是实质的分享，别人倒也不是要分你一杯羹，但是你主动地和别人分享却让人有受到尊重的感受。如果你的荣耀事实上是众人协力完成的，那么你更不应该忘记这一点。实质的分享有很多种方式，小的荣耀请吃糖，大的荣耀请吃饭，吃人嘴软，拿人手短，别人分享了你的荣耀，就不会和你作对了。

谦卑。人往往一有了荣耀，就忘了自己的身份和地位而自我膨胀，这种心情是可以理解的，但旁人就遭殃了。他们要忍受你的气，却又不敢出声，因为你正在“风头”上。可是慢慢地，他们会在工作上有意无意地“淘”你，让你碰钉子。

所以有了荣耀，要更谦卑。要不卑不亢不容易，但卑绝对应该胜过亢，就算卑得肉麻也没关系。卑的要领很多，但我想首先要做到以下两点：

1.对人要更客气，荣耀越高，头要越低。

别再提你的荣耀，再提就变成吹嘘了。事实上，你的荣耀大家早已知道，何必再提呢？

2.别独享荣耀，说穿了就是不要去威胁到别人的生存空间。

因为你的荣耀会让别人变得暗淡，产生一种不安全感，而你的感谢、分享、谦卑，正好让他们吃下一颗定心丸。人性就是这么奇妙，其实认真想来，也很简单。

不要因为辩胜了而高兴

经由争辩取得一时的胜利，实际上是损失惨重的胜利。因为你所激发起来的怨恨与恶意，强过任何意见下的暂时改变，并且这种怨恨与恶意会延续得比较久。

不必多言，示范就好，让别人通过你的行动来支持你，这种力量更强大。

一个指挥官在攻打敌方城门时遇到了难题，他的军队没有攻破城门的工具。

他记得在几天以前曾看见船坞里有两支沉甸甸的船桅，便下令将其中较长的一支立刻送过来。

接到命令的军械师认为，指挥官想要的其实是较短的一支，于是与传达命令的士兵争辩了起来。他觉得较短的比较适合他正在建造的机器，而且运送起来也比较容易，他甚至画了一幅又一幅的图来表示自己才是专家。

士兵警告军械师，说他的上司是不容争辩的，他了解上司的脾气，最后说服了军械师放弃专业知识，服从指令。可是等到士兵离开了，军械师问自己，服从一道会导致失败的命令，究竟有何意义。

于是他依然将较短的船桅送了过去，他深信指挥官会看出短的比较有效，因而会公正地赏赐他。

等到短的船桅运抵时，指挥官要求士兵解释，于是士兵描述了军械师如何为短的船桅不停地争辩，但是后来承诺要送来较长的船桅。指挥官下令立刻将那个军械师带过来。

几天之后，军械师抵达了，他很高兴有机会向指挥官解释，为什么送来短的船桅。

他滔滔不绝，说的还是同样的一套话，并表示在这些事务上听专家的意见才是明智的，攻击时采用他所送来的船桅，指挥官一定不会后悔。

指挥官待他说完，便在士兵面前剥光他的衣服，用棍子加以击打，活活地把他打死了。

这名在历史上未曾留下名字的军械师一辈子都在设计船桅和柱子，而且在一个擅长这门技术的城市里，被推崇为最好的技师。他知道自己是对的，较短的船桅做撞墙槌速度比较快，力量也比较强，长的不一定就好。

这名军械师是好辩者的典型，这种人我们到处都可以看得到。

好辩者不了解言辞从来不是中立的，只知和上司辩驳，或责难比自己有权势的人，完全没有意识到面对的是哪一号人物。

人人都相信自己是正确的，言辞无法说服他人改变立场，因此好辩者的推理等于是落入聋者的耳朵。一旦被逼到墙角，好辩者只会争辩得更厉害，这徒然是自掘“坟墓”。

当你让对方感觉到他的信念比较差，对他自己没有把握时，连苏格拉底的雄辩也挽救不了形势。这不仅仅是要避免和上司争辩。

我们每个人都相信自己是意见和论证“国度”里的大师，因此，你必须小心翼翼，学着以间接方式证明自己想法的正确性。

不要轻易批评别人

许多人经常能发现身边朋友的过失并决意要帮助他改掉，但却很少想到一切要从改变自己开始。其实这是个极其可怕的弱点。

1932年5月7日，纽约街头出现了一场触目惊心、史无前例的激烈枪战。双枪大盗葛洛里，一个烟酒不沾的杀人嫌犯在经过数周的逃窜之后，终于在西米大道他女友的寓所里，遭到警方的围捕。

葛洛里落网之后，纽约市警察局局长墨诺尼对外表示，葛洛里是纽约有史以来最凶恶、顽劣的一名杀人犯，“任何一点芝麻绿豆般的小事都可能引起他的残酷杀机”。

但这位双枪大盗葛洛里对自己的看法又是如何的呢？当战火正激烈的时刻，他竟然还抽空写了封血迹斑斑的自白书，上面写着：“我心虽疲惫，却始终仁慈善良，从未蓄意伤害过任何人。”当葛洛里被判死刑，被送上电椅的那一刹那，他依然说的是：“这太不公平了！我杀人完全是出于自卫啊！”

每个人都以他的世界观及眼光去看待世界、看待问题。他认识问题的能力从来不能超出他的分辨优劣对错的固有水平。所以，一个人一旦达成了某种认识，陷入这个泥潭之后是难以自拔的。

故事里的双枪大盗葛洛里，他的世界观就是这样，从他的角度出发，他是绝对不可能认为自己是错误的。葛洛里杀了很多人，他的自我评价与人们对他的评价出入实在太大，而他却始终认为自己没有过错，可知这个泥潭是多么难以拔得出来。试想一下，假若我们有错了，而且错误还算不太严重，我们会轻易听别人的劝告吗？当然不可能。

改变自己的想法已经困难，何况改变他人的？

人们因观念不同而常有冲突。在面对这种观念差距的时候，不要轻信自己的判断比对方高明，也不要轻易严厉去批评别人！严苛的批评是无益的，它只会迫使被批评者采取防卫的行动，使他刻意地为自己的行为寻找合理的解释。这种批评是危险的，因为它会直接伤害到一个人的自尊，引起他的反叛意识。为防止这种反叛意识的滋长蔓延，德军中就有一条军纪，明文规定遇到不满的事情，绝对不准当场发作，一定得忍过一晚上，待心情平静下来之后，再提出来讨论。

已故美国实业家约翰·沃纳梅克曾说："早在30年前，我就懂得苛责他人是件愚蠢至极的事。因为光是怨上帝没赐给我过人的智慧，使我必须独自奋斗，克服天分上的缺点，就已够我忙的了！"沃纳梅克年纪轻轻时，就已深谙这层道理，这或许是他比普通人更成功的道理所在！

因为旁观者清，许多人能发现身边朋友的过失。站在一个自私的角度来看，改进自己，总比帮别人改进要划算得多，而且，或许还能省下招人嫌弃的怨气呢！

不要轻易去批评别人，还是记住约翰·华纳克的话吧，克服自己天分上的缺点就足够自己忙的了。

用行动代替争辩

在机智做事的国度里，想要借助争辩证明观点正确或赢得胜利的问题在于，到最后你永远无法确定与你争辩之人的内心究竟怎么想，或许表面上他们礼貌地同意你，内心却痛恨你。

如果你所说的话不经意冒犯了他们，你的言语有可能被任意诠释。想想看，我们是不是常常同意一个人的言论之后，往往又转回自己原来的意见，这全是由于习惯。

你得了解：言语不值什么钱。每个人都知道争辩得火热时，为了支持自己的主张，我们什么话都说得出来。

我们会引用圣经，提出无法验证的统计数字，谁能够被这种言语说服？

1688年英国建筑师雷恩爵士为威斯敏斯特市设计了富丽堂皇的市政厅。然而市长并不满意，事实上他很紧张。他告诉雷恩他担心第三层楼不安全，会整个崩塌下来，压垮他在二楼的办公室，他要求雷恩再加两根石柱来支撑。

雷恩这位首屈一指的工程师，很清楚市长的恐惧是无稽之谈，但是他还是建造了两根石柱，市长感激万分。一直到多年以后，工人在高高的鹰架上才看到这两根石柱没有顶到天花板。

石柱是假的，不过是双方各取所需，市长可以松一口气，而后世将会了解雷恩的原始设计是成功的，石柱并没有必要。

将你的想法展现出来的最好的结局是，你的对手不防卫，自己就敞开胸怀接受说服。让他们切切实实感受到你的主张，远比争辩有力多了。

寻找间接的途径对准目标或保有权利，同时也要审慎选择你的战役。

结果别人是否同意并不重要，也许时间终会让他们明白你的意思。那么最好的对策是，根本不必去伤脑筋想如何示范给他们看，省下你的精力。

有一块上好的大理石，被一名拙劣的雕刻师傅在应该是人物腿的部分误凿了一个洞，毁了原来的塑形。

这块不可多得的大理石被遗弃在一个教堂里，直到有一天，有人请来了米开朗琪罗。

大家认为，只有米开朗琪罗可以运用这块大理石，它仍旧是非常出色的石材。

米开朗琪罗检查了这块大理石，得出的结论是，他可以利用它雕出美丽的人形，只要调整姿态遮掩住被破坏的部位。

米开朗琪罗决定雕出手上拿着弹弓的年轻大卫。

几星期之后，正当米开朗琪罗在做最后的修饰时，该市的市长进入工作室。

他自以为是行家，仔细地品鉴了这项作品，同时告诉米开朗琪罗，虽然他认为这是了不起的杰作，但是依他的评断，鼻子太大了。

米开朗琪罗晓得市长就站在这座大雕像的正下方，因此是视角的问题。

他没说一句话便爬上鹰架，到达鼻子的部位。他拿起刻刀和木板上的一些大理石屑，开始用刻刀轻轻地敲着，让手上搜集来的石屑一点一点掉下去。

他事实上没有改动鼻子，但是好像在努力工作，经过几分钟的“装模作样”后，他站到一边说：“现在看看吧！”

市长回答："我比较喜欢这样，你让它栩栩如生了。"

行动远远比争辩更有效，更能让人心悦诚服，这是真理！

把问题丢给对方

在基辛格担任美国国务卿时，有一个记者在访问时提出海军军备上的问题：

"请问国务卿，海军有多少潜艇，又有多少民兵导弹配置分导式多弹头？"

"我不知道有多少民兵导弹配置这种导弹弹头，只知道潜艇的数目有多少，但是不知道是不是保密的。"基辛格谨慎地回答。

急切的记者抢着回答："不是保密的。"

"哦！既然不是保密的，那你倒说说看，潜艇数目有多少。"基辛格一句反问，问得记者张口结舌。

英王乔治三世有一次到乡下打猎，中午时感觉肚子有些饿了，就到附近的一家小饭店点了两个鸡蛋暂时充饥。

吃完鸡蛋，店主拿来账单。

乔治三世瞄了一眼仆役接过来的账单，很惊异地说："两个鸡蛋要两英镑！鸡蛋在你们这里一定是非常稀有的吧？"

店主毕恭毕敬地回答："不，陛下，鸡蛋在这里并不稀有，国王才稀有。鸡蛋的价格必然要和您的身份相称才行。"

乔治三世听完哈哈大笑，让仆役付了账离去。

谚语里有这么一句话："把热马铃薯丢回去！"

热马铃薯指的是对方忽然丢给你的问题与困难。有的问题在当时就要有很快的反应，否则稍有停顿便会烫到自己的手。事后再埋怨自己没有抓住稍纵即逝的机会做适当的反应，也没有用了。

丢热马铃薯回去还要有技巧，要丢得不温不火，小心别砸到了对方，伤了感情。

高明的人丢回去时，不但不会砸到对方，还会让对方心服口服地接回去。

当然，这些技巧是要经常练习的。常常操练，就能够有这个火候了。

一位知名度很高、个性严厉的建筑师，设计了许多的建筑规划，然后分包给多位承包商。

建筑师对于品质的要求很高，也十分重视每一阶段的完成期限，所以在他的手下做事压力十分大。

进入他的建筑师事务所，经常可以听到会议室里传出来的阵阵吼声，因为这样，他的助理更换频繁。承包商太难控制了，建筑师的要求又高，在无法顺利工作的情形之下，大家只好离开。

建筑师请来了一位刚大学毕业的年轻助理，让他负责监督和催促工程进度的工作。这个工作一向是最吃力不讨好的，受到建筑师的责难也最的。

年轻助理工作了半年，事务所里居然很少再听到建筑师的吼声，工程的进度也几乎都跟得上，同事们都有些好奇毫无工作经验的年轻助理是怎么做到的呢？

有一天，一位同事实在忍不住了，中午找到年轻助理问道：

“我很好奇，你来了以后，承包商好像好多了，工程进度控制得很好，你是怎么做的？”

年轻助理耸了耸肩，一副很轻松的模样：

“其实很简单，当任何一位承包商丢难题给我，想要拖工程进度时，我就很坚定地告诉他：‘我的进度不能变更，你是要和我解决呢？还是让我们的建筑师和你解决？’”

谨防办公室陷阱

在团队之中有能力当然是好的，但并不应该只自顾着显示个人的能力，而应该运用自己的能力，去带动整个团队的发展。

所以当主管的要有整合的智慧，而不是去彰显个人的智慧。

办公室里有许多陷阱，但是并不见得是别人布下的圈套，也许是自己在不经意中日积月累挖掘的。

可以在办公室里享有权力的唯一办法，是“运用整合的智慧”，所以在努力打拼，对自己的个人成绩沾沾自喜之时，也要懂得调整心态。可别在掉入陷阱之后才惊呼道："天啊！这是个陷阱！"

在中国历史上，三国时候，在魏武帝曹操手下任职主簿的杨修，学问渊博，头脑清晰，人人都称赞他是个聪明人，可惜聪明人却不见得有智慧。

曹操偶然看到几个人在修建一个门，一言不发地留下了张纸条就走了，纸条上写了一个"活"字，大家都不知道曹操是什么意思，最后，找到杨修才解了谜题。

杨修说："活在门里是个'阔'字，快把门改窄了，丞相是嫌门造得太宽了。"

在曹操宴请群臣之时，侍者捧上一碗上好的乳酪，但是曹操只尝了一口，便在碗盖上写了个"合"字，就要侍者端下去。侍者不知他是什么意思，又不敢问。坐在一边的杨修见此情形，凑上去看了看碗盖，笑着对侍者说：

"丞相不过是要你将这碗乳酪'人一口'罢了。"

杨修跟随曹操外出，经过"曹娥碑"时，曹操见碑后有"黄绢幼妇，外孙齏臼"8个字，便问杨修懂不懂得是什么意思，杨修很快地回答说懂，曹操叫他先别说，自己也要想一想。

走了30里，曹操才恍然大悟地说："你将你的答案写下来，我也把我的写下来，咱们比比看谁的答案对。"

结果二人写的都是："黄绢为色丝，是'绝'字，幼妇为少女，是'妙'字，外孙是女儿的儿子，是个'好'字，齏臼是盛辛辣物的容器，受辛（古字）为辞（辞的异体字为辤）。所以是'绝妙好辞'。"

曹操虽然高兴自己终于答对了，但还是忍不住对杨修叹道："我的智力比你差30里啊！"

诸葛亮智取汉中，曹操兵退斜谷。曹操正在进退两难之际，适庖官端来鸡汤。曹操见碗中有鸡肋，因而有感于怀。正沉吟间，夏侯惇入帐，禀请夜间口号。曹操随口说："鸡肋，鸡肋！"众官都传"鸡肋"。杨修听后，便叫随行军士收拾行装，准备归程。有人报知夏侯惇，夏侯惇大惊，就问杨修为何收拾行装。

杨修说："鸡肋食之无味，弃之又可惜，上面决定回师了。"果然，在将士们准备好拔营时，接到了曹操退兵的命令。

杨修的聪明才智让曹操十分佩服，让他惊讶不已的是他的想法居然都逃不过杨修的眼睛。

但是佩服归佩服，曹操不由心中害怕了，害怕此人的才干凌驾在他之上，总有一天会无法驾驭，于是就找个罪名将他给杀了。

美国有一位心理学家班衮拉做了一个心理实验。他将三本不同的录像带，分别放给三组孩子看。

第一本是一个孩子破坏了玩具，遭到父母指责。第二本是孩子破坏了玩具之后，父母假装没看到。第三本是孩子破坏了玩具，父母却称赞他。

当孩子们看完录像带，被带到玩具室去玩的时候，他发现，刚才看过第一本录像带的孩子，不敢去破坏玩具；而看过第三本录像带的孩子，则肆意地破坏玩具。

这个实验结果证明了，人类天生就有心理学上所说的“观察学习”的倾向，不管学习的是对的，还是错的。

在办公室里，有些人为了个人利益，或是私人恩怨，会利用这种“观察学习”的心理，来制造大家共同的敌人。

譬如说，找出一个和自己的“敌人”有摩擦的人，然后当着许多人的面同情这个人所受的委屈，畅谈对共同的“敌人”产生的不满。从此，这些人就成了一个小圈圈，没有什么比聚在一起叽叽喳喳、把共同的敌人给贬得一文不值要痛快了。但即使在小圈圈里，还是会有反常现象。

张三对着李四，把王二最近的恶行讲了一遍，然后很虚伪地补上一句：“其实王二人还不错啦！”

过了两天，李四又对着王二说起张三上回说他坏话的事，还很好心地加上一句：“也许他是无心的。”

于是，就像水波涟漪，大圈圈里有小圈圈，小圈圈里又产生更小的圈圈，大家就在这些圈圈里成天兜着转，混日子，不时怀疑有哪个“冷箭高手”正在瞄准自己，或是哪个小人可能会在背后偷袭，搞得大家都无心做事。

冷静下来想想，我们为什么要让别人牵着鼻子走？他的“敌人”该由他解决，为什么要我来分担？我和对方无仇无恨，犯不着为了他牺牲自己的人际关系。

由单纯的学校步入社会之后，多多少少会因为一些利益问题，变得不再那么单纯，但是，绝对要保持清醒，千万不要受到别人的影响。

所以，一看到办公室里的反常现象，就要远远躲开，让自己保持客观中立。不要担心自己会被孤立，因为与其陷入这个旋涡，天天被搅和得心神不定，倒还不如独立。

有一个刚参加工作的青年，进入公司的时候，对什么事情都不太了解，大家都很忙，也没有什么人来帮助他。就在他不知如何是好的时候，有位行政人员非常热心地照顾他，两人成了好朋友。

日子一久，他发现这位行政人员的牢骚愈来愈多，一开始，他只是倾听对方的牢骚。后来，工作一忙碌，压力过大，难免有时会有一些情绪，于是他也开始批评公司和主管了。他心想，反正对方也批评公司，所以就很放心地不时吐吐苦水。

有一天，人事主管将他找去，问起他对公司有什么意见，为什么总发牢骚批评公司。他吓了一跳，只好死不承认。

他离开了这家公司，临走前，一位资深员工偷偷地指着那个行政人员对他说："你不知道他是老板的远房亲戚吗？"

他这才恍然大悟，但是却又想不通，为什么这位"远亲"时常也会对着他批评公司。

看了这个故事，你知道什么原因吗？

这就是办公室的陷阱！所以，在办公室工作，更要谨防陷阱。

避免踏入社会陷阱

人类的社会固然有光明正大的一面，但也有充满诡诈、欺骗的黑暗面。为了生存，人有什么事是做不出来的？这是人性之常态，没什么好奇怪的。

在那么多求生存的方法中，有一种让人防不胜防的就是陷阱。如果你看过猎人所设的陷阱和鸟兽误入陷阱的下场，你就会了解人类社会中的陷阱的可怕。

所以在社会上行走，如何认识陷阱、避免踏入陷阱是不可以不知道的。如果你光明正大，脚踏实地，不痴心妄想，便可避免踏入陷阱。

话说，要识别、看破陷阱相当不容易，因为陷阱都经过设计、伪装，真真假假，虚虚实实。就算猎人的陷阱，上面都要覆盖上树枝草叶，让路过的动物看不出来。

要识别陷阱不容易，但要了解陷阱的本质却不难。

陷阱形形色色，无法予以归类，但制造陷阱却只有一个最高的原则，那就是：利用人性的弱点。

有一个生意很成功的男子，各方面条件都很好，头脑也很清晰，不像个会上当受骗的人，但他有个弱点，就是好色！

年轻时他常换女朋友，结婚后也不时在外寻花问柳，看到漂亮的女同事就想一亲芳泽。后来他离了婚，花在女色上的精神和金钱也就更可观了。

有一次，几个朋友带他到温柔乡，美女在怀，黄汤下肚，迷迷糊糊中应怀中美女的要求，在一张支票上乱画，隔天他才发现事态严重，但已来不及挽救。

这一乱画，让他白白损失了几十万……

这是个因好色而陷入陷阱的例子。

好色是那位男子的弱点，因此一看到美色，他就会有飞蛾扑火，几近丧失理智的举动。看起来很不可思议，但人性中确有这种置人于毁灭的弱点。

也因此，如果你有好美色的性格，那么就要非常小心，千万别踏入美人计的陷阱，这样的实例很多，绝对不是危言耸听。

人性的弱点除了好色之外，还有：

好钱：一听说有钱可赚，不管是不是不义之财或卖命之财，就立刻昏了头脑，根本不考虑会不会有后患，是不是有风险。政坛人物因金钱丑闻而下台；商人为贪大利而与人合伙经营，结果被对方欺骗；女人因贪钱而失身，最终却落得鸡飞蛋打，这些都是运用人性中好钱的弱点而设计出来的陷阱。

好赌：有些人一听说有赌局，精神就来了，利用这种好赌弱点而设计的陷阱便是出老千，把你的钱赢光，而你只会怨叹自己赌运不好，手气差。

电影里常有类似的故事，其实并不是故事，这种出老千的陷阱根本就是事实！

以上三种人性的弱点最易让人迷失理性，因此也最容易被人设为陷阱，而一进入这种陷阱，损失也大。此外，诸如心肠太软、耳根子软、易怒、好吃、贪杯……也都是别人设计陷阱的“材料”，那么该怎么办呢？难道因此就不要与别人交往了？

首先要说的是，社会上的陷阱固然处处有，但也不是时时会碰到。如果你光明正大，脚踏实地，不痴心妄想，便可减少碰到陷阱的机会，而最重要的是：正视、了解你的弱点。

也就是说，要知道自己的弱点在哪里，因为这是你防御力量最弱的地方，如果你不能去除这种弱点，至少不要让别人知道，那么敌人就无从对你下手了。

有一只老鹰常常嫉妒别的老鹰飞得比它高、比它远。

有一天它看到一个带着弓箭的猎人，便对他说：“我希望你帮我把在天空中飞的那些老鹰射下来。”

猎人说：“你若提供一些羽毛，我才能把它们射下来。”

这只老鹰于是从自己的身上拔了几根羽毛给猎人，但猎人却没有射中天上的那些老鹰，它就一次又一次地提供身上的羽毛给猎人，直到身上大部分的羽毛都拔光了。

于是猎人转过身来抓住它，把它杀了。

原来这是猎人早已设好的陷阱。

方与圆决定人生成败

我们常说做人要外圆内方，因为外圆内方的人有一种忍让的精神和胸怀，有大智若愚的智慧和清醒。外圆内方的含义就是，“方”是做人的根本，“圆”是处世的技巧。

秦朝时，中国北部的匈奴政权发生内讧，一时间匈奴部落人心不稳。与他们邻近的一个强大的民族东胡，借机向匈奴勒索，索要匈奴的国宝千里马。面对东胡的挑衅，匈奴的将领们都义愤填膺，准备作战。可是匈奴的大单于冒顿却说：“把千里马送给他们，别因为一头牲口伤了友邻的和气。”东胡得马以后发现匈奴软弱可欺，就再次提出让冒顿送自己的一名妻妾给东胡王的要求。匈奴众将气得要立即出兵，又被冒顿劝阻，并说：“给他们就是了，别因为一个女人伤了和气！”东胡的敲诈连连得手，东胡王就忘乎所以了，他要求冒顿单于把属于匈奴的土地割让给东胡。这次冒顿单于没有再答应，而是鼓动自己的将士说：“牲口和女人可以舍弃，国家的土地怎么能舍弃，东胡人欺人太甚，我们和他们拼了。”于是出兵攻打东胡。匈奴的兵将们个个压了一肚子的火，这下被点着了，个个勇猛，最后灭掉了东胡，杀了东胡王。

分析这个案例，我们不难看出冒顿单于的策略。他通过忍让的行为让东胡产生了轻敌的思想，接着他就利用本国人心所向的心理优势开始进攻，从而一举获胜。

老子描述“方圆之道”说：“曲则全，枉则直，洼则盈，敝则新，少则得，多则惑。”当我们面对强大的对手时，不忍一时不能获得胜利，不谋全局不能获得胜利。所以“方圆”之道的应用好坏直接关系到人生的成败。

第四章

做人重形象，做事懂艺术

树立良好的个人形象

我们时常谈到“伯乐与千里马”的问题，总是说这个世上先有伯乐而后有千里马，没有伯乐发现千里马，千里马就是驽马。将其引申到现代社会里，当一个人才智超群，可时运不济时，就极其渴望有一个大老板，也就是伯乐出现，发现自己的才能并加以重用。

其实在现代社会里，伯乐并不是稀罕物，关键是你是否真是一匹千里马，而且是不是一匹会表现的千里马。因为现代社会里，伯乐很多，千里马也数以万计，世界上没有真正的傻子，谁也不比谁强多少，是不是好千里马，关键是看你会不会表现，引起伯乐的注意。这就牵扯出一个包装的问题，包装是现代社会必不可少的生存手段。

一件好的商品想要吸引人的眼球，就要包装精美。同样，一个拥有良好形象的人，也会容易被别人注意。但要注意的是不论是商品还是人都要内外兼修，既注意质量，外表也光亮。

在多元化的社会里，行业之间的竞争已经变得复杂难辨，不再是以学历、能力为标准的时代了。现代社会除了重视学历和能力之外，更加重视一个人的个人魅力，即是否招人喜欢，是否有团队精神和创新精神，是否是个内在优秀、外在光亮的人。因为学历可以通过读书拿到，能力可以通过锻炼达到，而魅力却是与生俱来的，后天能修炼成功的都要经过换骨的痛楚，所以是很难的。

个人魅力是无法在短时间内改变的，但个人形象却是能够在短时间内树立的。自古以来老板对才华高的人总是放心不下，担心他们会跳槽。但一个拥有良好形象的下属，老板就不会在意他工作上的些许不足而且会加以重用。

一个人想要树立良好的个人形象就要在以下几个方面下功夫：

首先就是性格，要给人通晓事理、易于沟通的感觉。因为通晓事理的人都不偏执，容易与人沟通，容易敲开成功的大门。

其次是解决事情的方式。做事情时多站在别人的角度来思考一下，这样会得到更多人的信任。

最后一定要做一个懂事的人，不懂事的人永远不会成功。

有了好的个人形象，自然会有人乐于与你交流，交流产生感情，有了感情就好办事，就能成功。正所谓“得道多助”，努力改变自己个人形象，现在就开始吧。

良好的教养更胜财富

良好的教养可以“替代”财富。

对于有教养的人，所有的大门都向他们敞开。他们即使身无分文，也随时随地会受到人们热情的接待。

一个言行得体、谦和友善、助人为乐、举手投足无不具有绅士风范的人，在成功的道路上将会畅通无阻。

在天真做人中养成文明的举止习惯，等于为我们打开了通往财富的大门，所有的一切，不必花费什么力气就可以轻而易举地获得，它们甚至还会主动地找上门来。

有一个很好的例子可以证明，举止文明对生意的发达有多重要。

巴黎有一家商店叫“廉价商场”，店面很大，里面的员工数以千计，商品也应有尽有。

这家商场有两个非常引人注目的特点：一个是童叟无欺，无论谁来买，商品都是一个价，而且商品价格也很低；另一个特点是，他们非常注意自己的教养，员工必须想尽一切办法让顾客满意。凡是其他商店能够做到的，他们都要做到，而且要做得更好。

这样，他们就给每一个来过“廉价商场”的顾客都留下了美好的印象。他们的生意一直蒸蒸日上，据说最后成为了全球最大的零售商店之一。

有一个贫穷的牧师，他的经历也非常奇特。

一次，他在教堂门口看到几个痞子在嘲笑、捉弄两个老妇人。这两个老妇人身上穿着样式很旧的衣服，遭到众人的哄笑，一下子显得非常窘迫，都不敢进教堂。

牧师看见这种情形，过去推开众人，带着她们沿中央过道一直进到教堂里面，又帮她们找到座位。

两个老妇人虽然和这位牧师素不相识，但在去世的时候，却把一大笔财产留给了他，好心终有好报。

生活中的教养本身就是一笔财富。

文明的举止足以替代金钱的作用，有了它就像有了通行证一样，可以畅通无阻。有教养者不用付出太多就可以享有一切，他们在哪里都能让人感到阳光一样的温暖，到处受到人们的欢迎。因为他们带来的是光明、是太阳、是欢乐。

一切妒忌、一切卑劣的心思，遇到他们自然就会举手投降，因为它们肯定也会受到他们那种与人为善的态度的感染。

蜜蜂怎么会去蜇一个浑身都是蜜的人呢?

这正像英国政治家柴斯特·菲尔德所说的："一个人只要自身有教养，不管别人举止如何不适当，都不能伤他一根毫毛。他自然就会给人一种凛然不可侵犯的尊严，会受到所有人的尊重。而没有教养的人，容易让人生出侮慢的心理。"

保持天真做人思想的人是容不得自己身上有那些可能激起别人不良反应的品质的，比如报复心理、憎恶、怨恨、嫉妒等等一类的品质，这些心理特征都是败坏精神生活的毒药，是伤害灵魂的凶手。

所以，若要天真做人，让自己真正变得有教养，那么他就应该把自己的慷慨无私、温和善良给予每一个人。

良好的举止足以弥补一切自然的缺陷。

通常，一个人最吸引我们的，不是容貌的美丽，而是举止优雅。

古时候，希腊人认为美貌是上帝的特殊恩宠，但同时，如果一个美貌的人表现出某种不好的内在品质，就不再值得他们膜拜。在古希腊人的理想中，外在的美貌其实是某种内在的美好气质的反映，这些气质包括快乐、和善、自足、宽厚和友爱等等。

政治家米拉波是一个出名的丑男，据说他长了一张麻子脸，但却没有人不被他的风度所折服。

教养的美就像艺术上的美一样，区别就在于它的流线型没有棱角，线条始终保持连续、柔和的弧形。

有很多人的心灵之所以不能更上一层楼，向世人展示更优美的品质，正是由于个性中存在的棱棱角角。无论有什么样出色的品质，一旦表现出粗暴、唐突，以及不合时宜，其价值自然而然就会受损。

而实际上，生活中，我们只要多加修饰，注意举止文明，往往可以事半功倍。

早在2000多年前，亚里士多德就曾描述过一个天真做人的绅士应该是什么样子："无论身处顺境、逆境，一个有教养的人都会追求行事适度。他不期望人们的欢呼喝彩，也不让别人对他嘲弄贬低；成功的时候不会得意忘形，遭受了失败也不愁眉苦脸；他不会去做无谓的冒险，不会随随便便谈论自己或者别人；他不在意别人的诽谤，也不会对人求全责备。"

真正有教养的人应当表里如一。宝石上了光之后虽然更亮，但首先它必须是宝石。

一个真正的天真做人者举止温文尔雅，谦逊知礼，不会轻易动怒，更不会主动挑衅。他从不恶意猜度别人，至于自己去作恶，那更是想都没有想过的事情。他努力克制自己的欲望，提高自己的品位，出言谨慎，尊重他人。

真正有教养的人应该像瓷器一样，上釉之前就把图案画好，再经过煅烧也不会有任何改变，以后即使沾染了什么，也很容易擦去。

真正有教养的天真做人者可能会失去一切，但不会丢掉他的勇气、乐观、希望、德行和自尊。这样，即使他失去了一切，但他实际上仍然很富有。

打扮得漂亮确实是一件好事情，会引来大家的啧啧称赞。但这种美是比较低层次的美，它不应该妨碍我们去追求天真生活中更高层次的美。

往往有些不愿天真生活的人把全部的注意力、全部的时间和收入都放在衣着上，而忽视了内心的精神境界，忽视了他人对我们的要求和希望。

这种人关心衣着胜于关心自己的品质。这样的人往往不在乎礼节上的问题，但如果打扮不能跟上潮流就会耿耿于怀，这些人其实只重外表不重内在。只重外在不重心灵，是不足取的。

有一个故事，说的是有一次维多利亚女王在和她的丈夫阿尔伯特亲王说话的时候，流露出了居高临下的语气，伤了亲王作为男人的尊严。亲王就一个人进了自己的房间，把门锁起来。

过了大约5分钟，有人过来敲门了。

“谁？”亲王问道。

“我，给英国女王开门。”女王傲慢地回答。

但没有丝毫动静，隔了许久，又响起了敲门声音，但温柔多了，还听见一个轻轻的声音说道：“是我，维多利亚，你的妻子。”

不用我再多说什么，大家都能猜到门会不会打开，两个人于是重归于好。

正像有人说的，男人的教养就好像女人的美貌，能够马上让人产生好感。

主角配角都能演

主角配角都能演，台上台下都自在，是种面对现实人生机智做事，能伸能屈的弹性。

罗艾先生工作非常努力，人也很有才干，大家都知道他很想升为部长，同时也都认为他有当部长的能力。

公司董事会也对他的成绩很认可，就真的提升他做了部长。这样，他工作更努力了。看他每天办公、开会，忙进忙出，兴奋中难掩骄傲的神色，大家都替他高兴，也祝他更上一层楼。

可是过了一年，公司人事变动，罗艾先生下台了，被调到别的部门当专员。得知消息的那天，他关上办公室的门，一整天没有出来。

当了专员后，大概难忍失去舞台的落寞，他日渐消沉，后来变成一个愤世嫉俗者，再也没有升过官……

事实上，在人生的舞台上，上台下台本来就平常。如果你的条件适合当时的需要，当机缘一来，你就上台了。

如果你演得好演得妙，你可以在台上久一点，如果唱走了音，演走了调，老板不叫你下台，观众也会把你轰下台；或是你演的戏码儿已不合潮流，或是老板要让新人上台，于是你就下台了。

上台当然自在，可是下台呢？难免神伤，这是人之常情，可是我们还是要上台下台都自在。

所谓自在指的是心情，能放宽心最好，不能放宽心也不能把这种心情流露出来，免得让人以为你禁不住打击；你应平心静气，做你该做的事，并且想办法精炼你的演技，随时准备再度上台。不管是原来的舞台或别的舞台，只要不放弃，就会有机会！

另外还有一种情形也很令人难堪，就是由主角变成配角。如果你看看电影、电视的男女主角受到欢迎、崇拜的情况，你就可了解由主角变成配角的那种难堪。

就像人一生免不了上台下台一样，由主角变成配角也一样难以避免。下台没人看到也就罢了，偏偏还要在“台上”演给别人看！

由主角变成配角有两种情形，第一种是去当别的主角的配角，第二种情形是与配角对调。

这两种以第二种最令人难以释怀。

真正演戏的人可以拒绝当配角，甚至可以从此退出那个圈子，可是在人生的舞台上，要退出并不容易，因为你需要生活，这是现实啊！

所以，由主角变成配角的时候不必悲叹时运不济，也不必怀疑有人在暗中搞鬼。你要做的也是平心静气，好好扮演你配角的角色，向别人证明你主角配角都能演！

这一点很重要，因为如果你连配角都演不好，那么怎么让人相信你还能演主角呢？如果自暴自弃，到最后就算不下台，也必将沦落到“跑龙套”的角色，人到如此地步就很悲哀了。

如果能扮演好配角，一样会获得掌声，如果你仍然有演主角的实力，自然会有再度独挑大梁的一天！

总而言之，人生的际遇是变化多端，难以预料的，起伏难免，有时逃都逃不掉，碰到这种时候，就应有上台下台都自在，主角配角都能演的心情，这是面对人生一种能屈能伸的弹性，而你的这种弹性，不但会为你的人生找到支点，也会为你寻得再放光芒的机会！

同时，你的这种机智做人的弹性也必将赢得别人对你的尊重，因为没有人会欣赏一个自怨自艾又自暴自弃的人！

有一个女子，出身于一个平常的家庭，做一份平常的工作，嫁了一个平常的丈夫。总之，她的一切都十分平常。突然有一天，她被一个导演看中，让她饰演一部戏中的王妃，从此开始了“王妃”生涯。

演戏对她来说太艰难了，她阅读了许多有关“王妃”的书，细心揣摩“王妃”的心思，重复“王妃”的一颦一笑、一言一行……

最后，她终于能够驾轻就熟地扮演“王妃”了，进入角色已无须多少时间。

然而，糟糕的是，现在她想要回复到那个平常的自己却非常艰难。无论戏里戏外，她都流露出“王妃”的姿态，甚至在家里对待丈夫和孩子也是如此。

每天早上醒来，她必须一再提醒自己“我是谁”，以防止毫无来由地对人“摆气势”；在与善良的丈夫和活泼的女儿相处时，她必须一再告诫自己“我是谁”，以避免莫名其妙地对他们喜怒无常。

只能演主角，而不能演生活中的配角的尴尬让她无法找回自己。

养成良好的工作习惯

芝加哥西北铁路公司的总裁罗兰德·威廉姆斯说：“一个桌上堆满很多种文件的人，若能把他的桌子清理开来，留下手边等待处理的一些，就会发现他的工作更容易，也更实在。我称之为家务料理，这是提高效率的第一步。”

光是看见桌上堆满了还没有回的信、报告和备忘录等等，就足以让人产生混乱、紧张和忧虑的情绪。更坏的事情是，经常让你想到“有100件事情要做，可自己就是没有时间去做它们”，这样不但会使你忧虑得感到紧张和疲倦，也会使你忧虑得患高血压、心脏病和胃溃疡。

以前担任过美国最高法院大法官的查尔斯·伊文斯·休斯说：“人不会死于工作过度，而会死于浪费和忧虑。”不错，死于浪费和忧虑，而他们之所以忧虑，是因为他们的工作似乎永远做不完。

所以，良好的工作习惯之一便是：清除你桌上所有的纸张，只留下与你正要处理的问题有关的东西。

遍及全美的都市公司的创始人亨利·杜哈提说，不论他出多少钱的薪水，都不可能找到一个具有两种能力的人。这两种能力是：思想的能力，能按事情的重要程度行事的能力。

查尔斯·卢克曼，从一个默默无闻的人，在12年之内，变成了派索登特公司的董事长，每年有10万美元的年薪，另外还能赚10万美元，他说这都是归功于他具有亨利·杜哈提所说的几乎不可能找到的那两种能力。

查尔斯·卢克曼说："就我记忆所及，我每天早上都在5点钟起床，因为那个时间我的思想要比其他任何时候更清楚。那时候我可以考虑周到，计划一天的工作。计划去按事情的重要程度来决定做事的先后次序。"

所以良好的工作习惯之二是：根据事情的轻重缓急行事。

已故的H.P.豪威尔说，他在美国钢铁公司任董事的时候，开起董事会总要花很长的时间在会议里讨论很多很多的问题，达成的决议却很少。其结果是，董事会的每一位董事都得带着一大包的报表回家去看。

最后，豪威尔先生说服了董事会，每次开会只讨论一个问题，然后做出结论，不耽搁、不拖延，结果非常惊人，也非常有效。所有的陈年旧账都清理了，日历上干干净净的，董事也不必再带着一大堆报表回家，大家也不会再为没有解决的问题而忧虑。

这是个很好的办法，不仅适用于美国钢铁公司的董事会，也适用于你和我。

这就是良好的工作习惯之三：当你碰到问题时，如果必须做决定，就当场解决，不要迟疑不决。

下面是良好的工作习惯之四：学会如何组织、分层负责和监督。

很多生意人替自己挖下了个"坟墓"，因为他们不懂得怎样把责任分摊给其他人，而是坚持事必躬亲。其结果是，很多枝枝节节的小事使他们非常忙乱，使他们总觉得很匆促、忧虑、焦急和紧张。

要学会分层负责很不容易。如果找来负责的人不负责任，也会造成很大的灾难。

但是分层负责虽然很困难，一个做上级主管的，如果想要避免忧虑、紧张和疲劳，却非要这样做不可。

米开朗琪罗是人类史上杰出的艺术大师，他无论雕刻或是绘画，速度都很慢，总是花许多时间在那里沉思、推敲、琢磨，力求作品的完美。

有一次，友人拜访米开朗琪罗，看见他正为一个雕像做最后的修饰。然而过了一段日子，友人再度拜访，看见他仍在修饰那尊雕像。

友人责备他说：“我看你的工作一点都没有进展，你动作太慢了。”

米开朗琪罗说：“我花许多时间在整修雕像，例如：让眼睛更有神、肤色更亮丽、某部分肌肉更有力等。”

友人说：“这些都只是一些小细节啊！”

米开朗琪罗说：“不错！这些都是小细节，不过把所有的小细节都处理妥当，雕像就变得完美了。”

充分展现自己

在选美竞赛上，众人瞩目的总是亮丽鲜艳的面孔、婀娜多姿的体态。外在美是选美取决的标准，可是也有人相信内在美的焕发才是选美最重要的条件，而且这样的理念也得到了证实，至少在美国小姐唐娜·亚松真身上，世人见识到内在美获得认同的实例。

唐娜出生在阿肯色州的一个小镇上，她的青春期就像大多数的青少年一样，生涩、害羞，对自己的将来感到很茫然。那个时候她想象自己以后是只“丑小鸭”，并不是选美的皇后。可是唐娜有一些远比外在的美丽更要紧的特质，她的气质清新，风度稳健。她好比一块璞玉，稍加琢磨就能大放异彩。

她决定要把自己的内在美表现出来。她去练健身，学习仪态，然后报名参加一场选美比赛。那一场比赛她没进入决赛，可是唐娜并没有因此而灰心，接着又参加了很多场比赛，直到参加过16场选美比赛之后，她终于当选“阿肯色州小姐”，然后又成为“美国小姐”。以后她带着同样那一份自然芬芳的内在美，以及辛勤努力的工作，踏入娱乐界，目前已成为一名出色的艺人，拥有自己的节目。

对我们每个人来说，应该从这个故事中获取有用的信息，因为每个人都拥有同样芬芳的内在美。最重要的是发现自己的内在美，把它表现出来，你不见得会是另一个选美皇后，可是它能使你成为人生的赢家。

其实每个人都具有成功者的资格，这也就是说我们在起跑线上是一样的，至于起跑后的差距则是日积月累发展出来的。虽然每个人都有获得成功的机会，但是，结果如何，完全要看个人的本事与表现了。

一般人认为成功者必定有其特殊的才能或高人一等的智商，其实并不然。因为才能与成功之间并没有特别紧密的关系，爱迪生有句名言："天才是99%的努力和1%的灵感。"

主动改掉推诿的毛病

现在已经有越来越多的学者和专家研究性格与成功之间的关系，这是一个可喜的现象。

是的，性格与成功息息相关。因为各人的性格不同，在交往的过程中，各种性格总是在不断地发生冲突。其实，仔细去探究，我们遭遇的很多困难和失败都是来自自己性格的缺陷。

什么样的性格往往决定了你会采取什么样的处事方式。面对同一事情，你还是可以选择自己的处理方式的。你可以选择懒惰，也可以选择勤奋；你可以微笑，也可以选择冷漠。不是吗？你是完全可以作出正确选择的，不要一味由着自己的性格去办事。下面我要说一个我所崇敬的人物——本杰明·富兰克林的故事。

富兰克林曾经奇怪地觉察到他正在不断地失去一些朋友。他意识到自己不断地在与人发生争执，人际关系出现了严重的问题。

这时候快过新年了，大家都在制订新年计划。富兰克林经过考虑，开出了一张清单，清单上有他所有让人讨厌的性格特点。他把它们一一列了出来，并且把最有害的一种放在清单的第一位，然后依次排下来。他决定要一个一个地改掉这些讨厌的性格特点。每次当他发现自己已经改掉其中一个毛病的时候，他就把这个毛病从清单上划掉，直至清单上所列出的问题全部划掉为止。他因此成了全美国人格最完美的人之一。如今在性格塑造方面，富兰克林经常被当做这方面最杰出的例子来引用。

我们可以进而想一想，如果富兰克林没想到去改进自己的性格，他能取得后面那么巨大的成就吗？华盛顿总统曾经这样说：“如果让我说出我所敬佩的人的名字，第一个是富兰克林，第二个是富兰克林，第三个还是富兰克林。”这句话道出了富兰克林在美国人心中的地位。如果不改变不良的性格，如果富兰克林依然热衷于与人争辩，他绝不可能成功地说服法国人来帮助殖民地，美国的历史也许就将改写。

由此我们可以看到性格的巨大力量。而且，性格是可以改变的。在富兰克林这个例子里，我们应该学习他勇于改正自己缺陷的精神。不妨这样想，连性格都可以通过努力去改变，找借口推诿的毛病还害怕改不了吗？

每个人在工作中都会遇到很多烦心的问题。如果没有很好的律己力，往往很难一如既往地努力工作。律己力是人与动物的根本区别之一。动物不会考虑长远利益，只要有诱饵，就容易上当。只有人才能立足现在，放眼未来，衡量局部利益和整体利益。能律己，也就意味着能理性思维，对各种情况都能冷静考虑，对是非轻重的衡量有依循标准，不致利令智昏，误了大局。律己力正是人成熟与否的重要标志。

人毕竟不同于动物，不要做内在冲动的奴隶，要用远大的理想来控制自己的内在冲动。能律己，才能获得真正的自由；能律己，才能取得更大的成功，律己才是通向幸福的康庄大道。

实际上，能“戒”才能获得更大的自由。比如抽烟上瘾，烟瘾，此时就是你的镣铐，不抽不行，你被烟瘾所控制，不得自由。只有戒掉了烟，你才砸烂了镣铐，挣脱了控制，达到了真正的随心所欲，做了自由自在的自己。

管理者要行得端坐得正

你是否是一个管理者，也许你有自己的一套管理方法，但不论你怎么做都必须遵循一个法则“行得端，坐得正”才能长远，才能更好地管理，增强团队的凝聚力和作战能力。

“行得端，坐得正”，就是要求用实际行动博得一个好名声，有威望的人才能被人信服，从而领导一个团队。作为管理者不能领会“行得端，坐得正”的内涵是不能领导一方的。只有树立了威信才能服众，以德服人是亘古不变的真理。

作为管理者来说，平时多注意自己下属的表现，经常表扬一些有特殊贡献的人，让他由内心里感到你在关心他，会有效地提高团队的凝聚力。而且在平时工作中，管理者还要做到公正无私和赏罚分明。比如对下属一视同仁，关心每一个下属，妥善处理大家的问题，功必赏，错必罚，都能树立自己在下属心中的威信，从而获得他们的信赖和尊重。

此外身体力行也是管理者必须谨记的一条法则，只有身体力行了，下属才能不打折扣地去执行任务。管理者的工作习惯和自我约束力，对众人有着十分重要的影响。如果一个管理者经常无故迟到，接打私人电话，工作过程中老是出差错，还早退，那他的下属也会仿效，古人说：“上梁不正下梁歪。”就是这个道理。

己欲立而立人，己欲达而达人，只有自己愿意去做的事，你才能要求别人也去做，只有自己能够做到的事，才能要求别人也去做到。管理者也必须以身作则，用无声的语言说服众人，才能形成亲和力，才能表现出高度的凝聚力。

豁达大度交益友

只要有一种看透一切的胸怀，就能做到豁达大度。把一切都看作“没什么”才能在慌乱时，从容自如；忧愁时，增添几许欢乐；艰难时，顽强拼搏；得意时，言行如一；胜利时，不醉不昏，有新的突破。

人应当有广阔的胸怀，宽大的气度。大海里生活的鱼，不会因遇到一点点风浪就惊慌失措；而小溪里的鱼就不同了，一感觉到有点异常动静，便立刻四处逃窜。人也是这样，胸怀狭窄的人没有一点气度，常常争先恐后地与他人争夺蝇头小利，但这点小利到手后，却又发现丢了大利，如同人们所说的，是“丢了西瓜捡芝麻”。胸襟坦荡广阔的人不是这样。他们不为芝麻般的小事而忙得团团转，他们把目光投向生活的深度和广度，他们是做事稳重、态度从容不迫的人。

有位很大度的保险行销人员，上门推销保险时遭到客户的拒绝，他站起来，拎着公文包向门口走去，快走到门口时，他转过身来，向客户深深地鞠了一躬，说："谢谢你，你让我向成功又迈进了一步。"

客户深感意外，心想：我把他拒绝得那么干脆，他怎么还要感谢我呢？好奇心驱使他叫住那位小伙子，问到："我拒绝了你，为什么你还要对我说谢谢？"

那位行销人员微笑着说："我的主管告诉我，当我遭到20个人的拒绝时，下一个就会签单了。你是拒绝我的第19个人，再多一个，我就成功了。所以，我当然要谢谢你。你给我一次机会，帮我加快了迈向成功的步伐。"结果，客户思考了片刻，于是买了一份保险。

只有如此豁达大度的人，才可能在逆境中取得成功。

美国有位来自伊利诺伊州的议员康农，刚刚上任时就被一位议员嘲笑道："这位从伊利诺伊州来的先生，你的口袋里恐怕还有燕麦吧！"这是在讽刺他还没有摆脱农民的气息。虽然这种嘲笑很让人难堪，但康农并没有生气，只是从容不迫地答道："我不仅在口袋里有燕麦，而且头发里还藏着草屑。我们西部人难免有些乡村气，可是我们的燕麦和草屑，却能生长出最好的苗来。"当时与康农一道随行的人要求康农去找那位议员，康农说："算了吧，像他这样的人，不必与他争论。"

这里，康农面对羞辱并没有恼火，而是很好地调整了自己的情绪，并且顺水推舟，做了绝妙的回答，不仅没有受到损失，反而显示了他博大的胸怀。而事后的事实更说明了康农处理逆境的高明，后来他和那位议员成为一对政治上的伙伴。

美国大科学家富兰克林也有一件这方面的逸事。在他青年时为了谋生，在费城开了一家小小的印刷所。有一段时间，他被选任为宾夕法尼亚州议会的秘书。

在选举之前，有一个新的议员，对他发表了一篇很长的反对演说，把富兰克林批评得是一文不值。遇到了这样一位出其不意的敌人，该怎么办才好呢？我们听听富兰克林自己的描述就知道了。

"对于这位新议员的反对，我当然很不高兴，不过，他是一位有学识、有修养的绅士，他的声誉和才能在议会里有一定的地位。尽管如此，我也绝不会对他表现一种卑鄙的阿谀，以取得他的同情与好感，我只在隔了数日之后，运用了一个适当的方法。

"我从一个朋友口中了解到，他藏书室里有几部很名贵、很罕见的书，于是我就写了一封简短的信给他，说明我想看看这些书，希望他慨然答应，借我数天。当他收到信以后立刻就把书送了过来。大约过了一个星期，我就将那些书送去还他，另外附了一封信，很诚挚地表示了我的谢意。

"他以前从不和我谈话，自从借书后，当我们下一次在议会里相遇的时候，他竟然跑上前来和我握手谈话，而且非常客气，他对我说，他乐意在一切事情上帮助我，于是我们成为知己，一直维持着良好的友谊。"

这个故事，初看起来似乎没什么了不起，但仔细想想，在富兰克林成功之路上，大度是多么重要！

遵守办公室礼仪

身处职场中的人，每天都要和同事打交道，同事们扮演了很重要的角色。每个人都生活在一个集体里，办公室就是这样一个小集体，大家以同事的身份在一起相处，确实要懂得一些礼仪。

当同事需要你的意见时，你不要使劲给他戴高帽，发出无意义的称赞。

当他无意中冒犯了你，又忘记跟你说对不起时，你要以一颗平和的心去对待，不要过多计较，今后当他遇到困难需要你的帮助时，你应该尽力帮助他。

当同事取得了一定的成绩，获得上司的称赞时，你不应该妒忌他，而应该真心实意地赞美他，为他喝彩。

当大家利用休息的时间，聚在一起聊天的时候，你不应该装作漠不关心的样子，而应该很热情地走过去跟他们谈些有趣的话题，或者说个无伤大雅的笑话，让同事感觉你是他们中的一分子。

约同事一起去看电影、听音乐等，这是增进感情的最好办法。当同事们在一起聊得开怀大笑的时候，请不要板着面孔，即使他们聊的话题并不好笑，也请微笑一下，这可以表示你对他们的尊重。

如果你做的错事给别人造成了一定的伤害，请不要忘了向他道歉！敢于承认错误的人会得到他人的原谅和赞赏，而且会给别人留下一个好的印象。

工作要收到事半功倍的效果，不妨多多称赞别人。赞美的话总是能带给对方美好的感觉。如“这个主意真是不错，你太了不起了！”“棒极了，谢谢你给我想出这个好点子！”他下一次一定会更努力地帮助你。

不要随便把同事传给你的话转告上司，说不定你将因此招致大家的不满。

如果某位同事因成绩突出而获得了升迁，就发一张贺卡给他吧，送给他你最衷心的祝福。如果其他同事替他搞庆祝会，无论你有多么忙，都要抽出时间参加，要是实在没有时间，那事后就一定要向他道歉，并请他吃顿饭。

当你积累了一定的工作经验时，公司可能会把一些刚进公司的新人交给你带。你必须有一定的忍耐力，耐心地指出他们的不足，让他们不断进步。比如，接听电话是一件简单的差事，但弄不好也会出现差错。你应该时刻牢记，给你带来不便是小事，给客户留下坏印象才是大事。所以，如果事情发生了，就不要一味地责备这些新人，也不要将这些愤恨埋藏在心里，要知道自己也是从新人一步一步走过来的。不要瞧不起这些人，也许他们有很大的发展潜力，日后或许能够帮上你什么忙呢。

善于原谅别人并不是说对同事的错误视而不见。同事犯了错误，可以委婉地指出来，让他在错误中吸取教训。

午餐时间是和同事进行沟通的一个最佳时机，你可以利用这个时间来跟他们聊天。如果单单依靠电话，就不会有那么好的效果了；要是放在工作时间里则会显得公式化，而且妨碍其他的正常工作；而在下班后，又有些唐突。所以最好的办法是约对方共进午餐，这样既显得诚恳亲切，又节省时间。另外，利用午餐的时间和同事进行沟通，互相交流工作经验，还会使自己的头脑不断得到充实。

找回自己，保持本色

“如何保持本色，这一问题像历史一样古老，”詹姆斯·季尔基博士说，“也像人生一样复杂。”不愿意保持本色，包含了许多精神、心理方面潜在的原因。安古罗·派屈在儿童教育领域曾经写过13本书和数以千计的文章，他认为：“没有比想做其他人，或者除自己以外的其他东西的人更痛苦的了。”

这种渴望做与自己迥然相异的人的想法，在好莱坞尤其流行。山姆·伍德是好莱坞最知名的导演之一。他说当他在启发一些年轻演员时，所遭遇到的最令人头痛的问题是如何让他们保持本色。他们都愿意做二流的拉娜·透纳、二流的克拉克·盖博。“而这些套路式的表演观众们已经无法容忍了，”山姆·伍德不断地对他们说，“你们需要更新的东西。”

在开始导演《万世师表》和《战地钟声》这类电影前，山姆·伍德曾经从事房地产业多年，并且掌握了一些推销技巧。他认为，相同的道理也可以用在其他生意上和电影上。如果你亦步亦趋、人云亦云，是不可能取得好效果的。他说：“经验告诉我，最稳妥的方法是尽快丢开那些装腔作势的家伙。”

有一个女孩子渴望成为一名歌唱家，可是她长得不漂亮，脸很长，嘴很大，牙齿又很暴露。第一次在新泽西州的一家夜总会里公开演唱时，她一直试图将上嘴唇拉下来盖住牙齿，希望能表现得美些，结果适得其反，大出洋相。

就在她自认为注定失败的时候，夜总会里听过她唱歌的一个男人，认为她很有天分，并且十分坦率地对她说：“我一直在看你的表演，并且知道你想掩藏自己，你是不是觉得自己的牙齿长得很难看？”女孩子显得很窘迫，但那个男人依然继续说：“难道说长了龅牙就是罪过吗？不要试图遮掩，请张开你的嘴。如果你自己不在乎的话，观众也会喜欢的。或许那些你想遮起来的牙齿还会带给你好运呢。”

女孩子接受了这一忠告，不再刻意去注意自己的牙齿。演唱时一心只想观众。她张大嘴巴，热情欢快地唱着，终于成为一名娱乐界明星。许多演员现在都刻意模仿她呢。

著名心理学家威廉·詹姆斯曾提到那些从未发现自己的人。在他看来，普通人仅仅发挥了自己百分之十的潜能。他写道："与我们可以达到的程度相比，我们只能算是发挥了一半；对我们身心两方面的能力来说，我们只使用了很小一部分。也就是说，人只活在自己体内有限空间的一小部分里，他具有各种各样的能力，却不懂得如何去加以利用。"

你我都有这样的潜力，因此不该再浪费任何一秒钟，去为"自己不是他人"这一点而忧虑。"你是这个世界上一个全新的东西，以前从未有过，从开天辟地一直到今天，没有任何人完全和你一样；将来直到永远永远，也绝不可能再有一个人完完全全和你一样。"

保持自己的本色正如欧文·柏林给已故的乔治·盖许文的忠告那样。当柏林和盖许文初遇时，柏林已是大名鼎鼎了，而盖许文不过是一个刚出道的年轻作曲家，一个星期只能赚到35美金。柏林十分欣赏盖许文的才华，就问盖许文愿不愿意做自己的秘书，薪水大概是他收入的两倍。"但我建议你不要接受这份工作，"柏林同时也忠告说，"如果你接受了，你可能会变成一个二流的柏林，但如果能继续保持自己的本色，总有一天你会成为一个一流的盖许文。"

盖许文接受了这一忠告，后来他成为美国著名作曲家。

卓别林开始进入电影界时，许多电影导演都坚持要求卓别林去模仿一位当时十分著名的德国喜剧演员，可卓别林一直到创造出一套自己的表演方法之后才开始成名。鲍勃·霍伯也有同样的经历。多年来他一直在演歌舞片，结果一直默默无闻，直到他发掘出讲笑话的能力之后，才逐渐成名。威尔·罗吉斯在一个杂技团里表演抛绳技术多年之后，一个偶然的机会人们才发现他在讲幽默笑话方面有特殊的天赋。

玛格丽特·麦克布蕾刚刚进入广播界时，曾经想成为一名喜剧演员，结果失败了。后来她发挥了自己的本色，由一个从密苏里州来的平凡的乡下女孩子变成为纽约一名最受欢迎的广播明星。

金·奥特雷刚出道的时候，想改掉自己的得州乡音。他打扮得像城里的绅士，自称是纽约人，但大家都在背后笑话他。后来，他学会了弹五弦琴，唱西部歌曲，才开始了自己独特的演艺生涯，成为闻名世界的电影和广播双料明星。

你应该为自己是这个世界上独特的人而庆幸，应该充分利用自然赋予你的一切。从某种意义上说，所有的艺术都带有一些自传体性质，你只能唱自己的歌，只能画自己的画，只能做一个由自己的经验、环境和家庭所造就的你。无论好坏，都得自己创造一个属于自己的小花园；无论好坏，都得在生命的交响乐中演奏自己的小乐器。

正如爱默生在那篇《论自信》的著名散文中所说的一样："在每个人的教育过程中，总会在某个时期发现，羡慕就是无知，模仿就是自杀。无论好坏，他都应该保持自己的本色。广阔的宇宙间充满了未知事物，但除非你好好耕种自己的那块土地，否则就得不到好收成。自然界赋予每个人的都是一种新能力，除自己之外，无人知道你能做些什么。"

不要模仿他人。让我们找回自己，保持本色。

善于赞美别人

戴伦是个很懂得运用赞美方式与人交往的人。有一回，在公司的会议上，有一个同事提了一个报告，他的报告寻常无奇，现场也没得到任何掌声，散会后，戴伦和这位同事在厕所相遇，他对那位同事说："你刚才的报告很好，简单扼要，我很欣赏你！"

这位同事本来就不指望自己的报告得到谁的注意，但戴伦的几句话，却让他心情愉快了一天。

每个与戴伦相识的人，都会很快与他建立友谊。戴伦也常对别的同事表示他的欣赏，碰到男孩子穿了新衣服，他会不经意地说："哦，真帅！"碰到女孩子换了新发型，他也会故意睁大眼睛说："原来是你，我以为是哪个美人来了！"可以想象的是，戴伦与公司里每一个人都相处得很好，而这良好的人际关系也给他带来了很多便利。

关于赞美的功用，想必是人人都清楚的，那也不必多说了。但存在的一个有趣的事实是：所有人都喜欢听到别人赞美自己的话，但不是所有人都爱去赞美别人。

这是为什么呢？

很多人不去赞美别人的内在原因就在于：他担心他需要为这种赞美负上道德意义上的责任。因为在人的心理中，主动去赞美别人，可以获得好处，是一种投机行为，那就可能是一种“小人行为”，只有小人才可能会一心去讨好别人。他心中对于赞美别人的第一个反应，可能是“君子坦荡荡，小人常戚戚”或“君子之交淡如水”等。

这种想法不仅存在于他们身上，甚至于一些性格内向的人的想法也是如此。害怕去做更多的进取的事，因为担心这种进取会达成道德意义上的责任。

如果你的心中存有这样的误区，那么，我要告诉你的是：你多虑了。

世间的道德秩序早已确立。人们为追求和谐融洽的人际关系，早已经把使用赞美对方作为一种常用的、合适的交往方式使用在日常生活中。即便你不爱去赞美别人，别人也还是要赞美你。从这个角度说，你也该赞美别人才对。既然你应该赞美别人，那就该把赞美别人这门学问学好！

有一个著名的文学家，以绝不说令女士难堪的话而著称。某一天，一位长相奇丑的女士认为自己可以令这位文学家认输，于是登门拜访。女士向文学家问道：“先生，您看我长得美吗？”回答“美”，是说谎；而回答“不美”，肯定会令这位女士难堪。这位文学家的回答非常妙，他说：“每一位女士都是上帝从天上送给人间的天使，但很不幸的是，有些天使下凡时是脸朝下着地的，女士，这不是您的错。”这番话既说明了女士面貌丑陋，又没有令女士难堪，相当得体。

何不赞美别人呢？其中大有裨益。以下就来说说赞美别人的诀窍所在。

首先，赞美要自然、顺势。不必刻意为之，太刻意会显得另有所图，可能对方不领情，反而弄巧成拙！此外，也不必用大嗓门赞美，这反而变成酸葡萄，有挖苦的味道了！最好是私下向对方表示你的看法，这种表示方法也比较容易造成双方的情感的共鸣！

其次，赞美要看对象。像爱漂亮的女孩子你就赞美她的打扮，有小孩的女士，最好赞美她的小孩，慈母眼中无丑儿，赞美她的小孩聪明可爱准没错！工作型的女孩子除了外表之外，也可赞美她的工作绩效！至于男人，最好从工作下手，你可称赞他的脑力、耐力。

再则，赞美一定要出自真心或是依据事实，千万不可让赞美失去了它本来的面目。例如你对一个三十多岁的女性说："你看起来像是刚毕业的大学生。"对方会很高兴，因为你赞美她年轻而有朝气；但你如果说："你看上去像一个中学生。"那么她一定会非常反感："我的样子那么不成熟？我很单纯幼稚吗？"你的"赞美"反而使她失去了自信，你也因此惹人讨厌了。

另外，用语不要太肉麻，能恰当表达你的意思就可以了；而且也不宜太夸张，太夸张也会成为挖苦。一般来说，不错、很好、我喜欢之类的用词就够了！

学会敬重别人

好多人的性格是宁折不弯，事事都要求成功，但这样搞不好就要失败，而且会败得很惨。这种人似乎是金刚，刀枪不入，水火不侵，不管是软的硬的，他全不怕。这种人真的什么都不怕吗？其实不然。我们看《水浒传》上的梁山好汉们，他们个个宁折不弯，可一旦有人对他们敬若神明，他们就会为其赴汤蹈火。其实这种性格的人最怕的就是别人敬重他。

中国有句俗话叫：人敬我一尺，我敬人一丈。其实这是一种礼尚往来的普遍心理。但凡是人都希望得到别人的认可和敬重。想要获得别人的敬重，最聪明的办法不是强行要求别人敬重自己，而是先去敬重别人，别人也会同样地敬重你。

罗兰奴真服装公司的创始人大卫·史华兹在创业之初只有3000美圆，他聘不起服装设计师，只能生产一些很普通的衣服。一天，史华兹去一家零售商店推销自己的产品。那家商店的店主看后，很不屑地说："你们的衣服太老土、太落伍了，肯定是不入流的设计师设计出来的。"

史华兹心头一震，因为他公司最大的问题就在于没有服装设计师。史华兹见店主如此说，便和他热烈攀谈起来。原来店主以前是个出色的服装设计师，叫杜敏夫，曾在多家大型公司任职，都因为自己的设计理念得不到公司老总的认可而辞职，现在只得在这里开个小商店。

史华兹听完店主的介绍后简直欣喜若狂，他相信店主是个一流的服装设计师。当即便邀请他加盟自己的公司来实现他的设计梦想。可那店主却大吼一声，说："我死也不当设计师。"

史华兹当时没有再强求，而是迅速离开了商店。他回到自己的公司，把自己的经营思路总结成书面材料，于次日再去拜会店主，并一再诚心邀请他加盟自己的公司。店主被史华兹的诚意感动了，他收回了起初拒绝的话，加入了史华兹的公司，并且非常敬重史华兹，工作非常认真。在二人的不懈努力下，罗兰奴真已成为美国最大的服装公司之一。

事实证明，大部分都怕别人敬。人们为什么会有这种心理呢？其实原因很简单，人在做事情的时候想把事情做得漂漂亮亮其实很难，但随便应付，做得马马虎虎，大面上过的去是很容易的。但是你尊敬他，他就不好意思不去努力，即使很难完成的工作他也会全力以赴地去做。

华纳公司的创始人罗斯刚开始投身娱乐业的时候是一个门外汉，他必须找到一个业内人才来帮他打理。那时的罗斯到处访求人才。他千方百计地将各种人才网罗到华纳公司旗下。那些人才有时并不需要，他暂时把他们安排到其他部门培养，从来不轻易解雇人才。

有一个叫厄地根的人是大西洋唱片公司的总裁，大西洋唱片公司被罗斯收购后，厄地根打算金盆洗手，可罗斯希望他能留下来帮他打理大西洋公司。

厄地根起初并不同意，但罗斯一次次去恳求他，并对他非常敬重，这些打动了厄地根，最终在厄地根的帮助下，新生的大西洋公司焕发了青春，成为华纳的招牌子公司。

敬重一个人，就会得到那个人的报答，这样对于自己的事业人生将有莫大的帮助。学会敬重别人，敬人一尺，得报一丈，何乐不为？

努力记住别人的名字

在美国总统的专业幕僚群中，有一位幕僚的工作内容，就是专门替总统记住每一个人的名字，然后每当总统在遇见某人之前，这位负责幕僚就会先一步提醒总统此人的名字。

而那位被总统叫得出名字的人，也会因总统竟然会记得他而雀跃不已，进而更坚定对总统的支持。

记住每个人的名字，是尊重一个人的开始，也是创造自己个人魅力的第一步。

吉姆·佛雷10岁那年，父亲就意外丧生，留下他和母亲及两个弟弟。

由于家境贫寒，他不得不很早就辍学，到砖厂打工，赚钱贴补家用。

他虽然学历有限，却凭着爱尔兰裔特有的热情和坦率，处处受人欢迎，后来转入政坛发展。最叫人佩服的是他还有一种非凡的记人本领，任何认识过的人，他都能牢牢记着对方的全名，而且只字不差。

他连高中都没读过，但在他46岁那年就已有四所大学颁给他荣誉学位，并且高居美国民主党要职，最后还荣膺邮政首长之职。

一次有记者问起他成功之秘诀。他说："辛勤工作，就这么简单。"记者有些疑惑，说道："你别开玩笑了！"

他反问道："那你认为我成功的原因是什么？"

记者说："听说你可以一字不差叫出1万个朋友的名字。"

"不，你错了！"他立即回答道："我能叫得出名字的人，少说也有5万人。"

这就是吉姆·佛雷的过人之处。

每当他刚认识一个人时，他定会先弄清他的全名、他的家庭状况、他所从事的工作以及他的政治立场，然后据此先对他建立一个概略的印象。当他下一次再见到这个人时，不管隔了多少年，他一定仍能迎上前去在他肩上拍拍，嘘寒问暖一番，或者问问他的老婆孩子，或是问问他最近的工作情况。

有这份能耐，也难怪别人会觉得他平易近人，和蔼可亲。

罗斯福竞选总统时，吉姆不辞辛劳地搭乘火车，穿梭往来于中西部各州，亲切地与当地民众寒暄、交谈，为罗斯福助选。

每到一地，他立刻深入民众，与他们集会、共餐，并宣传罗斯福的政见，与群众进行最亲切的沟通。

返回东海岸之后，他立即写信给每一个城镇的友人，要他们列出所有与会人士的姓名、住址，集成一本多达数万人的名册，最后仍不辞辛劳，一一写信给名册上的每一个人。并在信件一开始，即亲切地直呼对方的名字：

如“亲爱的比尔”、“亲爱的约瑟”等等，信尾更不忘写下自己的名字“吉姆”。

吉姆很早就已发现，当一大堆人名出现在某人眼前时，他最感兴趣、最开心的，仍是他自己的名字，牢记别人的名字，并正确无误地唤出来，对任何人来说，是一种尊重、友善的表现。

否则，万一你不慎忘记而唤错了人家的名字，很可能还会招来一些不愉快的事。

人们除了对自己的名字格外尊重之外，另外还有一种倾向，就是渴望自己能名垂后世、万古流芳。

有的人捐书、捐古物给图书馆、博物馆，为的是在馆史撰写时，记上他们一笔，使他们的大名与馆长存。教会为了鼓励信徒捐款，将捐款者大名镶在玻璃窗上，供人们瞻仰。

人之爱名、好名，于此可见一斑。

多数人记不得他人的全名，理由都不外乎是工作太忙、无暇记这些琐事。

但像富兰克林·罗斯福这样的大忙人，都还不忘花时间去记一些与他来往的市井小民的名字，就连一个工匠，他都肯花时间将之牢记在心，以求让对方感觉到自己的友善和尊重。

往往，我们被介绍与其他人相识时，随口寒暄几句，而事实上连再见都还没说，可能我们就已忘了对方姓什么叫什么？

拿破仑的侄子、法兰西第二帝国皇帝拿破仑三世，曾称他能记下他所见过的每一个人的名字。

平日政务繁忙的他，犹能做到这点，试问其中窍门究竟何在呢？说穿了很简单，如果他在介绍时没听清对方的名字，他会立即说：“抱歉！我没听清楚你叫什么名字！”

如对方的姓名很特殊，他还会问：“请问是怎样拼法？”在谈话之中，他会刻意地提起对方的名字，以加深自己的印象，并暗中注意对方的外形、表情和反应，记下对方的种种特征。

爱默生曾说："完美的品格，是由无数的小小牺牲才能换来的。"要达到这个目标，绝非一蹴而就，定得相当时日之累积方可得。

所以，别忘了：人最重视、最爱听，同时也是最希望他人尊重的就是他们自己的姓名。

请牢牢记住与你交往的人的名字吧，你会得到意想不到的收获。

卡内基在10岁时就发现了人们对自己名字的重视。

有一次，他在山里抓到了一只兔子，很开心地养在家里。没想到这是只怀孕的母兔，过了不久生下好几只小兔子。

兔子们的食量很大，卡内基心想："如果光靠我来找食物喂兔子，岂不要把我给累死了。"

于是，他跑到左邻右舍，告诉自己的玩伴："谁能够每天摘些苜蓿和车前草来喂兔子。那只兔子就以他的名字命名。"

从此以后，这些兔子不但都能吃到美味可口的食物，而且都和喂养它们的小朋友们有相同的名字。

多年以后，卡内基在商业上应用了同样的心理学原理。他要将铁轨销售给宾夕法尼亚铁路局，而汤姆生是该局的局长。

所以，卡内基在匹兹堡建造了一所大钢铁厂，命名为"汤姆生钢铁厂"。

学会看风使舵

不知你是否养过猫狗之类的宠物，如果没有，应该看过宠物的主人如何爱抚它们的吧！

爱抚宠物最基本方法就是顺着它的毛轻抚。每当主人有这个动作时，猫就会眯起眼睛，并发出满足的叫声；狗呢？就快乐地摇起尾巴，甚至回过身来舔你的手和你的脸，作为对你的回应。如果逆毛摸呢？猫狗因为感觉不舒服，就算不咬你抓你，也要不高兴地跑开！

人其实也是如此，喜欢别人顺着"风向"走！如果你能这么做，那么必有良好的人际关系，而且能让别人受到你的影响。

人当然不像动物一样有一身的毛让你抚摸，人的毛就是性情、脾气、观念，也就是自我！你如果能顺着对方的脾气和他交往，也就是人们常说的顺风使船，不去违抗他，他当然会和你成为好朋友！

不过，顺风使船并不是要你做一个没有主见的人，如果你真的如此，那你就成为别人的影子了。

顺风使船只是方法，而不是目的，你如果能成熟地运用这个方法，别人就会在不知不觉中受到你的影响，甚至接受你的意志。

那么，如何顺风使船呢？以下几个原则可供参考。

1.倾听。

大部分人都有发表欲，如果他在社会上已有一些成就，更有不可遏制的发表欲，当他滔滔不绝的时候，你就做一个倾听者。

一则你的倾听可让对方满足发表欲，他一满足，对你就不会有厌恶感。

二则你可在倾听中了解他的个性和观念。然后，你要顺着他的谈话，发出赞同声，还可以在恰当的时机提出一些问题让对方说明。如此一来，对方一定过瘾极了，不知你正顺着他的风头在爱抚他呢！而你没说什么话，就了解了这个人。这一招，对熟朋友和初见面的人都管用！

2.不要辩论。

如果对方说的话你不能同意，你也不要辩驳，除非你们是好朋友。

就是说如果你和他的交谈另有目的，则不宜和他辩论，因为有些事情并不能辩得明白，而且很可能越辩越气，最后不欢而散。

如果你辩倒对方，那更有可能造成关系的中断！总之，要记住，辩论不是你的目的。

3.称赞。

人人都喜欢被称赞，称赞其实也是一种顺风使船的办法。称赞什么呢？你可称赞他的观点、见解、才能、家庭等等，反正对方有可能引以为荣的事情都可以称赞，这种做法所费不多，效果却非常惊人，所以也有人把称赞唤做“灌迷汤”！

4.引导。

这是最关键的原则，如果你顺风使船另有目的，尤其需要“引导”这一步骤。也就是说，你要在对方已经满足的时候，才把你的意思显现出来，但显现的方式还是要看清“风向”，不要让对方感到不快。

例如你应该这么说：“我很同意你的观点，不过……”或“你的立场我能了解，可是……”先站在对方的立场，再提出自己的立场，这样就可以像大禹治水一般，把对方的意志引到你希望的地方去！

顺风使船可以用在平时与人相处时，可以用在说服别人时，也可用在带领部属时，可说事半功倍。脾气再大，城府再深，主观再强的人也吃不消这一招的哦！

一位女士愤愤不平地告诉心理医生，她恨透她的丈夫，因此非离婚不可。

心理医生明白她的情绪需要适当发泄，于是决定采用“顺着毛摸”的方法。

医生向她建议：“既然已经走到这个地步，我劝你尽量想办法恭维他、讨好他。使他觉得不能没有你，并且以为你深爱他时，你便断然跟他离婚，让他痛苦不堪。”女士觉得心理医生不愧为专家，给她出的点子倒蛮新鲜的。

几个月过后，女士又回来找医生，说一切都进行得很好。

医生说：“行了，现在你们可以办理离婚了！”

她说：“什么？离婚，才不呢！现在我从心里爱着我的丈夫呢！”

因此不难知道，以此种顺风使船的方法来处理一些人与人之间的矛盾以及人与事物之间的矛盾，有时也会收到意想不到的效果。

奉承不能过分

奉承并不是坏事，但是要奉承得让人舒服又不觉得肉麻，那就需要有点学问了。

巧妙之处在于恰到好处，不过头，让人觉得舒畅又开心。如果练不好这种功夫，却将别人的鸡皮疙瘩奉承落了一地；或是一不小心过了头，惹得对方认为你在挖苦他，能不拍案而起吗？就如同拍马屁拍到马腿上，不挨踢才怪呢！

以“太阳王”自诩的法国国王路易十四，平日喜欢作诗自娱。

有一次他作了一首诗，左看右看总觉得不是很好。这时，刚好元帅格拉蒙来觐见，于是他就将这首诗交给元帅。

他对元帅说：“格拉蒙，我觉得这首诗写得不好，你认为如何呢？”

格拉蒙很快地看了看这首诗说：“诚如陛下所说的，这首诗简直糟透了。”

路易十四一听，咧着嘴角笑了笑说：“作这首诗的人一定是个笨蛋。”

“是啊！绝对是个笨蛋。”格拉蒙在一边附和。

路易十四正了脸色慢慢地说：“噢！谢谢你，其实这个笨蛋就是我。”

元帅一听脸色大变，马上红着脸说：“陛……陛下，让我再看一遍，我刚才只是随便瞧，没有仔细看。”

马屁拍得不巧妙还不要紧，最惨的是用力一拍，竟然拍到了人家的伤口处，让人疼得哇哇大叫。看样子，在不清不楚、模模糊糊的情况下，还是别逞强，省得一巴掌拍下去，反而激怒了“马”，让“马蹄”给踢得四脚朝天！

政治人物难免需要新闻界的配合来宣扬他的理念，法国的政治家塔雷朗在一个宴会上遇到了新闻界的权威人士威廉·柯贝特，为了想和他建立良好的关系，于是嘻嘻哈哈地说了些笑话，攀点儿交情。

两人说了一会儿话之后，塔雷朗忽然谄媚地对柯贝特说：“您是从牛津还是剑桥大学毕业的？”

他本来的用意是夸对方的学问好，他以为学问好就必然系出名校，但是他并不知道柯贝特根本就没有受过什么高等教育，他之所以成名，全是靠着自己的努力得来的。这下奉承过了头，非但过头，还正触痛了柯贝特的心事。

只见柯贝特笑脸一收，眉毛一扬大声回答：“我可不是鳟鱼，你再怎么丢鱼饵，我也不会上钩的！”

不管奉承拍马是为迎合还是为妥协，主要目的就是想要借由这种方式，来寻求最佳的沟通切入时机，使双方产生共识。

借助这种表达，可以激发对方的善意，使得良好的对话气氛继续延伸。或是眼见双方就快要顶上杠的时候，及时岔开话题恭维对方一番来转移目标，消除火药味儿。就像是调制一杯鸡尾酒，觉得太辣了，就加上点儿甜酒；觉得有些淡，就加上点儿白兰地。

但是拍马屁要有些技巧，没有三两下子可不能乱拍。拍得生硬了，让人觉得莫名其妙；拍得太明显了，又让人恶心；搞不清楚状况，拍错了地方，那就更惨了，不但话收不回来，人也会被“马蹄”踢得连翻几个跟头，那可就出丑啦！

恰到好处的迎合技巧也是需要学习的：

适时迎合对方的论点来表达善意的回应。

旁敲侧击，找出对方和自己相同之处，借此拉近彼此距离。

当看法一致时，马上表明支持，以降低不能达成共识的机率。

顺势而为，为对方的论点补充说明，借机表明和对方观点一致，和对方站在同一立场。

特别加强谈话对方一向引以为荣的事情。

以幽默、清淡的语气说出人爱听的话，并且让人不起鸡皮疙瘩。

营造开心、欢乐的气氛，唯有在轻松的场面下，才能把话说得圆融。

有一位著名大作家想趁着旅行之际，顺道拜访小城里的一个书店，于是就在出发前打了个电话给这家书店的老板，希望在拜访书店时也能见到他。

书店老板一听大作家要光临了，于是就要店员将店里的架子上，全都摆满这个大作家的书，希望能让他留些好印象。

大作家如约来到这家书店，一走进门，只见书架上摆满了他的各种作品。他吓了一大跳，不解地问书店老板：“其他作家写的书呢？”

“其他作家写的书……”老板一时情急之下，竟然脱口而出：“早卖光了！”看到作家脸色变了，书店老板改口已经来不急了！

做个受赏识的下属

如何做个受赏识的下属？这是一门学问。它需要我们去学习，去领会，不断地完善自己，才能做一个令上司赏识的下属。

人总是希望得到他人的赞赏，尤其渴望博得上司的赏识，但能够达到这一目的并非一件容易的事，以下九条要诀也许会对你有所帮助：

1.领会上级意图。准确地领会上级意图，是获得上级好感、与上级发展关系的重要途径。领会上级意图关键在于认真听取上级的谈话。在听上级谈话时，有些人往往会非常紧张，不仅理解不了上级的真实意图，而且有时连上级说的是什么都没有完全听清楚。正确的听话方式应该是不仅听清上级所谈的一切，而且要听出其中的隐意。这样，你才能概括他谈话的所有要义，并作出聪慧的应付。

要做到这一点，你应该忘却所有的紧张，静下心来将注意力集中到上级的谈话上来。当你的上级讲完后，你可以稍做静思，以示你对他的讲话的记忆和思索。然后，向他提一两个用以澄清他谈话要点的问题，意在强调你注意并把握了他的谈话要点；或者用核对理解的措辞，概括地说一下他的谈话内容。记住：上级领导是不喜欢要他把话说两遍的人的。

2.服从上级领导。作为下级应该认识到，一个部门、一个组织都是通过对上级的服从来建立其秩序的。下级对上级的反抗必然会破坏各种秩序。因此，这种行为是不能允许的。当然，上级也是人，在许多方面并不比普通人强多少。有出色的上级，有无能的上级，有不爱负责的上级，有大权独揽的上级，有严厉的上级，有随和的上级，上级有各种各样的类型，都难尽善尽美。但不管是什么样的上级，只要你在这一部门工作，都必须听从他的命令。

人虽然都有一种不愿服从别人的心理，但对比自己强的人还是能够接受的。因此，要从行动上增加服从的自觉性，有必要从上级的工作方面、人格方面，去寻找比自己强的方面，做出尊敬他、学习他的姿态。凡是尊敬上级、服从上级的部下，即使最初上级对他什么好感也没有，也会逐渐改变印象。只要你认识到尊敬上级的必要性，就会从心理上排除对服从的抵触，就能摆脱那种耻于服从的感情。

3.适应上级要求。上级领导下级去完成任务，必须要上下合作。从这一点上来讲，所谓上级得意的部下应该是能够很好地理解上级的要求、创造出出色成绩的部下。

具体地来讲，适应上级的要求，就是能够掌握上级的性格特点和工作方法，并与之密切配合。比如，听取部下汇报的时候，有的上级必须听口头汇报，有的上级却要求写出书面材料，有的上级重视按道理和规章办事，有的上级却注重关系和人情，有的上级办事干净利落、非常果断，有的上级办事却是瞻前顾后、非常慎重。作为部下，必须抓住这些特征，积极地适应。比如，对于干什么都要搞书面材料的“文牍型”上级，不能叫苦连天，而应照办。要知道，这并不是迎合，也不会丧失自己的个性。这样做，完全是为了协助上级干好工作。

4.暂缓回答提问。据说在就业的面试上，经常还没问完就迫不及待回答的人，大都不会博得面试官的赏识。造成这种情况的原因之一是，对方会觉得好像自己已被他看穿，而且料想到自己会出这个问题似的。因而，对他产生一种独断独行的印象，认为他是一个凡事都不愿意认真去思考的人。

因此，当上级向自己提出问题时，最好略停一下再回答，这样，才不会给上级失望的感觉；另一方面，这一点还不仅限于面试时或回答上级时使用，而是任何情形都能够运用得上。但要特别留意的是，考虑的时间不可过长，否则会给人一种不够灵敏的感觉。

5.理解上级难处。领导确实有很大的权力和自主的余地。但是，应该了解，他还有很多难处。我们经常看到，有些人自己单独工作干得有声有色，当了领导却一筹莫展。如果遇上有才能、有事业心的部下还好，倘若不是这样，就难以带领这些部下奔向共同的目标。上级的工作并不好干，常常会为部下工作不努力、不能出色地完成工作而着急，而且，绝大多数上级都有他们的上级。这些人夹在上级和部下之间，必须满足各种不同的要求，因此，非常苦恼。有时候不知听谁的好，顾了这头顾不了那头，难以作出决断；同时，作为上级还负有很大的责任，一旦工作失误，既给工作造成损失，又要承受上司的谴责，在他的身上背负着种种沉重的压力。因此，作为部下，要充分理解你上级的难处，主动为他分忧解难。而你能为上级所干的最好的事就是做好你的工作。一个人没有比他不能解决自己本职工作问题更浪费上级的时间了。独立地排除你面临的困难，不仅培养有效工作的能力，拓展有效工作所需要的门路，而且能够减轻上级的负担，提高你在上级眼中的价值。

6.体会上级处境。上级处理工作也有为难之处，对于必须由上级做出重大决策的问题，特别是在优柔寡断时，往往要征求部下的意见。当你感受到上级的这种境遇时，就可以对上级说：“我有这样一点想法，您看如何？”这时候，上级会耐心地去听。如果是些小事，就索性单刀直入地讲：“让我来干吧。”交换意见后，当你意识到你的想法与上级的想法相一致时，也不要急于开口，等待上级的决断。当你意识到想法不同时，要表示“明白了”，而赶快退下来。敏锐地觉察上级的处境和特定心情，适时地充分表达自己的意见，是取得上级信任的关键所在。

7.尊重上级意见。一个团体之中，只要有一个人有了想超越别人尤其是超越上司的想法，这个团体就很有可能阵脚大乱，且容易养成对工作充满自信的高级职员专擅自为、独来独往的习性。

因此，在团体中要拟订计划或提案时，需要综合大家的意见。只要个人有了自己也参与的感觉，自然而然就会产生干劲。至于把所有事项都考虑到的提案，会使其他人失去参与的机会，尤其会变成上司没有参加意见的情形。这时，虽然提案者会觉得非常满足，但实际上却引起别人的反感，更有甚者还会造成“扯后腿”的情况。

像这种情形，最聪明的方法就是大家考虑之后，留下能修正的余地，而对上司说“我们只能考虑到这些，其他的尚未决定……”等，便可满足上司的优越感。之后，因为全体员工都参加了意见，所以提案容易通过，而提案者本人也会给人一种精明能干的印象，声望随之提高，会引起别人想和他亲近的念头。

此外，因为步骤经过修正，所以，也会产生同伴的意识。至于实行时，大家也会感到一种责任感，因而全力以赴，故其实行的程度将比个人决定的事项更加彻底。

8.善于向上报告。一件工作是以上级的命令开始，以部下的报告结束的，部下担负的工作是不是进行得顺利，是上级最担心的问题之一。及时地报告可以缓解上级的担心。连情况如何也报告不清的部下是最令人不耐烦的。部下作汇报要选取适宜的时机。当然，报告不能说谎。然而不合时宜的报告也没有任何的价值，特别是坏的情报要尽快地向上级报告，越是有才能的上级，越想了解坏的情报。善于报告的部下总受到上司的赏识。

9.勤于传递情报。一般而言，上司对部下的各方面，都有着想了解的欲望，尤其是有关部下的私事方面，更是许多上司想知道的。因为诸如此类的情报，可当做掌握部下的有力武器。

譬如，对母亲生病住院的部下，如果向他说声“听说你母亲正生病住院，现在情况怎样？”等，那么被问的部下就会感到，上司这么关心我，因而更加卖力地工作，同时也会对上司产生信赖感。

但是，对于和部下有关的私生活情形，一般上司都很难得知，更不会一本正经地去询问。这时，如果你能很自然地与上司说些这方面的消息，就会使上司觉得你很可靠，对你的看法自然也就随之改变了。

然而值得注意的是，上司所需要的情报并非你对某人的恶意批评，或同事之间的闲言闲语。如果你连这点小事都分不清的话，就很可能会招致上司对你的不信任，因此在这一点上应特别留意。

做个受人欢迎的好同事

只要你以真诚的态度注意从以下六个方面去努力实践，同时在工作时保持做人的正义感，那么做个让人喜欢的好同事，得到一个好人缘并不难，工作便也成了一件让人快乐的事了。

在我们的工作环境里，建立良好的人际关系，得到大家的尊重，对自己的生存和发展无疑会有极大的帮助，而且有一个愉快的工作氛围，可以使我们忘记工作的单调和疲倦，也使我们对生活能有一个美好的心态。

遗憾的是，我们常常听到不少人对怎样处理好办公室里的人际关系感到棘手，抱怨甚多。其实，只要我们为人和善，用心并努力，做个受人欢迎的同事并不是很难的事。根据行为专家的忠告和众多人提供的经验，我们不妨从以下六个方面入手。

1.让乐观和幽默使自己变得可爱。如果我们从事的是单调乏味或是较为艰苦的工作，千万不要让自己变得灰心丧气，更不可与其他同事在一起怨声叹气，而要保持乐观的心境，让自己变得幽默起来，如果是在条件好的单位里，那更应该如此。因为乐观和幽默可以消除彼此之间的敌意，更能营造一种亲近的人际氛围，并且有助于你自己和他人变得轻松，消除工作中的劳累。那样，在大家的眼里你的形象就会变得可爱，容易让人亲近。当然，我们要注意把握分寸，分清场合，否则会讨人嫌。

2.乐于从老同事那里吸取经验。那些比你先来的同事，相对来说会比你积累了更多的经验，有机会时我们不妨聆听他们的见解，从他们的成败得失里寻找可以借鉴的地方，这样不仅可以帮助我们自己少走弯路，更会让他们感到我们对他们的尊重。尤其是那些资历比你长，但其它方面比你弱一些的同事，会有更多的感动，而那些能力强的同事，则会认为你善于进取，便会乐于关照并提携你。我们也常常会看到这样的反例，有些人能力强，可在单位里，自视甚高，不买那些老同事的账，弄得老同事颇为反感，而这些老同事毕竟根基深厚，方方面面都会考虑他们的意见，结果关键时候你会因此受挫，这不能不引起我们的重视。

3.对新同事提供善意的帮助。新到的同事对手头的工作还不熟悉，当然很想得到大家的指点，但是心有怯意，不好意思向人请教。这时，我们最好主动去关心、帮助他们，在他们最需要得到帮助之时，伸出援助之手，往往会让他们铭记终生，打心眼里深深地感激你，并且会在今后的工作中更主动地配合和帮助你。切不可自以为是，瞧不起新同事，在工作中不尊重他们的意见，甚至叱责他们，这些态度都会给对方造成伤害，从而对你产生恶感。

4.如果你有意见最好直接向上司陈述。在工作过程中，因每个人考虑问题的角度和处理的方式难免有差异，对上司所作出的一些决定有看法，在心里有意见，甚至牢骚满腹。在这些情况下，切不可到处宣泄，否则经过几个人的传话，即使你说的是事实也会变调变味，待上司听到了，便成了让他生气和难堪的话了，难免会对你产生不好的看法。如果你经常这样，那么你就是再努力工作，做出了不错的成绩，也很难得到上司的赏识。况且，你完全把自己的弱点暴露了出来，很容易被那些居心不良的人所利用。这些因素都会对你的发展产生极为不利的影响。因此最好的方法就是在恰当的时候直接找上司，向他表示你自己的意见，当然最好要根据上司的性格和脾气用其能接受的语言表述，这样效果会更好些。作为上司，他感受到你的尊重和信任，对你也会多些信任，这比你处处发牢骚，风言风语好多了。

5.适当“让利”，放眼将来。有一些人与同事的关系不好，是因为过于计较利益上的事情，总是争求种种的“好处”，时间长了难免惹起同事们的反感，无法得到大家的尊重，而且他们总在有意或无意之中“伤害”了同事，最后使自己变得孤立。而在事实上呢，这些东西未必能带给你多少好处，反而弄得自己身心疲惫，并失去了良好的人际关系，可谓是得不偿失。如果对那些细小的，不太影响自己前程的好处，多一些谦让，比如单位里分东西不够时少分些，一些荣誉称号多让给即将退休的老同事；再比如与其他人共同分享一笔奖金或是一项殊荣等，这种豁达的处世态度无疑会赢得人们的好感，也会增添你的人格魅力，会带来更多的“回报”，俗语所说的“吃小亏占大便宜”从一定程度上说明了这个道理。

6.用自己的性别优势关心异性同事。人们对任何形式的性骚扰都感到反感，但是如果能利用自己性别上的优势去帮助异性同事，则会得到他们的好感。不能否认，两性各有各的长处，比如男性较有主意，更能承受艰苦劳累的工作，也能更理性地分析并解决问题；而女性呢，则显得比较有耐心，做事细心有条理，善于安慰人。尽管只是在单位，并不是在家里，但每个人也都渴望能够得到同事们的关心和理解，若能善于发挥自己的长处，对异性同事多些关心和帮助，如男士多为女同事分担一些她们觉得较为吃力的差事，女士多做些需要细心的工作，多为办公室环境的优美做些事。这些对我们来说并不难，效果却很好，对方对你所给予的关心与支持打心眼里感激，将你视为可以信赖的好同事。

只要你以真诚的态度注意从以上六个方面去努力实践，同时在工作时保持做人的正义感，那么做个让人喜欢的好同事，得到一个好人缘并不难，工作便也成了一件让人快乐的事了。

第五章

老实不吃亏，吃亏也精明

做个与人为善的聪明人

所谓交往就是有来有往，而不是单方的行为，一相情愿的交往没有实际意义。假如你一心与人为善，可别人就是不答理你，你会怎样呢？毋庸置疑，得郁闷死你。与人为善固然好，可有些人诚心与人为恶。

这是个很现实的世界，人们为了生计而奔波，在这过程中难免会在名利问题上与人发生矛盾，我们所能做的就是尽量保证我对别人为善，而别人不会对自己为恶就行了。这样没人掣肘，你才能成功。

战国时代的蔺相如为赵王争足了面子，赵王也给了他丰厚的回报，封他当了相国。可这时赵国的另一个牛人廉颇看不过去了，认为蔺相如单凭一张嘴就超越了自己，很是不服气，决定要找机会折磨一下蔺相如。

蔺相如知道廉颇的想法后就开始处处躲着廉颇。甚至在街上相遇了都赶紧绕开走。蔺相如的门人就怒了，问道："相爷，咱们怕他什么，我们打不起吗？大不了一拍两散，谁怕谁啊？"蔺相如这时说了一番感动天下所有君王的话："我蔺相如怎是个怕事的人，可你们想啊，赵国就靠着我和廉颇撑大局，我们俩闹翻了，其他的国家还不趁机灭了我们。为了国家，我忍了。"

不久廉颇知道了这件事，感到羞愧难当，就自己光了膀子，带上荆条去给蔺相如请罪，说道："我心胸狭隘，请相国责罚我吧。今后我唯您的令是从，别国胆敢欺侮我们赵国，我就和他们拼了。"蔺相如赶紧把他扶起，二人从此成了莫逆之交。

蔺相如是个交际的能手，他善于与人为善，通过行动改变了别人与他为恶的立场，获得了极大的成功。那么蔺相如是个什么人呢？他具备什么素质才能做到这点呢？后世对他的定位是聪明人而不是个精明人，因为精明人不会吃亏，势必操起家伙就和与自己作对的人火拼去了。可蔺相如是个聪明人，知道什么才是真的利益。蔺相如的故事告诉我们想在竞争中取得优胜，就要学会隐藏。在工作、生活上不可避免地要有对手或者敌人，只要我们能施展手段让其与我们为善，我们就是赢家。

偶尔装点儿傻

遇到让自己窘迫的问题，装傻有时候比较容易解决问题。

其实生活不需要太严肃，装点儿疯卖点儿傻，让自己和身旁的人哈哈一笑，许多问题就迎刃而解了。

婚姻生活也是这样，与其制造口角，弄得家里气氛不好，还不如动动脑筋想一想，不但能让大事化小、小事化无，还能使得彼此感情更加甜蜜！

卡尔霍先生经常被妻子的唠叨弄得很烦，为了让耳根子清静，只好能藏就藏，能躲就躲。

有一次，卡尔霍请一位朋友上餐馆吃饭，酒足饭饱之后，卡尔霍趁着朋友没注意的时候，低下头伸手由鞋子里拿出一张钞票来，一抬头，没想到正看到朋友惊讶的眼光。其实朋友也知道他这个“怕老婆”的毛病，心照不宣，微笑着看他怎么解释。

只见卡尔霍先生轻咳了一声，指着手里的钞票说：“这个东西过去一直有事没事地压迫着我，所以，我也要它尝尝被压迫的滋味好不好受。”

在机智做人的过程中，这种装疯卖傻的表达方法，可以让自己轻易地跳过障碍，不再针对问题，而是顾左右而言他。它看起来很“无厘头”，但是总比接着了一个火烫的山芋，在那里左手丢到右手，右手丢到左手，又跳又蹦要好。

生活中，偶尔装点儿傻有两个主要目的。

第一就是扰乱对方原有的思考逻辑，让别人因为这个突兀的表达而糊涂，或是产生错误的判断。如此一来就可以借此机会从容脱身，或是转移焦点，化解难题。

第二就是一种风向球，对不确定的事情作个测试，以“无厘头”的态度来听其言，观其行。

这种表达方式一般不会遇到阻力，于是顺势而行，在不知不觉之中，有如鸭子划水般，静悄悄地展开动作。最大的好处是可以边说边做边修改。引起共鸣之后，就可以顺理成章地登堂入室。

优点是进可攻，退可守，即使失败，也会因为别人根本摸不清自己的意思，而不多加注意，也就不尴尬了。

生活中许多地方都能应用到这种机智做人的方法，并能够起到意想不到的效果。它有如下方法：

借题发挥，让话题衍生。

紧咬不放，缩小对方的思考空间。

轻描淡写，好像无关紧要的样子。

无心插柳，不要刻意行事。

见机行事，掌握最佳时机。

以开玩笑的方式进行，来松懈对方的戒心。

随机应变，要能快速作好整合的逻辑思考。

要能掌握、主导形势，以免偏离了主题。

要能知难而退，若见大势已去，就应收手。

懂得见好就收，初步的目的达到后，留点思考空间，作为下次冲刺前的助跑。

戈尔巴乔夫就任苏联总书记时才54岁，这是很罕见的事情，因为当时的苏联领导人平均年龄超过70岁。全世界的人都很关注他的施政，想看看这个年轻的国家领导人，会把苏联带往什么方向。

在戈尔巴乔夫召开的记者招待会中，来自各国的记者纷纷举手抢着发问。

一位美国记者问他：“戈尔巴乔夫先生，我们都知道你是有激进思想的领导人，可是，当你要决定内阁名单时，是不是会先和上头的重量级人物商量？”

戈尔巴乔夫一听，故意板起脸来回答：“喂！请你注意，在这种场合，请不要提起我的妻子。”

大家一听哄堂大笑。接着，不等美国记者再发言，戈尔巴乔夫就马上指着另一名记者说：“好，下一个。”避开了尖锐的问题。

巧妙地令别人觉得重要

人类有一个最普遍的特性，那便是渴望被认可、渴望被了解。

你是否希望自己能够在人际交往中如鱼得水呢？如果是，那么请尽量使别人意识到自身的重要性。请记住，你越使别人觉得他自己很重要，别人对你的回报就越多。

每一个人都渴望成为一个重要人物。没有人愿意别人把自己看做是可有可无的，当他们被忽视或否定时，便会被认为是可有可无的了。请记住，别人看待他自己跟你看待你自己一样重要。这一特性的有效运用是成功的人际关系的基石之一。

下面是关于怎样认可别人，怎样使人觉得自己重要的几点忠告，希望读者能够从中获益。

1.聆听他们的谈话。拒绝聆听别人的谈话会使对方深感自己并不重要，认为自己的确是可有可无的，细心地聆听则使他们觉得自己非常重要。

2.尽量多使用这些词，如："您"和"您的"，而不是"我、我自己、我的"。

3.肯定那些等待见你的人们。如果他们必须等待，请让他们意识到你知道他们在等，这也是重视别人的一部分。

4.赞许和恭维他们。当他们值得赞扬时，你应该及时地给予他们赞扬。

5.在回答他们之前，请稍加停顿。这会使他们感到你认真地思索了他们的话，肯定了他们所说的话值得思考。

6.尽可能经常地喊出他们的姓名，展示他们的照片。以姓名称呼他们，使用他们的照片，将会使他们非常喜欢你。

7.关注小组中的每一个人。不要只是关心领导者或发言人，要懂得孤雁不成群的道理。

不随意评论别人

天真做人者绝不会用不礼貌的言辞评论别人，因为他们懂得判断别人时自己也被别人判断。

实际上我们平常的谈话中有百分之九十是闲聊，那种品质恶劣的人则总是以议论人及诽谤人为谈话中心，仿佛这个世界上人人都不行，只有他最优秀。或者通过指责别人的不是来抬高自己，这种人正是自尊心极低的。他没有真本事去表现自己，只有借助于挑剔别人的短处来提高自己的身价，这样的人令人实在不敢恭维。

天真做人者都相信这样一条规则：判断别人时你自己也被别人判断。

一个经常挑剔别人短处、指责别人错误的人，只会让人感到无法理解而难以相处，让人感到其品质恶劣而令人厌烦。

如果你总是认为这个也不好，那个也不行，人人都有问题，那么只能说明你自己不能与人相处，自己有问题。别人正是通过你对其他人的判断，来判断你的为人的。

如果你去应聘，主聘人通常会问一个问题："你在原来单位干得好好的，为什么要来我们单位？"

有些人为了讨好主聘人，就极力指责原单位："那里的人很难相处，老板挑剔刻薄。你们这里多好啊。"这样说的人，十有八九会落选。主聘人一定会想：他现在这样指责他原来的老板，将来会不会也这样说我呢？

聪明的应聘者应该多说原单位老板的好话："与他们相处得很好，离开真有点不舍"，然后再提出一个客观原因，如"贵单位更适合发挥我的才干"等。这都是明智的应聘方法。

你听说过加油站的老板分别被两位陌生人拜访的故事吗？

加油站位于一个小镇郊外的马路旁边。有一位陌生人开车来到这个小镇，看到加油站，便开进来加油。

他停车打开车门，询问加油站的老板："这位老先生，请问这是什么城镇？住在这里的是哪种类型的居民？我正打算搬来居住呢！"

加油站的老板看了一下陌生人，回答说：“你刚离开的那个小镇上的人们，是哪一类型的人呢？”

陌生人说：“我刚离开的那个小镇上住的都是一些不三不四的人。我住在那里没有什么快乐可言，所以我打算要搬来这里居住。”

加油站的老板回答说：“先生，恐怕你要失望了，因为我们镇上的人，也跟那个小镇差不多是一样的人。”

不久之后，又有另一位陌生人来到这个加油站，并且向加油站的老板询问同样的问题。“这是哪一种类型的城镇呢？住在这里的是哪一种人呢？我们正在寻找一个城镇定居下来呢！”

加油站的老板又问他同样的问题。

这位陌生人回答：“住在那里的都是非常好的人。我的太太和孩子在那里度过了一段很好的时光，但我正在寻找一个比我以前居住的地方更有发展机会的小镇。我原本很不愿离开那个小镇，但是我们希望寻找更好的发展前途。”

加油站的老板说：“你很幸运，年轻人！居住在这里的人都是跟你们那里完全相同的人，你将会喜欢他们，他们也会喜欢你的。”

判断别人时自己也被别人判断。

如果我们在寻找坏人，那么我们就真的遇到坏人；如果我们在寻找好人，我们就一定会见到好人。不善于与人相处的人，到了哪里，都会认为别人难于相处；善于与人相处的人，见到任何人，都会与人相处融洽。

敌人是自己造成的

有人说：“人不为己，天诛地灭。”

但如果人人都标榜看穿了尘世，以信奉自私为座右铭，那么这个世界必将暗无天日，这个社会必将走向衰亡。

所以我们从小受的教育，以及这个社会所弘扬的伦理，都教导我们要友爱、仁慈，这种根深蒂固的文化影响，渗透了我们的潜意识，我们潜意识深处有了对友善、仁慈的向往，有了对具备这种品质的人的尊重。

因此，世界上最受欢迎的人，一定都是品德高尚的、有仁爱之心的人。

你有这样的体会吗？这个社会上有种人，仿佛所有人都是他的敌人，对待别人总是凶巴巴的、恶狠狠的，或者从来就不将别人当人，只是当做他人生旅程上的一种工具。这种人不论他有多大本事，最终还是会遭到人们的唾弃。

人就应该有爱心，友善地对待每一个人，这也正是成功者的人生准则。

何苦要多树立仇敌呢？友善会使你显得大度、姿态高雅，会使你生活天地无比辽阔。如果别人对不住你，你还以友善待他，他自会对你有负疚感，说不定以后还会加倍补偿给你，这正是聪明的天真做人的做法。

我们要学会理解人、谅解人，愤怒和暴力只是外在的力度，只有友善才能感发人性光辉的部分，真正深入人的心灵。

有人说："这个世界就是一个生存竞争、弱肉强食的斗兽场，好心多半不得好报，好人往往吃亏。"

我们不否认，人性中最古老、最深切的禀赋就是有自私的一面，那种幼稚的仁慈、天真的友爱，自会使你处处碰壁。但友善绝不是叫你傻气，在深刻认识人性基础上的天真做人正是使你受欢迎的一种方法。

有人会说："说道理，谁都会，但做起来却难。有些人你一看上去就讨厌，还怎么对他友善得起来？"

在这里介绍心理学中的一条原理："照镜子"效应。

与人交往，常常会有这样的感觉，这人一眼看去就不错，与自己很投缘，果然大家谈得很好；而另外一些人一接触，感觉上讨厌，结果，真的格格不入。为此我们常庆幸自己感觉灵验。是否你真的感觉灵验呢？

心理学中有一条规律：我们对别人所表现出来的态度和行为，往往会得到同样方式的反应和回答。

在与人打交道时，我们发现我们自己的待人态度会在别人对我们的态度中反射回来。如同你站在一面镜子前，你笑时，镜子里的人也笑；你皱眉，镜子里的人也皱眉；你叫喊，镜子里的人也对你叫喊。几乎很少有人认识到这条心理学规律是多么重要和多么具有预测性，反而得意地归之于自己感觉灵敏。

实际上，如果你事先就确认某人难以对付，则你很可能会用多少带有敌意的方式去接近他，在心中握紧你的拳头战斗。其实当你这样做时，你简直就是设置了个舞台让他去表演，他也就被逼扮演了你为他设计好的角色。而如果你事先认为某人是友好的，你就会用友好的方式去待他，在你的感染下，他自然也以友好的方式待你。

请记住你的大多数敌人正是你自己造成的，友善才会使你朋友遍天下，使你的品质升华，生命充满欢乐。

一个小男孩受到母亲的责备，出于一时的气愤，他就跑出房屋，来到山边，并对着山谷喊道："我恨你，我恨你，我恨你。"

接着从山谷传来回音："我恨你，我恨你，我恨你。"这个小孩子很吃惊，百思不得其解。

过了一会儿，他的气消了，想起了母亲对自己的关怀，心里就很后悔。于是他又对着山谷喊道："我爱你，我爱你。"

而这次他听到，有一个友好的声音在山谷里回答："我爱你，我爱你。"

生命就像一种回声，你送出什么它就送回什么，你播种什么就收获什么，你给予什么就得到什么。

你想要别人是你的朋友，你就必须是别人的朋友。

心要靠心来交换，感情只有用感情来博取。

做人切勿率性而为

说实话，人活在世上，做人做事若能率性而为，那人生也没什么好遗憾的了。

问题是，你不是天地间唯一的存在，可以想说什么说什么，爱做什么做什么；而别人也不是为了你而存在，一切都得听你的。

人的一生，总是有许多人际关系和事业上的不如意，这些不如意需要以智慧和耐心去解决，而不是靠你的喜恶和脾气。

更重要的是你要学会见人说人话，见鬼说鬼话。如果你看不惯老板的苛刻，就说老子不干了，那么你并没有解决问题，因为苛刻的老板很多，你在别的地方也会碰到，而你的辞职，又有谁在乎呢？如果你嫌工作辛苦，就率性地放弃，那么你放弃的可能是一个绝佳的机会。

当然，也没有人在乎你的放弃，因为那是你自己的事！

而最重要的是，率性而为会成为你放纵情绪的习惯，遇到问题就顺着性子来解决，有时候，你也许真的解决了问题。但因为率性而为基本上是向后转，属于逃避问题的行为，因此长久下来，对你的事业和人际关系，破坏多，建设少，甚至还有可能带来毁灭性的灾难。尤其你一旦给人不能控制情绪的印象，那真的是难以翻身。

所以落魄的人、自我毁灭的人，多半具有率性而为的性格，这一点，只要观察那些人就可明白。

或许你会说，某人有显赫的家世、雄厚的家产，想说什么说什么，爱做什么做什么。这种人就随他去吧，问题是，你有这种率性而为的条件吗？何况这种率性而为的结果常常是毁灭自己！

所以，无论在事业上或是在人际关系上遇到不如意，请别说只要我喜欢，有什么不可以，你应该学会见什么人，说什么话。

“见人说人话，见鬼说鬼话”这句话，一般是用来批评别人油滑、投机、不诚恳的，可以说是一句骂人的话。

但在机智做事中，你必然要见人说人话，如果你见鬼也说人话，岂不糊涂透顶。

所以，说话也是和人相处、交朋友、给人好印象、了解对方的秘诀，这是一种技巧、一种艺术。

当你和对方交谈时，应尽量使用对方能够认同的语言，并说对方熟悉、关心的话题！

比如你和有小孩的女士说话，可说说孩子的教育和柴米油盐酱醋茶；和贸易公司职员说话，可说说单位是否景气……说得不深入没关系，只要你开口了，他们便会不由自主地告诉你很多关于他自己和工作上的事情。

如果你还善于引导，他恐怕连心事都要掏出来说了。

见人说人话，见鬼说鬼话在人际关系上是很有用的一招，它的厉害之处在于抓住了人常以自我为中心的弱点，在言语上让对方的自我意识获得满足，对方的防卫意识便会松懈下来，并且把你对他的客套、亲切，当成你对他的关心，于是就对你产生好感。

结果是，你了解他已有三四分，他对你却还一无所知呢！

见人说人话，见鬼说鬼话虽不一定会和对方建立亲密的关系，但绝对是接近对方、和对方建立初步关系的好方法，如果你能这么做，那么保证你受益无穷。

时常听到有人批评某些人“少根筋”，指的就是不看看情况胡指瞎说。

比如在寿宴上对着寿公寿婆大谈人寿保险的好处；对着孕妇说，这年头养孩子没什么好处，翅膀长硬了就飞了；对新郎新娘说今天喜宴的菜好吃极啦！下回办喜宴别忘了再请我，我一定捧场；别人就要出远门旅行了，却对他大谈今年发生了多少飞机失事的意外事件……

也许有时只是顾着说话时高兴，没注意到身边人的情况，并非是故意的，却也在不知不觉中伤了人；也有可能真的是少了根筋，木头脑袋转不过弯儿来。

所以，说话前先要看看周围有些什么人，这些人目前又是什么状况。

想在社会中更好的立足，说话的圆通要比你率性而为强过百倍。

艾文斯就是一位率性而为的人。

他心地不坏，但脾气说来就来，也不管对方是什么样的人。他说：“我就是这样的一个人，看别人的脸色过日子，太辛苦了！”很多时候，他不管对方处于一种什么地位、什么情景和有什么样的心情，想说什么就说什么。也就是说，他不知道圆通的说话技巧，所以他对一切事都率性而为。

周围的人并不怎么喜欢他，因为他从不考虑一句话说出口的后果，常常让人困窘不堪。唯一让大家放心的是，他没心机，不会害人！

但是，他却害了自己。

有一天，他不知为了什么事，和上司在办公室里大吼大叫，最后，他把桌子一拍，拿起公文夹往主管脸上一扔，大声说：“我不干可以吧！”

他并没有辞职，因为他找不到更好的工作，但是，他再也没有被重用过。当年的同事纷纷升了官，只有他还在原地踏步，做些无关紧要的工作。

这就是艾文斯率性而为的结果。

率性而为会让你失去所有成功的机会，最终被孤独和忧伤搞得“千疮百孔”。

绝对不可以唠叨

在地狱中，魔鬼为了破坏爱情而发明的一定会成功而且恶毒的办法中，唠叨是最厉害的了。它永远不会失败，就像眼镜蛇咬人一样，总是具有破坏性，总是会置人于死地。

迪斯累里在公职生活中最难缠的对手，就是那伟大的格莱斯顿（英国政治家，四度担任首相）。

这两位仁兄，对于在帝国之下每一件可以争辩的事情都相互冲突，但他们却有一个相同的地方，那就是他们的私生活都充满幸福和快乐。

在公开场合中，格莱斯顿是一位可畏的敌人；但在家中，则永远不唠叨。当他到楼下要吃早饭而全家人还在睡觉时，他就以和婉的方式来表达他的不满。

他往往提高了声音，唱着不知其名的圣歌，声音充满整个屋子，以告诉家里的人："全英国最忙的人，已经独自一个人在楼下等着吃早饭了。"

他随时都保持着外交家的风度，体谅别人的心意，并强烈地控制自己，不对家事唠叨。

俄国女皇叶卡捷琳娜二世曾统治过横跨欧亚的帝国，对千百万臣民握有生杀大权。但是如果她的厨子把肉烧焦了，她却什么话也不说，反而笑着将它吃掉。这种容忍的功夫，让一般男子汉都感到汗颜。

关于婚姻不幸福的原因，权威人士桃乐丝·狄克斯宣称，百分之五十以上的婚姻是不幸福的，许多罗曼蒂克梦想之所以破灭在雷诺（美国离婚城）的岩石上，其原因之一是唠叨，毫无用处、却令人烦躁的唠叨。

托尔斯泰的夫人也发现了唠叨的危害，可是太晚了，在她逝世之前，她向孩子承认道："是我害死了你们的父亲。"当托尔斯泰82岁时，他再也不能忍受家里那种悲惨不快乐的情形了。于是他在1910年10月一个下着大雪的夜里，逃离了他的夫人，逃到寒冷的黑暗里，不晓得到哪里去好。不久以后，他因肺炎死在一个火车站里。

他临死的要求是：不许她来到他的身边。

这就是托尔斯泰的夫人唠叨、抱怨和歇斯底里所得到的结果。

读者或许会觉得，她是有许多事情要唠叨的，而且是应该的。但这不是本文所讨论的要点。问题是她唠叨得到些什么？唠叨是不是把一件不好的事弄得更糟呢？

林肯一生的最大悲剧，也是他的婚姻，而不是他的被杀。

请注意，是他的婚姻。布斯开枪以后，林肯就不省人事，永远不知道他被杀了。但是几乎23年来的每一天，他所得到的是什么呢？根据他律师事务所合伙人荷恩登所描述的：是"婚姻不幸的苦果"。"婚姻不幸"说得很婉转。几乎有四分之一世纪，林肯夫人的唠叨不断地骚扰着他，使他不得安静。

以至于林肯宁愿住在条件恶劣的乡下旅馆里，也不要回到自己家里去听他太太的唠叨和受她暴躁脾气的气。

贝丝·韩博格在纽约市家务关系法庭任职十多年，曾经审判了好几千件遗弃的案子，她说男人离开家庭主要原因之一是因为太太唠叨不停。

《泰士顿邮报》中说："许多太太们不停地在慢慢自掘婚姻的坟墓。"

因此，如果你要维持家庭生活的幸福快乐，绝对不可以唠叨。

法国拿破仑三世，也就是拿破仑的侄子，爱上了全世界最美丽的女人——西班牙女伯爵玛利亚·尤琴，并且不顾人们的反对和她结婚。

这门婚姻拥有财富、健康、权力、名声、美丽、爱情、尊敬，一切都符合一个十全十美的罗曼史。

但这团"圣火"很快就变得摇曳不定，热度也冷却了，只剩下了灰烬。拿破仑三世可以使尤琴成为一位皇后，却无法使这位妇人终止挑剔和唠叨。

由于她中了嫉妒的蛊惑、疑心的邪，竟然藐视他的命令，甚至不给他一点私人的时间。当他处理国家大事的时候，她竟然冲入他的办公室里；当他讨论最重要的事务时，她却干扰不休；她拒绝让他一个人独处，总是担心他会跟其他的女人亲热；她常常跑到她妹妹那里，细数她丈夫的不好，又说又哭，又唠叨，又威胁。

她会不顾一切地冲进他的书房，不停地大声辱骂他。拿破仑三世虽然身为法国皇帝，拥有很多处华丽的皇宫，却找不到一处不受干扰的地方。

尤琴这么做，得到的又是什么呢？她得到的只是拿破仑三世的背叛和冷落。

温和的回答能消除怒气

俗语说：不能生气的人是笨蛋，而不去生气的人才是聪明人。在面对别人的存心挑衅时，我们是做一个笨蛋，还是做个聪明人呢？

瑞典艾普苏那的乔治·罗纳曾在维也纳当过多年律师，第二次世界大战期间，他逃到瑞典，变得一文不名，急切需要一份工作。他能说会写多国语言，希望能在一些进出口公司找到一份秘书的工作。但是，绝大多数公司都回信告诉他，因为正在打仗，他们不需要这类人才，不过他们会把他的名字存在档案里……在这些回复中，有一封信这样写道："你完全不了解我们的生意。你又蠢又笨，我根本不需要什么替我写信的秘书。即使需要，也不会请你这样一个连瑞典文也写不好、信里全是错字的人。"

当乔治·罗纳看到这封信时，气得发疯。瑞典人说他不懂瑞典文，还说自己的信错误百出，乔治·罗纳也写了一封信，想气气那个人。但他冷静下来对自己说："等等！我怎么知道这个人说得不对呢？虽然修过瑞典文，可它毕竟不是自己的母语，也许我真的犯了许多错误。如果真是如此，想要得到一份工作，就必须不断努力学习。或许这个人是在帮助我，他用难听的话来表达他的意见，并不意味着我没有错误。因此，我应该写封信感谢他才对。"

于是，他撕掉了自己刚刚写好的充斥谩骂言辞的回信，重新写了一封感谢信："你如此不厌其烦地写信给我，实在是感激不尽，尤其是在您并不需要秘书的情况下。我对自己将贵公司的业务弄错一事表示抱歉，之所以给您回信，是因为听他人介绍，说您是这个行业的领袖人物。我的信上有很多文法上的错误，而自己却不知道，现备感惭愧，而且十分难过。今后我计划加倍努力去学瑞典文，改正自己的错误，谢谢您帮助我不断地进步。"

不久，乔治·罗纳就收到了那个人的回信，并且得到了一份工作。通过这件事，乔治·罗纳发现了"温和的回答能消除怒气"的妙处。

也许我们无法像圣人一样去爱我们的仇人，但为自己的健康和快乐着想，我们至少要原谅他们，忘记他们，这才是最聪明的做法。

吃亏就是占便宜

一定要相信吃亏就是占便宜这回事。不要期待眼前的回馈，树立这种心态，你天真做人的境界已基本达到了。

彻底实行此想法的就是日本经营某公园设备制造厂的S先生，S先生自创业之时，就取用木头作为公园设备的材料，因为他深信，总有一日，环境生态学时代会来临。根据环境保护原则，他下决心使用不作防腐处理的进口材料作为公园设备，并日夜奔走宣传他的理念。

然而，管理公园的市公所因为需遵守对所有木材实施防腐处理的规定，完全不使用S先生所推荐的没有防腐处理的木材。

因此，S先生考虑到首先必须使对方理解使用此种材料的好处，于是不辞辛劳地到市公所说明："很多国家就是使用这样的方法，就日本的情况而言，在气象和风土的考虑上，最好也如此进行。"

他的努力终于获得对方的理解和赞同，提出计策，并使相关单位也了解这样的需要。

以此为契机，S先生的公司快速成长。他成功的要素就是所谓的"吃亏就是占便宜"这样的心态，能把当下的利益置之度外而持续努力，希望大家根据环境生态学，普遍使用对人类最有益的材料。

有些时候，当我们觉得自己有点吃亏时，如果抱着一种"吃亏说不定能占便宜"的想法，还真是有些道理！以这种态度来做事，你将受益无穷。

现实中的吃亏主要有两种，一种是"主动吃亏"，一种是"被动吃亏"。"主动吃亏"是指你主动争取吃亏的机会，这种机会是指没有人愿意做的事、困难的事、报酬少的事。这些事因为没有便宜可占，因此大部分人不是拒绝就是不情愿，而你却主动争取去做，老板当然对你加倍感激，并将你的这份情谊绝对记在心上，以后无论你是升迁还是自行创业，他都有可能帮你，这对今后你的发展大有帮助。

最重要的是，在你做事情当中，可以磨炼你做事的能力和耐力，这样一来，你不但懂得比别人多，也进步得比别人快，这是你的一种无形资产，绝对用钱买不到。

“被动吃亏”是指在未被告知的情形下，突然分配你去干一件你并不喜欢的工作，或者工作量突然加大。碰到这种情形，除非健康因素或家庭因素，否则就应承下来，如果仔细观察一下周围的环境，发现你完全没有抗拒的余地，那更应该“愉快”地接受。

也许你不太情愿，但在这种情势之下，也只好用“吃亏就是占便宜”的想法来自我安慰，要不然怎么办呢？至于有没有“便宜”可占，那是很难说的，因为那些眼前之“亏”也许是对你的一种磨炼，考验你的心志和能力，是为了重用你啊！

姑且不论是否“重用”你，你虽然吃了点小亏，但磨炼出了自己的耐性，这对你以后做事绝对大有帮助。此外，由于你对眼前的“吃亏”毫无怨言也会让人对你无话可说，不得不尊重你。

对于天真做人来讲，也是这个道理。

天真做人比做事难，但如果你也抱着一种“吃亏就是占便宜”的心态，那么天真做人其实也不难。因为人都喜欢占便宜，你吃一点亏，让他人占一点便宜，那么你就不会得罪人，人人当你是好朋友！何况拿人家的手短，吃人家的嘴软，今天占你一点便宜，心理也会过意不去，只好在恰当的时候回报你，这就是你“吃亏”之后占到的便宜！

吃亏就是占便宜！尤其是年轻人更应该记住这一点，这是你积累工作经验、提高自己做事能力、扩大人际关系网络的最好办法，如果样样想占便宜，那最后一定会吃亏，而且还可能吃大亏。

想占便宜拿点好处，这是人性，问题是聪明人不只你一个，当每个人都想占点便宜的时候，最终是谁也占不到便宜！

有位面摊儿的老板在客人的阳春面里主动加了块肉，使得客人觉得到他那里吃面，比到别处吃划得来，而且得到尊重，于是他们就成了面摊儿的老主顾。这位老板可能多花了一块肉的成本，可是，却买到了客人对他的忠诚和信赖，你说，是不是吃了一点亏却是赢得了人心？可见，学会“吃亏”也是一种受益的方法。吃亏和占便宜是相辅相成的。

有一个年轻人大学刚毕业就进入出版社做编辑，他的文笔很好，但更可贵的是他的工作态度。

那时出版社正在进行一套大书的编辑，每个人都很忙，但老板并没有增加人手的打算，还把编辑部的人派到发行部、业务部帮忙，但整个编辑部只有那个年轻人接受老板的指派，其他的都是去一两次就抗议了。

他总说：“吃亏就是占便宜嘛！”

事实上也看不出他有什么便宜可占，因为他要帮忙包书、送书，像个力工一样！

他真是个可以随意指挥的员工，后来他又去业务部，参与直销的工作；此外，取稿、跑印刷厂、邮寄……只要有要求，他都乐意帮忙！

“反正吃亏就是占便宜嘛！”他仍这么说。

两年过后，他自己成立了一家文化公司，做得还不错。

原来他是在“吃亏”的时候，把出版社的编辑、发行、直销等工作都摸熟了，他最终是占了便宜啊！

现在他仍然抱着这样的态度做事。对作者，他用吃亏来换取作者的信任；对员工，他用吃亏来换取他们的向心力；对印刷厂，他用吃亏来换取质量和速度……

天真做人，使他学会了吃亏，而学会吃亏又使他占了更大的便宜。

装聋作哑可以不战而胜

人生丛林中，你对对手付出越多的关注，也就等于让他越强大。当你试图弥补小过错时，往往会让错误越来越严重而且明显。有时候放手才是上上之策。

如果有东西是你想要而无法得到的，你可以表现出你的不屑，甚至装聋作哑，你显露出越少的兴趣，就越显得优越。

生活中的很多时候，往往是你选择让事情来烦自己。你大可以选择不要去注意那些恼人的冒犯者，不要去考虑琐碎而且不值得你关心的事务。这就是强而有力的一步棋。

你不予回应的事就无法拖住你，让你陷入徒劳无益的纠葛中，还不会伤到你的尊严。

对付恼人的小角色，最好的教训就是不理不睬，装聋作哑。如果你浪费时间和精力在这样的纠葛中，那是你自己的错。

学着亮出“轻蔑”这一招，对于最终无法伤害你的事物，转过身去不理不睬。

你必须背向你希望的事物，表现出你的不屑和唾弃，这是非常有力的回应，会让你的目标更不知所措。

轻蔑是国王的特权，他的眼光转向哪里，他决定要看见什么，这一切才成为真实。他所忽视、背向的事物仿佛就会死亡了。

在你亮出轻蔑这张牌，周期性地向人们表示你可以不需要他们时，你就拥有了这样的魅力。

如果选择不予理会能够增强你的魅力，那么同样的道理，相反的途径，委身与涉入，往往会削弱你的地位。

面对微不足道的对手，无论是商业上的还是生活中的，你付出太多的关注，就会让自己看起来微不足道。

你花越长时间去歼灭这样一个敌人，就会让对方看起来更加庞大。

聋哑之人是不会和人起争斗的，因为他听不到、说不出，别人也不会找这种人斗，因为斗了也是白斗。

有时，我们常常忍不住想要弥补自己的过失，但是我们越努力，往往让过失越严重。有时候放任不管才是高明的政治手腕。

1971年，《纽约时报》公布了五角大楼的文件，内容是有关美国涉足中南半岛的历史，基辛格对于尼克松政府不能防卫这类伤害性极大的泄密事件，气得直跺脚，因此提出建议，最后终于成立了一个叫“水管工人”的团体，任务就是堵住这些漏洞。

就是这个部门后来闯进民主党位于水门大厦的办公室，引发一连串事件，导致了尼克松下台。

事实上，五角大楼文件的公布对于尼克松政府并非严重威胁，但是基辛格的反应让整桩事件闹大了。

为了解决一个问题，他制造出另一项问题：对于安全的偏执妄想，结果对政府的破坏力更加严重。如果他不理会五角大楼泄密事件，造成的丑闻终究会烟消云散。

与其不经心地将注意力集中在问题上，让人们察觉你是多么关心、焦虑，因而让问题显得更严重，不如装聋作哑，扮出不屑一顾的贵族姿态，不比委屈自己承认问题的存在明智得多吗。以下有几种方式来执行这套策略。

首先，是酸葡萄手段。如果你想要得到某样东西，但是又明白自己无法拥有，你最糟糕的做法就是大声抱怨，让人们注意到你的失望。事实上最高明的谋略是表现得仿佛一开始你就丝毫没有兴趣。

第二，在你受到别人的攻击时，引开人们的注意，让他们清楚地看见你根本不把攻击的人放在心上，顾左右而言他，或是愉快地回话，表现出你多么不在意攻击。

同样，在你自己犯下大错时，最好的回应往往是轻松以待，让错误变小。

记住：对于琐碎、微不足道的骚扰和冒犯，强而有力的回应就是轻蔑和不屑、装聋作哑。千万不要表现出你受了影响，或者你受到冒犯，如此不过显示你承认出了问题。

轻蔑这盘菜最好是冷冷地端上来，不要刻意造作。

公司有一个女孩子，平日只是默默工作，并不多话，和人聊天，总是微微笑着。

有一年，公司里又来了一个好斗的女孩子，很多同事在她主动发起攻击之下，不是辞职就是请调。

最后，好斗的女孩的矛头终于指向了那个沉默的女孩子，立刻点燃火药，噼里啪啦一阵，谁知那位女孩只是默默笑着，一句话也没说，只偶尔问一句："啊？"最后，好斗的那个女孩主动鸣金收兵，但也已气得满脸通红，一句话也说不出来。

过了半年，这位好斗的女孩子也自请他调。

你一定会说，那个沉默的女孩子修养实在太好了。

其实不是这样，而是那位女孩子听力不大好，虽然理解别人的话不至有困难，但总是要慢半拍，而当她仔细聆听你的话语并思索你的话语的意思时，脸上会出现无辜、茫然的表情。

好斗的女孩对她发作那么久，那么费力，她回答的却是“啊”的不解声，难怪要斗不下去，只好鸣金收兵了。

这个故事说明了一个事实：面对“沉默”，所有的语言力量都消失了！而装聋作哑可以不战而胜！

沉默是最有力的攻击武器，它最大的特点是不战而屈人之兵。

迂回周旋的说话术。

与人交往中，要选择用哪种方法和人沟通，绝对要视当时的情况而定。但是有一点，就是必须想到对方希望听到什么样的话。

碰到专家的时候，就要详细地分析、明白地表达，最好是能够附上数据来支持自己的言论，这时就得要直话直说了。

但是如果碰到了外行的人，一堆数据未必能够让对方了解，这时就得运用一些语言文字的技巧。即使必须兜着圈子，但只要能把话说得透彻，减少对方在面对事实时的难堪，也就行了。

德皇威廉二世派人将一艘军舰的设计图交给一个造船界的权威，请他评估一下。他在所附的信件上告诉对方，这是他花了许多年，耗费了许多精力才研究出来的成果，希望权威人士能仔细鉴定一下。

几个星期之后，威廉二世接到了权威人士所作的报告。这份报告附有一沓以数字推论出来的详细分析，至于文字报告是这么写的：

“陛下，非常高兴能见到一幅绝妙的军舰设计图，能为它作评估是在下莫大的荣幸。可以看得出来这艘军舰威武壮观、性能超强，可说是全世界绝无仅有的海上雄狮。它的超高速度前所未有。而武器配备可说是举世无敌，配有世上射程最远的大炮、最高的桅杆。至于舰内的各种设施，将使全舰的官兵如同住进豪华旅馆。这艘举世无双的超级军舰只有一个缺点，那就是如果一下水，马上就会像只铅铸的鸭子般沉入水底。”

本来就是玩票性质的威廉二世，看到了这个报告，不禁了然于心地笑了。

说话高手并不是指那些会说很多好听的话、使用许多华丽辞藻的人。能够使用最简短的言辞，但是却能表达出发人深省又使人印象深刻的意思的人，就是说话高手。

有人说，说话就要像女人的裙子一样越短越好，但简短的言辞并不表示就得单刀直入挑明了说。即使简短，也可以说得迂回婉转，幽默有趣而又一针见血。

让我们看看美国总统艾森豪威尔的说话魅力。

在一次新闻界的餐会上，美国总统艾森豪威尔应大家的要求站起来讲话。

他说："大家都知道，我不是善于言辞的人。小时候我曾经去拜访过一个农夫，我问这个农夫：'你的母牛是不是纯种的？'他说不知道。我又问：'这头牛每个星期可以挤出多少牛奶呢？'他也说不知道。最后，他被问烦了就说：'你问的我都不知道，反正这头牛很老实，只要有奶，它都会给你。'"

艾森豪威尔笑了笑，对所有在场的新闻界人士说："我也像那头牛一样老实，反正有新闻，一定都会给大家。"

这几句话让大家哄堂大笑，因为简直就是兜着圈子告诉大家，你们别没事紧追着我问，反正我有新闻一定会给你们嘛！

迂回，就是一种拖延战术。目的是要找出能够沟通时的最大公约数，或是争取更多的时间以利沟通的进行。

如果沟通不良也可以考虑凭借迂回的方式，寻求外界支援或是跳离原来的沟通模式，以特殊方法突破沟通障碍，让沟通保持顺畅。

说话兜圈子，绕道而行；用比喻、影射的方法举例说明；说故事，讲寓言，用幽默及双关语开开玩笑；找出彼此的关系，攀亲道故；采用游击战术，不正面冲突；拖延时间，爱理不理，静观其变……这些都叫迂回策略。

周旋，与迂回不同，周旋是绕着原话题，在没有获得进展之前缠着不放。也就是说在沟通不良，或是没有获得妥协之下，有一方一直绕着原话题打转儿。这种做法就是以原话题为中心，想尽各种办法来说服对方，直到对方被缠烦了，或是盲点破解了，双方获得妥协之后，才停止继续周旋的动作。

当然，这是需要运用耐心、缠功、心理战术等等的一种沟通技巧。

复杂提案，直到满意为止；要求解释，直到合理为止；逐条讨论，寻求妥协；逐字研讨，突破逻辑；寻找语病，让对方难以自圆其说；对不利之处模糊焦点，转移目标；顾左右而言他，分散对方的注意力；不达目的决不妥协，让对方失去耐心；寻求各种管道来协调、折中……这些都叫做周旋。

有一位德国的观光客，和一位同伴租了一辆车，想要到意大利偏远的海边去看夜景，没有想到却在途中遇到了一伙强盗蛮横地将车拦下来，不但要抢劫财物，还计划杀人灭口。

这个德国观光客听说过这里的强盗不仅劫财，还会杀人，不禁开始簌簌发抖。但是他随即镇静下来，按捺住紧张的情绪，操着一口德国口音对强盗说：

“各位大哥，我和同伴在贵国做生意失败，现在欠了一屁股债，在后面不但有黑道人物在追杀我们，而且还有警察也闻风而来，我们身上的钞票全给了在海边等我们的走私船主，身上只有一些零钱。我们现在不是等着被黑道砍，就是让警察带回去坐牢。这样吧，反正再拖下去，走私船也不会等我们，干脆我们就和你们一起当强盗好了！”

强盗们一听，万一将他们杀了，黑道人物或警察发现了岂不找自己算账？更何况这两个人自己都小命不保，又能对他们造成什么威胁？

几个强盗商量了一下，决定放他们一马。两个德国人被释放后，钻进车子猛踩油门，头也不回地逃了。

利用迂回周旋的方法在强盗的手里夺回了性命。那个德国人自然是无比幸运的，但主要的是他深谙迂回周旋的方法在危急时的重要作用。

你不妨在遇到麻烦的事情时也冷静下来，试用一种迂回周旋的方法，你也一定会很快摆脱不利或危险的处境。

争论中没有赢家

有一个真理：在争论中获胜的唯一方式，就是避免争论。

绝大部分的争论，结果都会使双方比以前更加坚持自己的立场和观点。在争论中没有赢家。不管你是否在争论中占了上风，实质上你都输了。即使你在争论中把别人驳得体无完肤、一无是处又能怎样呢？你可能暂时会高兴，但对方的自尊心受到了伤害，会对你产生怨恨。并且即使口服，他的心也不会服。

派恩互助人寿保险公司有一条严格的纪律，就是“不要争论”。真正的推销精神不是争论，因为争论并不能让人改变想法。

林肯曾经这样教训一位和同事吵架的青年军官："任何想有所作为的人，绝不会把时间浪费在和人争执上。你承担不起争执的后果，像发火、失去自制等。在拥有相等权利的事情上，要多让对方一些；即使在明显是你对的事情上，你也要让一下。与其和狗抢路，被它咬伤，还不如让它过去；否则，就算你把狗杀了，你还是已经被咬了。"

《点滴》一书中的一篇文章，建议持不同意见者这样避免争论：

第一，欢迎异见。

有这样一句话："人们不需要意见总是相同的伙伴。"如果有人提出了你没想到的东西，你就应该衷心感谢。不同的意见可以使你避免犯重大错误。

第二，不要盲信直觉。

当有人提出不同意见的时候，你最开始的自然反应是自我保护。你要谨慎，心平气和，注意你的直觉反应，因为这可能是你特别不好的地方。

第三，控制情绪。

记住，根据一个人在什么情况下会发脾气，可以判定这个人的气度以及作为。

第四，首先倾听。

给予你的不同意见者表达的机会。不要打断他，让他把他的意思完整地表达出来。用心地倾听，增加沟通和了解。

第五，寻找相同点。

在你听完了持不同意见者的话以后，首先去寻找你和他意见相同或相近的地方。

第六，诚实为本。

发现自己的错误，就要勇于向对方承认，并为此而道歉。这有助于沟通和减轻对方的敌对心理。

第七，答应认真考虑不同的意见。

要真心地承认，他的不同意见可能是对的。因此，答应考虑他的意见是比较聪明的做法。不要等对方对你说"我早就对你说了，但是你却不听"而让你感到难堪。

第八，感谢持不同意见者的关心。

因为关心同一件事情，所以才产生不同的意见。把他看做能给你带来帮助的人，也许他会成为你的朋友。

第九，不急于行动，给双方时间。

适当地停下来，把事情更仔细地考虑一下，再举行会谈。在准备期间，想一想："他的意见，会不会是对的，或者部分是对的呢？他的立场或理由是不是有道理呢？我的反应是基于客观问题本身还是自己的主观感受呢？对方因此和我的分歧是更大还是更小呢？我的反应会不会让别人对我的看法更好呢？我将会胜利还是失败呢？假如我胜利了，会让我付出什么样的代价呢？假如我保持沉默，分歧就会不存在了吗？这个难题是我的一次机会吗？"

真·皮尔斯是歌剧男高音歌手，他结婚快50年了。他说过："我和我太太很长时间以来有一个默契，那就是：当一个人大声吼叫时，另一个会平静地听。因为如果我们一块对着叫，那只有噪音和激动，根本就不可能沟通。"

"赢得争论的唯一方法就是避免争论。"这是真理。

以友好的方式开始

"一滴蜂蜜比一斤胆汁，粘的苍蝇更多"，通过这句话可以学会与人相处的秘诀。用一滴蜜去润泽一个人的心，这才是聪明的做法。

对别人发火，出言不逊，你会暂时感到解气，却会让对方难受。你那火药味十足的口气、充满敌意的态度，只会让他和你作对。

威尔逊总统说："假如你对我握拳头，毫无疑问，我的拳头会攥得更紧。但如果你对我说：'让我们坐下来交换一下意见，看看为什么我们会有分歧？'我们会发现，分歧并不大，不同的观点很少，而相同的看法有很多，因此，只要我们互相耐心地交流，以诚意待人，我们就会互相理解。"

小约翰·洛克菲勒对这个道理有很深切的体会。1915年，洛克菲勒在科罗拉多州备受指责。那时，大罢工在科罗拉多已持续了两年之久。生气的矿工们要求科州煤炭钢铁公司增加薪水，该公司的老板正是洛克菲勒。工厂设备遭到破坏，军队的疯狂镇压造成了可怕的流血事件，也死了不少人。

但洛克菲勒却成功地让愤恨的罢工者认同了他的意见。为什么？事情是这样的：他用了几个星期的时间去交工人朋友，然后对工人代表做了一场精彩的演说，神奇地平息了工人的罢工，使不少人对他十分崇拜。他所说的都是事实，于是工人们回去工作了。

理解了“一滴蜂蜜比一斤胆汁，粘的苍蝇更多”，那么，在一般生活中也会用友好和谅解的态度来解决问题。马里兰州路德维尔市的盖尔·康纳曾买了一辆新车，但在4个月内他的车子坏了3次。

他说：“如果我和经理讲理或指责他，都不可能有效地解决问题，但我是这样做的。那天，我走进汽车销售厅，去找老板贝特先生。当我被带进了他的办公室后，我先作了一番自我介绍，我告诉他因为朋友的推荐，我买下他们公司的车子。我的朋友们都认为这里价格合理、服务也不错。当他听到这些话，就露出了笑脸。然后我就提到了我的麻烦，对他说：‘我想你对良好的信誉一定极为重视。’他向我表示感谢，并保证一定会解决我的问题。之后，他不但亲自去处理这件事，还在我的车子送修时，主动让我用他的车子。”

古代希腊王克里萨斯宫中的一名奴隶伊索，在公元前6世纪时说了一些寓言故事，流传至今。那些道理，在2500多年前的雅典，在今天的波士顿和路德维尔同样适用。别忘了“太阳和风”的故事，同情、友好和表扬，比来硬的更管用。

“一滴蜂蜜比一斤胆汁，粘的苍蝇更多。”

所以，当你希望你的想法被别人接受时，以友好的方式开始。

学会韬光养晦

真正的智者不会到处招摇自己的智慧，真正的智者往往看上去非常的愚蠢和木讷。汉语词汇中有一个词叫“大智若愚”，在中国能够得到“大智若愚”这样定位的人，那他的一生肯定是极其成功的，甚至从没有失败过。以大智若愚为代表的中国处世哲学有自己独特的一套韬光养晦之道。

韬光养晦的策略首先表现在行动和谋略上，即以静制动、以柔克刚，外在表现得低下、委屈、无能，使人对自己产生厌恶的感觉，放弃对自己的戒心。依靠这种“骗人”的假象减少外界的压力，松懈对方的警惕，而自己则暗中准备，积极“备战”，再瞄准时机，出奇制胜。

“大智若愚”就是要求在平凡中表现不平凡，在消极中表现积极，平凡和消极是为了保护自己，不凡和积极是为了赢取胜利。

三国时，刘备在被逼无奈的情况下投靠了曹操，但曹操始终怀疑刘备的野心不死，对他处处提防，甚至想除之而后快。刘备深知自己的处境，他想了一整套的韬晦之策，并依靠自己的本事一一践行。一次曹操请刘备喝酒，席间谈论起谁是当世英雄的话题。刘备列举了很多名人都被曹操否定了。刘备问曹操心目中的英雄是谁。曹操回答说只有他自己和刘备才是英雄，刘备当时就表现出及其震惊的样子，甚至筷子都掉在地上。那时天正下雨，刘备掉筷子时正巧一声惊雷响过。曹操问刘备怎么了，刘备流着汗说自己是被雷声吓的。从那以后曹操不再提防刘备，因为他认为一个连雷声都害怕的人难成大事，就放弃了对他的戒备。而同时刘备依靠那短暂的时间，积蓄力量，终于成了一支可以分得天下的势力。

大智若愚不是做真正的傻子，韬光养晦也不是做真正的胆小鬼，而是为了最后的胜利而做些表面文章。

韬晦之术是每个人都必须学会的学问。许多成大事者，在成就之前都有韬晦的历史。做个真正的智者，胜利终将属于你。

学会退一步

人生就是大剧场，我们在扮演不同角色时会遇到各色人等。有些人总是对你说些可气的话，做些可气的事，面对那些损人利己的人，我们该怎么办呢？是愤然反击，还是一笑处之，这是一个值得思考的问题。

有人总是主张遇事退一步，退一步海阔天空。这样说有没有道理呢？其实这是一个心灵的选择。我们的生活就像走路旅行，总要遇到一些“两个人争过独木桥”的情形。每当此时，我们最好的选择就是停下来让别人先过去。如果我们每个人心中都常有这种想法，那这个世界就会多一分和谐，少一分纷争。试想，一个人让步的次数是非常有限的啊，让一步，少了一个仇人或对手，多了一个朋友；退一步，少了一分怒火，多了一丝微笑，这对于生命本身是有百利而无一害啊。人与人之间最珍贵的交际就是交心，诚心换来的是真情，坏心换来的则是歹意。

战国时，中山国的国君设宴款待国内的名士。当时做了羊肉汤待客，可准备的量不够充足，不能让在场的人都喝上。当时没有喝到羊肉汤的司马子期感到很是愤怒，他本是个自负的人，认为自己才高八斗，经天纬地，代表身份的羊肉汤竟然没他的份。于是他发怒了，他连夜赶到楚国劝说楚王攻打中山国。楚王当时也闲得难受，就举兵攻打中山国，很快就灭亡了中山国。中山国国君狼狈外逃，身边只有两个人忠诚地追随他，他问道：“你们怎么不弃我而去呢？”

那二人答道：“从前，我们的父亲得到您的恩典而活命，现在我们是替父亲来答谢您的大恩大德。”

中山国国君听后，无比感叹地说：“仇怨这东西啊，不在乎深浅，而在于其是否伤害了别人。司马子期就是一个例子，致我亡国啊。”

人可以吃不饱，可以睡不好，但尊严要是受损，那就会导致火山喷发。我们在为人处世的时候，有时本无伤人之意，却因为一句无意的话伤害了别人，甚至会因为一句无心之语树立了一个敌人。因此谨慎自己的言行是非常重要的。

古时候有个当官的叫张小松，他自幼喜欢下棋，自负是大师一级。他的门人里有个叫吕亮的人，有一天与张小松下棋，一入手便把张小松逼得心神失常，满头大汗。吕亮见张小松已经乱了方寸，就更加步步紧逼，将张小松“杀”了个干干净净，还耀武扬威地说：“你也不过如此。”这句话深深地伤害了张小松的自尊心，他没有说什么，起身就走了。张小松碍于自己的身份，没有和吕亮计较，但他心里一直想着这件事，久而久之就对吕亮产生了憎恨。可吕亮根本没把这件事当回事，认为一盘棋而已，不会影响他们的关系。从那以后，张小松再也不和吕亮下棋，还找了个机会把吕亮赶出了门庭。

吕亮在兴起的时候说了一句无心之话，可他忽略了这句话伤害了张小松的自尊心，最后导致自己被冷落，继而丧失饭碗。

事实证明，我们在遇到必须取胜、无法让步的事的时候，一定要学会给人留一点余地，不要赶尽杀绝。这一点在处理人际关系时非常重要。

学会赞同反对意见

美国总统罗斯福曾说过：“如果我在每天有75%的时候是对的，那是我能够达到的最高标准。”对于一个伟人来说，承认自己对的时候，才占75%，那么我们这些凡人呢？我们又该持怎样的对错观呢？

我们反过来讨论这个问题，我们不能确定我们做的事情是不是对的，但不能否认的是我们做的事情肯定会犯错。在犯错的情况下，你是否喜欢被别人指责呢？答案当然是不喜欢，那么由己及人，我们不喜欢的事情，别人也不喜欢，所以别人犯错时，你也不要指责别人。

富兰克林年轻的时候非常喜欢批评别人的错误，这个毛病导致他得罪了很多的人，给他的事业带来了无穷的麻烦。后来他痛改前非，接受教训，总是试图站在别人的角度为别人着想，应用谋略，让别人赞同自己的看法，从而获得了极大的成功。

他的做法就是不去把自己的想法告诉别人，而是赞同别人的想法，再通过诱导和实践让别人自己认识到其自身的错误，从而接受富兰克林的想法。

同意反对的意见，这是一种行事手段。

在纽约有个出售煤油业专用设备的玛霍尼，有个长岛的主顾向他订了一批货。那批货的制造图样已经确定，但在货物生产的过程中出现了次品。那个买主在朋友的意见下拒绝接收那些货物。玛霍尼就亲自去了长岛，向主顾作了深刻的自我批评，并在图样上作了大量的比较，最后让主顾明白了，是自己的图样出了问题，从而愿意接收那批出了次品的货物。

同意反对意见，这是一种策略，学会这种策略会让你的事业突飞猛进并获得很多朋友。

第六章

头脑要冷静，心态须良好

坚持内心的反省

做事不用心，总是错误叠加错误，然后再去改正。事实证明，世上没有完人，任何人都会犯错误、说错话、做错事。能够认识到自己的错误，并加以改正的行为是修行品质的原动力。反省能够明白自己的错误，悔悟能够加以改变。因此反省当是我们每日的必修课。

你今天学到了什么？在晚上睡觉之前反问一下自己，若觉得自己当天学到了点什么东西，就上床睡觉，养成这样一个习惯能刺激我们不断地吸取新知识，产生新思想，不断进步。

我们常说的反省其实就是一种自我审查的行为，曾子曾说："吾日三省吾身。"意思是每天考察自己三次，也就是反省三次。检讨自己的言行，看一看有没有要改进的地方。反省是一个人认识自我的过程，是修正自身行为轨迹的行为，是进步的动力。因为人无完人，人总会犯错误，所以人就必须学会反省自己。通过反省，知晓自己的缺陷，弥补自己的不足，向着完美靠近。

"吾日三省吾身"，这不是一般人都能做到的境界，但时时提醒自己反省是我们每个人都能做到的，而且我们要从如下几个方面反省我们的自身：

首先是要正确对待反省这一问题，认识到这是有利于自身的行为。反省是认识自我、发展自我、完善自我和实现自我价值的最佳方法。

其次是心灵盘点，给自己做个总结，吸取精华，去掉糟粕，改进不足，加强长处。

最后是反省方法，认识到自身的问题，或者扪心自问，或者面壁自责，这是很好的反省方法。

反省的方式多种多样，个人有个人的方法。只要我们都关注自身的发展，认知自身的缺陷，修养自身的正义，我们的成功之路就会越走越宽广。

冷静面对不如意

古龙先生有句名言是:“人生几许失意，何必偏偏选中我！”人生就是这样，不如意事十有八九，在生活和工作中，总是会碰到各种各样的变态之人，比如无事生非的人、嫉贤妒能的人等，还会碰见各种黑暗的事情，像以权谋私、以势压人、阴谋诡计、欺骗虚伪等。也许你很善良，一生谨守着自己的信条和良心，但是你的行为没有给你应当的回报，面对这些，你该怎么办呢？是一如既往地坚持自己的准则和善行，还是随波逐流加入虚伪的变态大军？这确实是一个难办的问题。但我们应当知道，这个世界就是这样，人性本来如此，破坏先于建设，平庸攻击创造，愚蠢陷害精明。你在工作岗位上表现出色，伤害的是小人的自尊心，他们认为你鄙视他们，就会千方百计的陷害你，面对这些，我们只有坦然处之，以不变应万变。

一般情况下我们碰到不尽如人意的人和事后总会慨叹世情的险恶，慨叹之后，我们应该如何对付这种险恶呢？

有的人采取以暴易暴的做法，即痛恨险恶，仇恨相向，认为自己是出淤泥而不染的青莲，整天咬牙切齿，诅咒谩骂。这样做是不可取的，因为这样的话自己本身就陷入恶的行为了，和邪恶无异。

有的人满腹疑惑，开始愤世嫉俗，总以为别人会时刻陷害自己，开始患得患失，犹豫不决，生怕吃亏上当，其结果很可能造成多次吃亏，而且还丧失友谊和机会。

我们怎么做才能保持自己的正义不变，同时应对险恶呢？这就取决于你的态度和行为了。我们可以努力做到心平气和，冷静理智，对那些对你心怀敌意或者陷害你的人，你要反躬自问，考察自身的毛病，想办法化解这种仇恨和陷害，设身处地地解决问题。

有句话叫见怪不怪，其怪自败。一切个人的嫉恨怨毒，一切鼓噪生事，一切签名告状，流言飞语在一个相对稳定的形势下不会有太大的作用。你的应对之法就是正常动作，平稳反应，保持美好心态，不受干扰，让各种事务按部就班地进行。这样你就能平稳的面对一切，战胜一切，获得成功。

不要在失败后倒下

人生就好像杯水，一杯是苦水，一杯是甜水，这两杯水选择了我们，因此我们不得不喝。唯一不同的是不同的人选择喝苦水或者甜水的先后顺序不同。一般情况下，成功人士大都是先苦后甜，大多数平凡的人先甜后苦。

苦，也就是挫折和磨难；甜，也就是成功和快乐。这个世界上的任何一个人在走向成功的路上都不会是一帆风顺的，都难免要走些弯路，遇到些苦难和挫折，甚至要付出很多痛苦的代价，那就是彻底的失败。

失败是每个人都要经历的，成功者之所以叫成功者就因为他们在失败后能迅速的站起来，并总结经验开始新的征程，并取得成功。而普通人则就此失败，一蹶不振，再无东山再起的斗志。

有些炒股的人开始的时候总是赚个盆满钵满，可经历一次失败之后，就产生了一朝被蛇咬，十年怕井绳的想法，从此远离股市，不再参与。可当时的股票环境非常好，可以说是买什么赚什么，但就因为他的心理造成了他不敢再次出手的结果，导致自己的生活一天不如一天。

人生在世，失败在所难免，只要在失败中吸取教训，抱定大不了从头再来的信念就可以成功，而且每个人都会成功。

伟大的发明家爱迪生是在无数次失败后才成功地发明了电灯。事实证明，失败并不可怕，可怕的是失败后怨天尤人，不思进取。俗话说：“失败是成功之母。”没有从失败中吸取教训，就不会有成功的出现。

只要是人，那他在发展的过程中，就会犯错误，都会遭遇某种程度上的失败。一个真正渴望自己在人生事业方面有所发展的人，就会从失败中找出原因。不再犯同样的错误，他就会成为一个成功的人。

人要有自知之明

人的劣根性之一就是不能正确给自己一个定位。有人眼高手低，有人好高骛远，有人刚愎自用，有人自暴自弃。古时的先贤曾说过一句至理名言：人，贵有自知之明。

老子曾说："知人者智，自知者明。"这告诉了我们这样一个做人的道理：首先，做人必须有自知之明。其次，对自己要有个正确的定位。不要妄自菲薄，也不要骄傲自大。

有个故事叫邹忌比美，说战国时，邹忌身高八尺，长得玉树临风。他是齐威王的"左右手"，威名满天下。

有一天，邹忌要和城北的徐公比美。一大早，他就梳妆打扮，然后对着镜子自照。他欣赏着镜子中的自己，问自己的妻子说："如何？我帅吗？"他妻子满脸温柔地说："帅，迷死人了。"邹忌又问他的妾说："你说，我好看吗？"妾一脸平静地说："好看。"不一会，有人来拜访邹忌，邹忌前去接待，趁机问客人说："您看我长的如何？"那人一脸媚笑地说："您是当世的第一美男子。"邹忌很是高兴，一人说自己漂亮也许是假的，但三人都是假的吗？于是他觉得自己肯定比徐公漂亮。晚上时，徐公到了邹忌的家，邹忌一见之下，大吃一惊。那徐公无论是身段、长相，还有气度都比自己高出一截。送走徐公后，邹忌陷入了沉思，最后他醒悟到：自己的长相也就那样，妻子说自己漂亮是因为爱，妾说自己漂亮是因为怕，而客人说自己好看是因为势利。自己真的漂亮与否，还要看自己的态度，见到徐公后，知道了自己并非漂亮。做人要知人自知，才能不受蒙蔽啊。

第二天，他把这番明悟告诉了齐威王，齐威王当时就表示赞同，并开会表示以后要自知自明，不再轻易受人蒙蔽。

不自知就会遭人蒙蔽，不自明就难以明白真相，这是血的教训。我们要自知自明。知道无论你的成就有多高，一定要清楚天外有天，人外有人。

小不忍则乱大谋

中国有句古语叫："小不忍则乱大谋。"而清代的傅山却说："当愤怒达到限度时，就很无法克制，除非'天下大勇者'便不能做到。"那么面对激怒我们的人和事情，我们该怎么办呢？是大吼一声，该出手时就出手，还是忍下来等待胜利后再报仇呢？其实二者都不对，我们讲"小不忍则乱大谋"，我们的目的无非是获得成功，为了这个目的我们必须要忍，而且要忍得住，等到了成功了也不能去报复，因为学会了忍的人在成功后更懂得"和为贵"的道理，那才是真正的成功者。傅山所说的"天下大勇者"就是这个成功者，所以我们都要努力让自己变成"天下大勇者"。

秦时，张良外出，一天走到下邳桥上，看见一个老人坐在那里，他见张良过来，故意把鞋子扔到桥下，然后对张良说："你去把我的鞋子捡回来！"张良一听就怒了，心想："老子做了你。"可是他再琢磨一下觉得事情不对劲，自己不认识这个老人，兴许他有什么阴谋要激怒我，我偏不遂你的意。于是他很自然地走到桥下捡回了老人的鞋子。不料老人又把鞋子扔到了桥下，依旧让张良去捡，张良耐住火气，捡了回来。这样扔捡了三次，老人满意地点了点头，对张良说："你是个可教的孩子。我传你救世的学问，你要拯救苍生。"接着教授了张良《太公兵法》，张良借此成就了一番伟业。

张良的故事告诉我们一个道理，能忍者能得天下，忍就是一种自我克制的修养，可以压制愤怒和欲望，从而变得冷静。人都有七情六欲，遇到外界的不良刺激时就难免情绪激动，使我们丧失冷静和理智，使我们不计后果地行事。因此，我们在遇到事情时，在面对人际矛盾时，要学会克制，学会忍耐，不要像炮捻子，一点就着，而应该像俗话说的那样：忍一忍心平气和，退一步海阔天空。

掌握“刺猬理论”

西方有一种“刺猬理论”讲的是，天冷时，两只刺猬就会彼此依靠，凑在一块取暖。但它们却总是保持着一定的距离。因为，它们要是靠得太近的话，它们身上的刺就会刺伤对方。只有保持这种若即若离的尺寸，双方才能感受到温暖而不被伤害。

如果双方距离太近，那就会刺伤对方，可在我们的意识里，人与人密切相处不是一件坏事，朋友就应该亲密无间。但我们却也能经常看到这样一种情况，两个亲密无间的朋友，在经历了过分的亲密后翻脸为敌了，而且是绝交，誓死不相往来。这是怎么一回事呢？俗话说：“过俭则吝，过让则卑”，任何事情太过分了就会向相反的方向发展。男女之间感情过于浓烈就会分手，朋友间的关系过于亲密就会疏远，这是定理。在现实生活中，这种“亲则疏”的现象是较为普遍的，越是亲近的人，被伤害的可能性就越大，由此产生的怨恨就越深，历史上兄弟相残、父子交兵的事件屡见不鲜。中国有句古话叫“亲善防谗”，讲的是和君子结交就不能太过于亲近他，否则会引起小人的嫉妒和诽谤。因此，朋友之间不可以过密，上下级之间不可以过亲，否则就会造成彼此的伤害。

保持距离不是让我们和朋友疏远，正所谓君子之交淡如水。如果和朋友的距离太远了，那就会造成彼此情感的割裂，所以控制好距离是最关键的，距离所产生的美是无可比拟的。

凡事都要有个“度”，任何事物走向极端就会向相反的方向发展。“刺猬理论”中的相处适度原则就表明了这个道理，也是交际的真谛。在人际交往中，亲密一旦达到过分的程度就意味着疏远的开始。所以，为了避免这种过分亲密而带来的危机，就必须在心理上保持一定的距离，在经济上保持相对独立，在行动上不形影相随，要把握“刺猬理论”中的相处适度原则，保持一种“若即若离”的状态。这样就能保持住朋友间的友谊，情人间的亲密，获得最大的快乐。

向着美好前进

一位知名的心理学家曾这样教导自己的学生："如果有一位美女在这里，她长得国色天香，而我给你们每个人一个500倍的放大镜去观察她，你们看到的一定不是她的美。因为你们拿着500倍的放大镜去观察美女，你们看到的只会是坑坑洼洼、凹凸不平的一张难看的脸；放大镜不是用来看美女的，是用来看远处的一座高山的，那山看上去绿葱葱，仿佛人间仙境。这告诉我们，向着美好的东西看，才是获得快乐的正途。"

正如心理学家所言，在我们平时的人际关系中，总是有人拿着放大镜看人，看得对方原形毕露、一无是处，这样一来自己也就交不到朋友。如果我们能够拿着放大镜，但始终都能欣赏到别人的美好一面，那么我们的性格在别人看来就是不拘小节，这样就会知交满天下，从而无往不胜。放大镜这个东西并非没有作用，拿在手里应该时刻看清自己。严于律己，宽以待人不是一句空话，一个人，只有懂得如何欣赏和赞美别人，才不会被别人冷落，才能够有足够多的朋友和尽可能少的敌人。

唐代时有一个木匠出身的人，技能极差。他连床都修不好，可他却到处声称自己能造屋。一次大诗人柳宗元把他找到家里，让他造屋，为的是看看他到底能不能造屋。那位老兄开始了工作，只见他找来工人若干，然后发号施令，指挥若定，众多工匠在他的指挥下奋力做事，屋子很快就造好了，柳宗元对此大为惊叹。

唐朝这个木匠的手艺不好，按说应该是个没有本事的废物，可他的团结能力和实际指挥能力又让他成了一个能人。我们该怎么看待这个人呢？常言说："水至清则无鱼，人至察则无徒。"意思是看一个人要看其长处，不能光看其短处，如果你能够始终以欣赏的眼光来看待身边的每一个人，那么人们就会因为受到你的尊重而备感振奋。

别把自己太当回事

有这么一则故事，讲的是两只大雁和一只青蛙成了莫逆之交，好得无可名状，可美好的时光总是过得太快，转眼间春去秋来，大雁耐不住寒冷要南飞了。这可怎么办，三个家伙在那哭啊，因为分离多痛苦啊。只听青蛙哭着说：“都怪我，我要是能长了翅膀多好，就和你们一起上天。”两只大雁听后也是黯然神伤。突然，青蛙说：“有办法了，你们每个嘴里衔住一根树枝，然后我自己咬住树枝，这样不就能随你们高飞了吗？”

三个家伙说干就干，青蛙真的随着大雁飞了起来。它们飞啊飞啊，快乐得无可名状。有一天，一只小鸟看见了它们，惊讶地问：“这是谁想出的方法啊，真聪明。”青蛙一听就激动了，当即张大了嘴巴说：“当然是我。”可它话没说完，就掉下去摔成了青蛙饼，空留下两只傻雁在那哀伤，最后无奈地南飞去了！

这个故事告诉我们做人要抱着一颗平常心，别把自己放在风口浪尖上，也就是说，别把自己太当回事。把自己太当回事了，最后就会像青蛙一样，死得很惨，而且别人还像大雁似的展翅飞去，自己什么都得不到，还得损失很多。

中国处世学问里有中庸思想，很重要的一点就是别把自己太当回事。古代的唐太宗是个践行这一思想的人。

魏徵敢于直谏，是唐太宗的得力助手。魏徵的直言敢谏是出了名的，连太宗都害怕。魏徵特别关心太宗的私人生活问题，总是抓住这点进行劝谏，弄得太宗好不难受。你想啊，身为一个皇帝想包个二奶都有下属管着，谁不恼火？

话说有一次，唐太宗外出巡游，走到洛阳，因为接待的官员的供奉差了一点儿，他便对其大加斥责。魏徵听说后，就来了气，心说：“看我不谏死你。”他当即晓之以情，动之以理，说得太宗是无地自容，可巧太宗这人本身就是低调做人的典型，被魏徵一说就改正了。他还表扬魏徵，并说：“人啊，不能把自己太当回事，否则就会犯下大错，亏了我有魏徵时刻提醒，否则有多少好官会含冤啊。”

唐太宗身为帝王尚且如此，我们这些凡人又该如何呢？所以说，不把自己太当回事是成就伟业所必须的，是获得成功的前提，抱着一颗平常心才能获得满足和成功。

找出被冷落的原因

人际交往，要注重经常沟通，只要热情不减，自可化解交际中的各种阻碍和坚冰。遭人冷落本是令人沮丧的事，出现某些抱怨、激愤、对抗情绪是非常自然的事情，但要走出这种不利境地，就不能任这些情绪发展，而要坚持诚恳待人，始终热情洋溢，给人以深深的感染。对方会以诚待诚，转冷为热，给你以应有的回报。比如大家都不自觉地孤立你，而你却诚恳地对待大家，你的行动和姿态，会让人对你进行新的认识，并抱着欣赏的心态看待你。此时你的处境便会得以改观。

孙青女士和丈夫吴刚都是在北京打工的，由于都是独自在异乡拼搏之人，谈恋爱时互相扶持，感情非常好。婚后，过年过节时孙女士才有机会跟着丈夫回南方的婆婆家，这时她发现丈夫与婆婆不和。这令孙女士感到尴尬和不解，她觉得丈夫在这方面做得很不好，何况婆婆中年守寡，独自将他带大，他更不应该对母亲如此疏远与冷漠。

另外，孙女士还发现，吴刚与他姑妈的感情特别好，情同母子，有什么不开心的事都愿意跟姑妈诉苦。在公司受了委屈，或者有关事业上的抉择，投资时的决策，他都会先跟姑妈商量，决定后再告诉孙女士。孙女士无法理解为什么丈夫对姑妈比对自己的妈妈还好，甚至把姑妈放在妻子之前，为此，她有时也不免产生怨恨情绪。

孙女士为人正直，爱打抱不平，并且颇有家庭观念，她觉得婆媳关系是很重要的，也是最应该相处好的，但是丈夫却毫不支持她的行动。

为此，孙女士不由得跟丈夫的表姐诉苦。表姐听后说，据她所知，舅舅从前与她母亲感情很好，当舅舅早逝之后，吴刚便将对父亲的感情转移在了她母亲的身上。而舅舅、舅母本来感情就很平淡，所以她母亲也就兼具表弟父母的角色，给予他最多的爱与关心，他与姑妈的感情自然就很融洽亲密。

表姐接着指出，孙青嫉妒姑妈的想法不对，是未能以同样的心情去感受丈夫成长历程中的缺陷及其所需要的爱，以及从姑妈身上所得到的爱心与慰藉。所以，孙青应先了解丈夫的感觉，对其给予支持与鼓励，跟丈夫站在一条线上，尊敬姑妈，让丈夫高兴。毕竟姑妈是长辈，敬重长辈总是一件小辈应做的事情，这样又可以增加自己婚姻的稳固性，增进感情，何乐而不为呢？

孙女士听了表姐的建议后，大受启发。她首先着力于建筑牢固的夫妻感情，让丈夫真正感觉到不被妻子扯后腿，有一种家的安全感，然后就开始试着去引导丈夫对自己的母亲好一点。在孙女士的推动之下，母子间的互动逐渐增加，丈夫幼时的缺陷逐渐得到弥补，与母亲的关系也逐渐恢复正常，与姑妈的关系更是愈来愈亲密。一年以后，小夫妻俩有了下一代，新生命的诞生为这个大家族又添加了无数的生机与快乐。有了孙女士这个“催化剂”，终于成就了“家和万事兴”。

在生活中，有着高逆境商的人大都是善于沟通思想的人。在我们生活的社会中，人与人之间的交往需要良好的沟通，否则便会相互隔膜，产生矛盾。我们应及时剖析自己，帮助对方提高认识，增进了解，理顺双方关系，对方会认同你，善待你，会不自觉地接受你，走近你。

做事前先说服自己

大富翁巴菲特之所以能够取得非凡的成功，在于他对事情独立、理智的思考，他相信自己的判断。他在每次投资之前总要先说服自己。

在创造财富的过程中，投资家沃伦·巴菲特与众不同。他白手起家，在几十年内积聚了数百亿美圆的财富，是全世界屈指可数的大富豪。他致富之道并不是在华尔街从事翻云覆雨式的投机活动，而是依靠老式的长期投资。他之所以能够取得成功，主要在于坚毅、理性和自律的性格。巴菲特说，投资成功并不需要过人的智商。

巴菲特是证券经纪人之子，从小就生财有道。一名友人说，巴菲特5岁就在奥马哈老家门前人行道上摆摊儿向路过的人卖口香糖。后来又从清静的自家门前移到行人较多的朋友家前面，售卖柠檬水。朋友说，他想的不只是赚零花钱，而是要致富。他在念小学时，就宣布要在35岁之前成为富翁。

他曾在当地高尔夫球场上搜集可以卖二手的高尔夫球；朋友记得和他一起到奥马哈赛马场，在地上找人家无意中随手丢掉的中奖票根；他在祖父的杂货店批购汽水，夏夜里挨家逐户地推销。青少年时他送报纸，每天早上送近500份，每月收入175美圆(在当时，许多全职工作的成人也不过赚这么多)，然后原封不动地把每个月的薪水存起来。他经常埋首苦读《赚取1000美圆方法1000种》，这是他最爱的书。

他迷的是股票，正如别的孩子迷飞机模型。他把股价制成图表，观察涨落趋势。他11岁首次买股票，买了3股每股38美圆的“城市服务”优先股，升到40美圆时脱手，扣除手续费后，净赚5美圆，这是他在股市的首次收获。

他14岁时，用1200美圆积蓄买了内布拉斯加州几十万平方米农田，然后把它租给农民；21岁时，巴菲特从各项投资中赚了9800美圆，他日后赚进的每一块钱，几乎都源自这笔资金。

17岁时，巴菲特在宾夕法尼亚大学沃顿商学院就读两年，后来又转到内布拉斯加大学，均成绩优异。他一面攻读商科和金融，一面工作不懈。后来他进入哥伦比亚大学商学院，得到著名教授本杰明·格雷厄姆的启迪，对投资之道就此开窍。格雷厄姆首开风气之先，以规律作为选择股票的依据，不玩投机把戏。

格雷厄姆认为，若仔细研究公司发表的数据，分析它的收益、资产、成长率，就可以发现该公司市场股价之外的实际价值。诀窍是：在股价低于公司实际价值甚多时买进，并估计股价必会在市场里调整到应有价格。用巴菲特自己的话说就是：“别人小心谨慎的时候，你要贪；别人贪的时候，你要谨慎。”

1951年大学毕业后，巴菲特对《史坦德—普尔股市指南》手不释卷，寻找格雷厄姆所谓的“雪茄烟头”股，也就是几乎不用花钱就能买到、但还有一些赚钱能力的股票。他投效格雷厄姆纽约的投资公司，至1956年，个人财产已从9800美圆增至14万美圆，是回奥马哈自己创业的时候了。

1956年，巴菲特和妻子苏西在他祖父的杂货店附近租了一幢房子，召集了7名近亲好友为小股东，以105100美圆创业，成立了巴菲特联合企业公司。1962年，他已拥有多家不同的企业，总资产将近720万美圆，其中100万美圆属于巴菲特夫妇。两年后，他管理的公司总值2200万美圆，他个人的资产净值近400万美圆。

巴菲特的研究狂热，使他在投资人中显得卓尔不群。他阅读枯燥的企业书籍，就像小孩看漫画一样起劲。看报纸的金融版，他每一行都不放过。朋友对他的股市知识心悦诚服，认为没有人比得上他。向他请教他总是谦和而言简意赅地说，不要一窝蜂跟着别人抢购，要根据事实，别人不会告诉你哪些股稳赚不赔，你一切要靠自己。

巴菲特能独立思考，又能专心致志于事业，使他如虎添翼。在奥马哈，每到黄昏，他会去商店买份刊有股市收盘价格的当地晚报。回到家，又阅读一大叠公司年报。他曾对朋友说，有些人热衷于研究棒球资料或马经，而他的嗜好则是更多的赚钱。

巴菲特从来不信理财顾问所说的话，他说："假设手上有100万美圆，如果尽信内线消息，一年之内就能破产。"考虑哪种股票值得投资时，巴菲特得先说服自己。他很早就体会到相信自己的判断最为重要。

保持平常的心态

有一个几乎所有受欢迎者共同拥有的特质，那就是沉着冷静，他们很少发火。他们脾气温和，似乎已超脱世俗纷争之上，轻易不与人争斗。

他们生活态度积极，有幽默感，与之相处，是一种乐趣。在美国加州，萨迪·邦克夫人已65岁了，却仍被别人称誉为"飞行祖母"。3年前，她决定当一名职业飞行员。因而，她不停地学习、训练，终于拿到了执照。现在她开着自己的飞机，四处旅行。最近她通过了各项考试，取得了驾驶波音飞机的资格。

她说："依我所见，每人都应拥有一架飞机。"当她心情不好时，她便驱车去机场，把飞机开到2000多米的高空，周围的一切立即变了样。她说："当你在高空俯视大地时，万物变得非常可爱，甚至连地面的人也很不一样。"

虽然我们无法在心情烦躁时都去驾驶飞机飞向高空，但是我们可以运用积极的思想提高心灵境界，超越世俗纷扰。你的心境愈高，就愈不容易受外界影响，别人和你相处，也越感到高兴。所以，你应该让自己随时保持超凡脱俗的心境。

当你受到批评时，你是让批评激怒你，伤害你的感情，令你发火，闷闷不乐呢；还是欣然接受，处之泰然，因而获得别人的好感呢？一个人如果努力去尝试，他一定可以处理这类问题。

美国历史上最受人尊敬的人物之一是前总统赫伯特·胡佛。有人向他提了这样一个问题："你一度成为美国人批评的中心人物，几乎所有的人都反对你，对你的言行举止嗤之以鼻。但是现在你是美国政界的元老，两大政党的人都对你十分尊敬，当你广受大家争议时，你有没有感到生气，进而扰乱你的目标？"

"每个人一生都需运用自己的头脑。当我决定从政时，我已仔细思考过从政对我意味着什么。我已掂量过将付出的代价。

"我清楚地知道我将遇到最尖锐的批评。尽管这样，我仍决定走上从政之路。所以，当我碰到尖刻的批评时一点也不感到惊讶。我早已预料会有这种事，果真不假。这样，我能够平静地面对批评。"

保持平常心，我们便能以正确的心态积极面对批评。如果你心中已作好准备，当批评到来时，你便能泰然面对它，而不会受到任何伤害。

当别人与你意见不一致或批评你时，无论如何，尽量以你的表情、眼神和行动表明你爱他。

应付批评的最有效的方式之一就是像《圣经》中所说的那样："要爱你的仇敌，为那逼迫你的人祷告。这样就可以做天父的儿子，因为他叫阳光照好人，也照歹人。降雨给好人，也给不义之人。"

当这些话被付诸实践之后，你会发现它有相当神奇的效果。它可以使你在面临他人不善的言行时，仍保持一颗平和与宁静的心，而别人看你如此善意处理问题，当然也会本能地站在你这边。如此你便可以成为别人喜欢的人。

事实上，人皆有同情心，都会同情落魄之人，除非他遭到众人的一贯攻击。如果被批评的人都能默默接受，毫无怨言，以德报怨，以爱待人，那么他赢得朋友的速度比批评者给他树立敌人的速度还要快。要爱你的敌人，并且要善待他人，实为获得他人敬重的最好的方式。

恨一个人很容易，消极沮丧很容易，接受失败和过低水平的生活亦很容易。但这也是失败和痛苦的，因为除非我们真正去爱他人并接受自己，否则我们不会感到真正的快乐。

一天，陆军部长斯坦顿来到林肯那里，很生气地对他说，一位少将用侮辱的话指责了自己。林肯建议他写一封内容尖刻的信回敬那家伙。

“可以狠狠骂他一顿。”林肯说。

斯坦顿立刻写了一封措辞强烈的信，然后拿给总统看。林肯看后说：“斯坦顿，真写绝了，要的就是这个！”

但是当斯坦顿把信叠好装进信封里时，林肯却叫住他，问道：“你要干什么？”

“寄出去啊！”斯坦顿说。

“不要胡闹，”林肯说，“这封信不能发，快把它扔到炉子里去。凡是生气时写的信，我都是这么处理的。这封信写得好，写的时候你已经解气了，现在感觉好多了吧，那么就请你把它烧掉，再写第二封信吧。”

保持心灵的平衡

成功者的经验表明，人生的结局是好是坏，往往就在于能不能在困境中坚持一下，能否保持心灵的崇高与神圣。只要在心灵中还有一块“净土”，精神上还有对崇高的追求，一个人总还有希望的。

现实生活中，很多人的内心世界或多或少地都有一些不平衡心理。比如，在你认识的人中，某人赚了钱，某人升了官，某人买了车，某人盖了别墅……而你自己本来比他们强，却不如他们风光体面！这样对比就产生了心理上的不平衡，而这种心理不平衡又驱使着你去追求一种新的平衡。倘若在追求新的平衡中，你能不昧良知、不损害别人，自觉地接受道德的约束和限制，通过正当的努力、奋斗去实现人生的自我价值，达到一种新的平衡，这是值得称道和庆幸的；倘若在追求新的平衡中，不择手段，毫无廉耻，丧失道义，膨胀自私贪欲之心，让身心处于一种失控的状态中，那么就必然会产生一些意想不到的可怕后果，如此，你的人生必将陷入难以回旋的逆境之中。

在生活中，因得到一点东西就兴奋狂跳，因失去一点东西就捶胸顿足的人，本身就有一种不健康的心理，这是只顾眼前利益，不重未来发展的表现。人的一生，难免有低潮之时，有不尽如人意的阶段，甚至身陷环境恶劣的氛围中。此刻，你稍不留意，心神稍不稳住，便会沉沦下去，与周围的恶劣环境、卑鄙之人同流合污，那就等于是害了你自己的一生。

张某原先曾是个表现不错，也很有能力的官员，因政绩突出不断受到提拔。但在最近这几年，当他得知过去的同事、同学通过各种途径生活条件都比他好时，心里总不是滋味，想想自己能力比他们强，职位也比他们高，可收入却没他们多。而且自己作为一局之长，担子比他们重，责任比他们大，工作也比他们辛苦，经济上却不如他们，深感不平衡。由此也就有了一定要超过他们的想法。于是在他任职期间，开始大肆地收受贿赂。这样，他思想上警惕的闸门在不平衡心理的驱动之下终于倾斜了，欲望的洪水倾泻而下，一发而不可收拾，最终成了一名“死缓”的囚犯。

可见，不平衡使得一部分人的心理自始至终处于一种极度不安的焦躁、矛盾与激愤之中，令他们牢骚满腹，不思进取，工作中得过且过，和尚撞钟，心思不专，更有甚者会铤而走险，玩火烧身，走上危险的钢丝绳。因此，我们必须要走出不平衡的心理误区，否则，就会在逆境中越陷越深。因此，在困境中，你一定要心有所主，精神上要保持住一块“圣洁之地”，时时警戒自己，在此基础上聚积能量，努力摆脱困境，最终达到较好的生存状态。

要保持心灵的平衡，“不以物喜，不以己悲”，用在我们的生活中也是一剂灵丹妙药，这种心态的优势是专注于自己的事情，不因一时的得失而前功尽弃。

乐观者掌控未来

乐观是一种天真做人的态度。

养成乐观的习惯，将使你成功的机会大为提高，否则将使你掉入失败的深渊。

20世纪80年代中期，美国某保险公司曾雇用了5000名推销员，并对他们进行了培训，每名推销员的培训费高达3万美圆。谁知，雇用后的一年就有一半人辞职，四年后这批人只剩下了五分之一。

该公司向宾夕法尼亚大学心理学家、以提出“在人的成功中乐观情绪的重要性”的理论而闻名的马丁·塞里格曼讨教，希望他能为公司的招聘工作提供帮助。

塞里格曼教授认为，当乐观主义者失败时，他们会将失败归于某些他们可以改变的事情，而不是某些固定的、他们无法克服的困难。因此，他们会努力去改变现状，以争取成功。

塞里格曼教授对公司招聘的1.5万名新员工进行了两次测试，一次是用该公司常规进行的以智商测验为主的甄别测试，另一次是塞里格曼教授自己设计的对被测者乐观程度的测试。而后对这些员工进行了分类的跟踪研究。

在这些新员工当中，有一组人没有通过甄别测试，但在乐观测试中，他们却取得了“超级乐观主义者”的成绩。

跟踪研究的结果表明：这一组人在所有的人中工作任务完成得最好。第一年，他们的推销额比“一般悲观主义者”高出百分之二十一，第二年高出百分之五十七。

从此，塞里格曼教授的“乐观测试”成了该公司录用推销员的一个重要手段

我们很多时候都会特别在意别人对自己的感觉。诸如自己穿了件时装别人会怎么样认为；自己的某个动作别人会如何看待；甚至自己不小心说出了一句什么话，也会后悔不迭，总担心别人会因此对自己有看法。

生活在别人的眼光中，是非常累的，并且会对自己的情绪有负面影响。

契诃夫的小说《小公务员之死》中，那个可怜的小公务员看戏时不幸与部长大人坐到了一起，把唾沫星子弄到了部长大衣上，他就变得神经质般的惶惶起来。无论他如何解释，部长大人好像都没有原谅他的意思，这个小公务员在巨大的精神压力下，竟然一命呜呼了。

当然这是文学作品。但在生活中，也同样有人把不经意的小事装在心里寝食不安，影响自己的情绪。

生活中小小的失误就且由它去吧，重要的是学会轻松地生活，以一种乐观的态度对待事物。

每天利用几分钟的时间，想象明天、下一个星期或是明年，都可能发生许多愉快的事情，不要对未来烦恼或忧虑。多想想美好的事情，你会在不知不觉中计划实现它们。如此一来，你就养成了乐观的习惯。

任何一个伟大的领导者或成功的人都不会悲观。

人们不可能追随一个以绝望及挫败为目标的领导者。即使在美国南北战争陷入僵局的时期，双方的领导者林肯及李将军，都深信美好的日子就要到来。

你已经生活在人类历史上最美好的社会、经济及政治体系中，难道比不上那些历史人物的乐观吗?

记住，要物以类聚地运用人际关系。乐观的人会鼓励乐观的人，就像成功会吸引更大的成功。悲观式的否定态度，不用任何言语或行动，就能使你摆脱不了忧虑与困扰。

乐观本身就是一种成功。因为它表示你拥有健康、生活心安理得。

一个极度富有的人，可能因为过于悲观而身患癌症，在精神上他是失败的。

盲目地相信船到桥头自然直并不是乐观，而是无知。

乐观是一种坚定的信念，使你具有前瞻性的远见，根据合理的判断，作出适当的决定，因此每一件事都能水到渠成。

1928年，发生严重的经济危机之前，有一群过分乐观的人，不相信泡沫经济已经破灭。有识之士呼吁政府防止通货膨胀及投机的行为，还被讥为“过分悲观”。

经济持续低落，过分天真的“乐观者”损失惨重。他们失去从挫败中求取胜利的勇气，事实证明这些人才是真正的悲观者。

而有远见的人能够面对现实，采取适当的因应措施，例如抛售股票或债务，因此得以绝处逢生。他们才是真正乐观的人。

你可以成为真正乐观的人。

面对未来，理智地分析及评估各项因素，然后决定你的行动，让一切如你所预期。未来都在你的掌握之中，你将无所畏惧。

在第二次世界大战中，有一位被美军捉到、关入牢里的日本兵，他和很多被俘虏的日本兵都深信“援军迟早会赶来救人的”。

但援军始终都没有赶来，因此俘虏们渐渐焦虑不安，甚至有人因十分气馁、憔悴不堪而死。

而他想：“原本我们是处于战死也不令人奇怪的状态下，但现在当了美军的俘虏，至少可以避免战死。当然，既然当了俘虏，就不知道何时会被杀，不过目前应该还没有问题。因为现在还这样活着，而且也还给我们饭吃，仔细想想还真是值得庆幸。”

人总有一天是要死的，既然如此，在活着的时候想些有趣、快乐的事比较好。

环顾四周有很多美国人，因此他就产生了“在这里学点英文也好”的乐观想法，不知不觉中变得能和美军的看守交谈了。

不久，大战结束，因为看守兵帮忙说好话，他因而能最先从牢中被释放出来。回国后，他又担任大阪英语实习班的授课老师。因为他在坐牢的时候，已把英语学得精通了。

为了不知道到底会不会发生的事而忧心忡忡，不但浪费了时间，更使人变得索然无味。不必愁眉不展的去担心未来的事，把握当下，积极快乐地生活，人生才显得更有价值。

缺乏热忱，难以成大事

热忱是天真做人的保障，如果缺乏热忱，就难以成大事。

一位受邀演讲的人，原本只预定演讲45分钟，都足足讲了两个多小时还欲罢不能。演讲结束时，在场的1万名听众起立鼓掌达5分钟之久。

到底是什么精彩的演说内容，得到这么热烈的回响？

他演说的内容，还不及他演说的方式重要。听众是被演说者的热忱感动，大多数人根本记不清楚他说了些什么。

法国英雄圣女贞德凭着一柄圣剑和一面圣旗，外加她对自己使命坚定不移的信念，为法国的部队注入了即使国王和大臣也无法提供的热忱。正是她的热忱，扫除了前进道路上的一切阻碍。

一旦缺乏热忱，军队无法克敌制胜，艺术品无法流传后世；一旦缺乏热忱，人类不会创作出震撼人心的音乐，不会建造出令人难忘的宫殿，不能驯服自然界各种强悍的力量，不能用诗歌去打动心灵，不能用无私崇高的奉献去感动这个世界。

也正是因为热忱，伽利略才举起了他的望远镜，最终让整个世界都拜倒在他的脚下；哥伦布才克服了艰难险阻，领略了巴哈马群岛清新的晨风。

凭借着热忱，自由才获得了胜利；凭借着热忱，莎士比亚才在纸上写下了他不朽的诗篇。

美国著名社会活动家贺拉斯·格里利曾经说过：“只有那些具有极高心智并对自己的工作有真正热忱的工作者，才有可能创造出人类最优秀的成果。”

萨尔维尼也曾经说：“热忱是最有效的工作方式。如果你能够让人们相信，你所说的确实是你自己真实感觉到的，那么即使你有很多缺点，别人也会原谅。最重要的是，要学习、学习、再学习。你一定要热忱，否则，再有才华也会一事无成。”

吉宁斯·鲁道夫的热忱，使他在政坛平步青云。鲁道夫自西弗吉尼亚沙朗大学毕业之后，以压倒性的胜利，击败经验丰富的对手，当选国会议员。

由于他成功地整合其他国会议员，罗斯福总统特别重用他，让他主导战时的特别立法。

在华盛顿的一群教授所进行的一项调查中，罗斯福和鲁道夫获选为当时最受欢迎的政治人物。鲁道夫的热忱与无比的魅力，使他的受欢迎程度还超过总统。担任14年的国会议员之后，鲁道夫决定转入企业。

他担任首都航空公司总裁的助理，当时公司的收入正出现赤字。不到两年的时间，他发挥自己无可抵挡的魅力，使公司的获利超越了其他的航空公司。

提到鲁道夫的亲和力，首都航空公司的总裁说："他的贡献超过他的薪水。除了他实际执行的工作，更重要的是，他的热忱鼓舞了公司里其他的人。"

热忱，就是一个人保持高度的自觉，就是把全身的每一个细胞都调动起来，完成他内心渴望去完成的工作。

正是出于这种热忱，维克多·雨果在写作《巴黎圣母院》的时候，就把自己的外衣都锁入柜中，一直到作品完成以后才拿出来。他这么做的目的，就是为了能够全神贯注的投入工作。

一位非常成功的业务经理说，热忱是优秀的推销员最重要的品质。"握手时要让对方感觉到你真的很高兴和他见面。"他说。

值得注意的是：虚情假意是骗不了人的。过分地热心、刻意地迎合别人，每个人都可以看得出来，也没有人会相信。

热忱并非与生俱来，而是后天的特质，你也可以拥有。

几乎每一次和别人的接触，你都在尝试推销某种东西给对方。因此，你必须先说服自己，你的理念、你的产品、你的服务或是你自己，是值得肯定的。严格地检视，找出缺点，立即改进，由衷地肯定你的理念及产品。

培养、展现和分享热忱，是天真做人精神原则的完美表现。

当你以热忱完成你的工作时，就是更进一步的表现，你已在你的周围创造出成功的意识，而此成功意识无可避免会对他人造成更好的影响。

你在这个世界上付出的热忱愈多，就愈能得到你想得到的东西。

一次，有三个人做了一个游戏，要在纸片上把他们曾经见过的印象最好的朋友的名字写下来，还要解释为什么选这个人。

结果公布后，第一个人解释了他为什么会选择他所写下的那个人："每次他走进房间，给人的感觉都是容光焕发，好像生活又焕然一新了一般。他热忱活泼，乐观开朗，总是非常振奋人心。"

第二个人也解释了他的理由："他不管是什么场合，做什么事情，都是尽其所能、全力以赴。他的热忱感动着每一个人。”

第三个人说：“他对一切事情都尽心尽力，所付出的热忱无人能比。”

这三个人都是英国几家大刊物的通讯记者，他们见识广，几乎踏遍了世界的每一个角落，结交过各种各样的朋友。

他们互相看了对方纸片上的名字之后，发现大家竟然不约而同地写上了澳大利亚墨尔本一位著名律师的名字。而这位律师正是以热忱闻名于世的。

犯错是成功的垫脚石

1929年夏天，波士顿红袜队一垒手卡尔·耶垂斯基成为棒球史上第15个击出3000次本垒打的人。媒体对他十分注意，数百名记者在比赛前的一个星期，就开始报道他的一举一动。曾有一位记者问道：“耶垂斯基，难道你不怕这些成绩会使你失常？”

耶垂斯基回答：“我的看法是，在我的运动生涯里，我的打击数超出1万次，也就是说我有7000多次未能成功地击出本垒打，仅是这件事实就能使我不致失常。”

许多人认为成功与失败是相对的。事实上，它们是一页书的两面。以耶垂斯基为例，打击有打中与打不中两种情形。这同样适用于创造性思考：它能孕育出新创意，也会产生错误。

然而，仍有许多人不喜欢犯错。我们的教育制度采用寻找“正确答案”的观点来培养我们的思考能力，使我们的思考更加保守。

从小时候起，我们就被教导要寻找正确答案。只有正确答案才是好的，不正确答案是坏的。这种价值观深植于学校的奖惩制度中。这种采取稳扎稳打的态度，不可能得到太多机会来表现自己。假使你明明知道即使一点微小的错误，也会对你不利时，你会牢记不可犯错。

更重要的是，你学到了不要置自己于失败之地，于是形成保守的思想模式，耻辱成为社会给予“失败”的定义，大家都争相避免。

例如，有一个年轻人刚从大学毕业，却很长时间找不到一个工作。后来，他到心理诊所询问，发现他的问题在于他不懂得接受失败。

他接受十几年的学校教育，各项大小考试从未不及格过。这使他不愿意尝试任何可能招致失败的方法。他已经被变成了一个只相信失败是坏事而不是产生新机遇的潜在垫脚石的家伙。

瞧瞧周围的人，有多少中级管理人员、家庭主妇、行政人员、老师和其他无数的人因为害怕失败，而不愿尝试任何新事物？许多人都持有不可在公众场合犯错的观点，因而错过了许多成功的机会。

就现实观点而言，“犯错误是坏事”是有点道理。我们所生存的世界，要求我们在做成千上百个工作时不可犯错。想想看，假如你站在马路快车道上或把手放到开水壶里，一定会大吃苦头。此外，工程师设计的桥梁倒了，股票经纪人让顾客赔钱，以及为促销而打广告的人打出的广告反使销售量减少，那么他们的工作都不可能维持太久。

然而，过于相信“犯错是坏事”，会使你孕育新创见的机会大为减少。

如果你对是否获得正确答案十分在意，而不在意能否激发创意，那么你可能会误用取得正确答案的法则、方法和过程；你可能会忽视了创造性过程的萌芽阶段，仅会花少许时间去证实假设、向规则挑战、提出“假如”问题；你也可能仅注意难题而不去深入思考。如此，所有的思考技巧都会产生不正确的答案。

在创见萌芽阶段，犯错是创造性思考的必要前提。就如耶垂斯基说的：“假如你想打中，先要有打不中的准备。”这就是错误对成功人士的启示。

每当出现错误时，我们通常的反应是：“真是的，又错了，这次是哪里不对？”从另一方面看，有创造力的思考者会了解错误的潜在价值，而说些类似：“看这个！它能使我们想到什么？”的话，然后他会利用错误当做垫脚石，来产生新创意。

事实上，整个人类发明史有无数利用错误假设和失败观念来产生新创意的成功者。哥伦布以为他发现了一条到印度的捷径，开普勒偶然间得到行星间引力的概念，他们都是由错误的理由得出正确的假设的典型人物。

人们企求一生一帆风顺，航海家亦如此，但是航行之中，焉能奢望万里无云、波浪不兴？每遇风浪，谁不迎风而战、力挽狂澜？原因无他，因为退出暴风圈之后，纵使能得以全身而退，风平浪静后重新起航，却还有无数不可预料的凶险横在眼前。一次次地退让，何时才能到达目的地呢？

人生又何尝不是如此？

失败并不可耻，可耻的是心态因挫折而畏缩。古来不以成败论英雄，而以勇敢视豪杰。什么是勇敢？敢于面对挑战、克服挫折就是勇者的表征。

人生的成功是一次次失败的经验累积而成的，请你把失败当做是一种不凡的经验，而不是障碍。唯有将它当做经验，你才能体会出什么叫做垫脚石。

当我们从低处往上攀爬时，没有着力点就无从爬起，没有垫脚石就无处着力，在人生的奋斗过程中也是如此。

你想拾级而上，就需要自己开路造阶，一次次的经验铺就了我们成功的路，为我们的拾阶而上创造了条件。偶有失手，只往下跌个几级还不打紧，最怕的是滚回原点，你还有力气再站起来吗？

如果你能学着向前倾倒，最多不过是双手撑地，略加思索失败的原因，就可能立刻起身去迎接另一个挑战。然后再把这次挫折看做是另一次的经验，将来就可避免重蹈覆辙，当然可以帮助你达到成功。

不要羡慕登顶成功的人，而对自己的屡屡失败嗟叹不已。因为全世界最成功的人中，绝大多数的人都是失败次数最多的人。能够一蹴而就者则是少数。他们不但不害怕面对每一次的失败，而且还把失败当做是成功之路必需的一个垫脚石！

1912年，当汽车工业正开始发展时，凯特林想要改进汽油在发动机内的使用效率。他的难题是汽车的“爆震”，即汽油要在一段长时间后，才能在气缸中燃烧（这样会降低使用效率）。

凯特林开始想办法除掉爆震，他自忖：“要怎么才能使汽油在气缸里提早燃烧？”关键字眼在“提早”。他想研究类似的情况，便到处寻找“提早发生的事物”模式。

他想到历史模式、心理模式以及生物模式。最后他想到一种特别的植物——蔓生的杨梅，它在冬天开花（比其他植物提早）。杨梅的主要特性之一是它的红叶子可以保留住某波长的光线。而凯特林认为一定是红颜色使杨梅的花提早开放。

凯特林的连锁思考进入重要步骤。他自问："汽油要怎样才能变红色？也许在汽油里加红色颜料，就会提早燃烧。"

他在工作室找了半天，找不到红色颜料，却找到一些碘，于是他把碘放进汽油里，发动机居然不发生爆震了。

几天后，凯特林想要确定是否是碘的红颜料解决了他的难题，于是他拿一些红颜料放进汽油里，发动机又发生爆震了！

凯特林这才了解不是"红色"解决爆震问题，而是碘所含的某种成分。

这个事例说明错误是产生新创意的垫脚石。假如他早知道仅仅"红色"不能解决问题，那么他就可能不会在汽油里加碘，也不会意外地找到解决方法。

珍惜美好的现在

在物欲横流的时代，我们的物质生活已经得到了极大的满足，可是我们却丧失了某些精神动力，越来越多的人感到空虚和寂寞，心情越来越糟。在这个世界上，我们把成败得失看得太重，丢失掉了古人那种宁静淡泊的心态。在现实生活中，大多数人在面临各种各样的事情时都会产生心理上的不平衡，比如能力不如自己的同事加薪了而自己却原地踏步。这时候，不平衡的心理会让人变得牢骚满腹，在牢骚中，上司成了有眼无珠的蠢材，同事成了只会溜须拍马的小人，自己则是怀才不遇的人。再比如邻居发了大财，买别墅，这时大多数人便会眼馋，继而开始气愤起来。凭什么他能吃肉，我连汤都喝不上呢？他一定是用卑鄙的手段取得的这些财富，他无耻下流……我们整日都生活在这种愤怒和嫉恨之中，觉得上天何其不公，人生多么痛苦，每天都愤世嫉俗、诅咒，整日被沉重的包袱压抑着。

其实，我们可以转换一下思考的角度。比如同事升职加薪了，我就觉得他是从零起步，给他些许的奖励是应该的，我是从高点起步，高职高薪等着我呢！再比如邻居发财了，我想他能靠本事赚钱，我怎么就不能呢？他会做的我都会做啊！古人云："三百六十行，行行出状元"，我一定会混得比他好……

我们每天这样那样的"不开心"，其根源就在于我们总是想着我们所没有的，总是惦记着他们有的，很少重视我们所有的。这就等于轻视自己，而那些抱怨也是在述说自己的无能，这样生活在不自信里面，人当然就无法快乐起来。

法国著名画家皮尔雷诺患关节炎，身体逐渐衰弱，终于得靠轮椅代步。他的手指扭曲变形，只能够用指尖握笔，却仍继续作画，每画一笔就得忍受那锥心刺骨的痛苦。

一位朋友问他："你既然要受这么大的痛苦，为什么还强要作画呢？"皮尔雷诺回答："有一天痛苦会结束，然而美的效果却永远长存。"

珍惜现有的美好和期望将来的美好才会让我们感到幸福的存在。可丧失珍惜之心的人就总觉得幸福离得很远，这种人正像一个顽皮的孩子在追逐滚动的皮球一样，当快追上时，又一脚把它踢得很远。

有两个年轻人一同去寻找工作，其中一个是英国人，另一个是犹太人。

他们怀着成功的愿望，寻找适合自己发展的机会。

有一天，当他们走在街上时，同时看到有一枚硬币躺在地上。英国青年看也不看就走了过去，犹太青年却激动地将它捡了起来。

英国青年对犹太青年的举动露出鄙夷之色：一枚硬币也捡，真没出息！

犹太青年望着远去的英国青年心中不免有些感慨：让钱白白地从身边溜走，真没出息！

后来，两个人同时去一家公司应聘。公司很小，工作很累，工资也低，英国青年不屑一顾地走了，而犹太青年却高兴地留了下来。

两年后，两人又在街上相遇，犹太青年已成了老板，而英国青年还在寻找工作。

英国青年对此不可理解，说："你这么没出息的人怎么能这么快地发了财呢？"犹太青年说："因为我不会像你那样绅士般地从一枚硬币上边走过去，我会珍惜每一分钱。而你连一枚硬币都不要，怎么会发财呢？"

从这个故事中我们可以领悟到：珍惜自己现在拥有的好过捕捉没有

的，这样生活才能妙趣横生，和美幸福，这样，你才可能获得意外的收获。

放弃完美，追求平凡

米洛斯的维纳斯雕像是希腊划时代的一件不寻常的杰作，它以卓越的雕刻技巧、完美的艺术形象、高度的诗意和巨大的魅力获得了观众的赞赏。它失去的双臂更是令人觉得有一种摄人心魄的魅力，散发出一种缺憾的美。

曾几时，有人想为它接上断臂而提出过种种奇思异想。认为如果把它失去的双臂复原的话，那一定会更加完美。但是，“十全”的是否就一定“十美”？美是否一定要“全”呢？维纳斯失去了美丽的双臂，但却出乎意料地获得了一种不可思议的抽象的艺术效果，给人一种难以准确描绘的神秘气氛。

生活中，许多人喜欢追求完美，但真正的完美没有人能追求到，于是就有了遗憾，有了痛苦，有了失落感。缺憾也有它的美，就看人们是否能体会得到。

人因为有欲望才有痛苦，因为有追求才有失落感。每个人都在追求完美，我们无法忍受缺陷或者遗憾的存在，但事实却恰恰相反，我们的生活里总是充斥着缺陷和遗憾。我们执著于完美，这样我们的目光总是关注在缺陷上，因此放弃了观察其美好之处，甚至错过了很多美好的东西。

一位老师走进了教室。他先拿出一张画有一个黑点的白纸，问他的学生：“孩子们，你们看到了什么？”学生们盯住黑点，齐声喊道：“一个黑点。”

“难道你们谁也没有看到这张白纸吗？眼光集中在黑点上，黑点会越来越大。生活中你们可不要这样啊！”老师教导说。

想获得快乐和幸福很简单，只要把目光停留在快乐和幸福的事情上就行了。如果你把目光都集中在痛苦、烦恼上，生命就会黯然失色。

很多人都有过远大的理想，认为自己是个天才。可很多年过去之后，人们发现原来自己不过是个平凡的家伙，甚至有些猥琐，当人们发现了这一点后，很多人都不甘心。但是人们必须认识到：这个世界上机会确实很多，但人的数量同样很多，平凡的小人物很多，而且活得很有意思。明白了这点后我们就会过得踏实，虽然不完美，但它有自己的意义，一种只有亲身体会才能说出的意义。

还有追求完美的人以争取高水准为乐，这样让他们变得非常害怕失败。我们生存的这个世上没有永远的胜者。尝尽了人生的酸甜苦辣后才叫精彩人生。追求完美认为不完美就毫无价值，这些人能够放弃追求完美，生活可能会更有意义和更有成就。

一位方丈想从本门中他最得意的两个徒弟中选一个做衣钵传人。但是，两个弟子都很努力，而且平时做功课、干活也都很勤奋，真是不好挑选。

一天，方丈终于想出了一个办法，于是，他把两个徒弟叫到跟前，对他们说，你们出去给我拣一片最完美的树叶。两个徒弟遵命而去。时间不久，大徒弟回来了，递给方丈一片并不漂亮的树叶，对师傅说："这片树叶虽然并不完美，但它是我看到的最完整的树叶。"

二徒弟在外转了半天，最终空手而归，他对师傅说："我见到了很多很多的树叶，但怎么也挑不出一片最完美的……"

最后，方丈把衣钵传给了大徒弟。

其实，平淡中往往也蕴涵着许多伟大和神奇，一心只想尽善尽美，最终常常两手空空。

不能把平常日子过好的人，不会品味到人生的幸福；不珍惜平常的人，不会创造出惊天动地的伟业，因为一切都蕴涵在平常之中。为了避免挫折，我们应该把目标和要求定在自己能力范围之内，懂得欣赏自己已取得的成就，凡事只追求更好，而不追求最好，这样我们的心情自然就会舒畅。在人生的路上，我们没有必要总是和别人去赛跑，我们只和自己比赛，忍着疼痛奔跑，带着泪光微笑，才是真实的生命。

持有一颗宽广的心

退一步海阔天空，讲的是做人要心胸豁达。俗话说：人至察则无徒。

做人如果不心胸豁达，万事都太过较真的话，那就会活得很累，弄不好会众叛亲离，落个孤家寡人。于人于事抱着一颗大度的心去处理，一切为了结交朋友，即使是那些小人也要敢于拿来为我所用。善于利用别人的人都能成就大事业。对于那些鸡毛蒜皮的小事就睁一眼闭一眼，过去就算了。

战国时有个牛人叫吴起，他才华横溢，很受时人推崇，可就是有个劣根性，就是追逐名利，这也无可厚非，可他对于名利的追求到了癫狂的地步。为了名利他可以放弃尊严，可以杀掉自己的妻子，其行为令人发指。

吴起的妻子是齐国人。齐国进攻鲁国，鲁国国君想用吴起为将，可鲁国上下因为他的妻子是齐国人而怀疑他，他就杀了自己的妻子明志。鲁国国君很感动，任他为将。但吴起却得罪了鲁国的一些重臣，最后被削掉了兵权，弄了个赔了夫人又折兵。

倒霉的吴起羞愤交加，无奈中他远离鲁国，到了魏国的地盘上混饭吃。他花重金结识了魏国大臣翟璜，求翟璜将他引荐给魏文侯。当时魏国老受秦国的欺负，正需要一个能领兵打仗的人。但魏文侯听说过吴起的为人很是差劲，就犹豫着用不用他，他征询李克的意见，李克说：“吴起贪财好色，卑鄙无耻，十恶不赦，但在带兵打仗方面却是一个人才，只要对他用钱权色来拉拢，再派人时时监视，当能为我国立功。”于是魏文侯接纳了吴起。

吴起在魏国大展身手，打败了秦国，还灭了中山国，使魏国威名大震。魏国国君为了表彰他的功勋，册封他为大将军，戍守魏国西部的防务。吴起终于功成名就。

吴起的成功得益于魏文侯及李克的用人态度，虽然吴起在其他的国家犯下了十恶不赦的大错，是个卑鄙的小人，但在魏国他是清白的，而且他的军事才能是当世无人能比的，所以他们不计前嫌，大胆起用吴起，成就了吴起，也成就了自己。

一般情况下，当权的人总是喜欢指责别人的过失，即使是很小的事情也不放过，这就是一种不宽恕的行为了。宋代的杜衍从做地方长官到朝廷大员，之间没有斥责过一位官员。对于一些不称职的官员，他让他们去做符合自己特点的工作。他曾说：“人，用之不慎会导致祸患的发生，但他们犯了小错不一定要惩罚，善于用人是最重要的。”

老话说："人非圣贤，孰能无过。"犯错的能够改悔，我们怎么就不能抱着宽恕的心来接纳他们呢？

康熙二十年，康熙决定收复台湾。他起用降将（原属于台湾方面的大臣）施琅为将，派大军攻打台湾。

用台湾降将收复台湾，康熙难道就真的放心吗？康熙不是傻子，他坚信用人不疑的原则，但还是把施琅招来，赐宴慰问，好一番感人的言辞，说得施琅泪流满面，哪还有反叛的心。

施琅果然不负众望，率领大军收复了台湾。

对于起用施琅这样的降将，康熙是经过深思熟虑的，但前提是康熙拥有一颗宽广的心，再加上绝妙的心理战术牢牢控制住施琅的心，让其为康熙出死力。

种种历史事实表明，做人要以宽容豁达为本，在充分了解他人的基础上，不惜把重任交给众人都不看好的人去做。这样，既用人所长，又显示了豁达胸襟，别人也必将谢恩报答。

摆脱自卑的束缚

有一位企业家曾经谈及有关他公司内的一名非常有前途的年轻人。

他说："我计划大力栽培他，但是……我却又不能让他参与任何具有机密性的工作，这实在是一种遗憾。否则，我将能造就他成为我事业上的助手。"

这位经营者表示，这名年轻人唯有一项缺点，就是相当多话。即使他本人无意如此，但无论什么秘密，只要让他知道，必然泄露无疑。

经过心理分析的结果显示，这名年轻人之所以多话，且守不住秘密，主要原因是由于自卑感的关系。换言之，他是为了弥补自卑感的心理，才忍不住向他人透露秘密，以炫耀自己。

原来，这位年轻人在公司中交往的对象大都是相当优秀的人，而那些人多半具有大学学历，在大学时代也都是十分活跃的分子，然而这位年轻人的背景并不如此幸运。

他自幼生长在贫穷的环境中，没有进过大学校门，也无缘接触大学社团。因此，他总感觉本身的背景、条件远不如公司中的伙伴，基于这种心理影响，他为了与伙伴取得平等的地位，因而往往借助炫耀与自我表现，以弥补自我压抑的自卑感。

在公司中，这位年轻人有不少参与公司重要会议的机会，也经常陪同上司参加各种会议。因此，他可以轻易地得知与公司有关的重要消息、决定或其他信息。这位年轻人于是把这些所谓的内幕消息当做法宝向伙伴炫耀，而这种做法也的确满足了他本人的自我表现欲望，同伴对他投以钦羡的眼光，着实令他感到相当有成就感。

而这位年轻人的上司——前面提及的那位企业家，乃是一位为人和善且深具判断力的人。当他注意到年轻人这项缺点时，便给予他适才适位的工作，让他发挥才能，也让他逐渐了解原来自己屡屡泄露秘密竟是自卑感作祟的结果。

经过这样的自觉与自省之后，年轻人终于能够认真工作，并发挥自信心的力量，结果成为公司中的精英分子。

在我们的人格理念当中，足以构成障碍性病态的自卑感因素颇多，有的是由于少年时期所遭遇到的感情作用，有的则可能是来自于某种固定情境的影响，当然也不乏基于自己本身的问题或外力所给予的某种力量所致。但无论什么原因，自卑感往往躲藏在我们人格的深处，而且多半是笼罩在迷蒙的过去，由记忆而来。

举例而言，如果你有一个天才型的哥哥，他在学校成绩是甲等，但是你的成绩却总是丙等。此时的你极有可能仅仅因为这单纯的理由，便觉得自己这辈子即使再怎么努力，也不可能赶上他的一半。于是无形中认定自己将永远以丙等的成绩或表现过一辈子。

因此，对于即使在学校成绩并不见得优异、但却也能在日后发展成功的可能性，你也完全忽略了。

事实上，这些在学生时期获得甲等成绩的人，并不代表日后将能成为大人物，或者必然拥有卓越的成就，追究原因，由于这些人迈出校园后，便停止继续追求甲等的表现。

病态的自卑感通常隐藏着对自我根深蒂固的怀疑心态。

彻底祛除这种心态的最大秘诀就是让坚定的信念充满你的内心！这种做法虽然听起来并没有什么惊人之处，但是它的确能使你产生健全而具体的自信力量。

根据天真做人的经验发现，倘若能在自己心中深植自信的信念，对培养自我的信心将会有莫大的帮助。

一般而言，人们的心中之所以有不安感或无能感，多半是由于消极的观念长久以来一直支配个人的思想所致。为了克服这种自卑感的障碍，必须将富有积极意义的观念注入心中。但是必须值得注意的是，一定要持之以恒，毫不间断，方能真正地达到目标。

其实，每个人的观念会因人而异，所有的人都没有必要过度自卑或在意缺点。那么，因为和他人比较“谁比较有工作能力”、“同事比我更有销售能力”等等，而在能力方面产生的自卑感要如何解决才好呢?

有一个很好的方法就是去拥有你的特殊技能，学习所谓的“虽然在其他地方输给了别人，但唯有这个是绝对不会输给任何人的拿手技巧”！

担任电脑学校讲师的苏珊小姐，也是利用这个方法，成功地克服自卑感的。

她在短期大学毕业后，进入某服装制造公司。在一开始的时候，经历了一连串的奋战苦斗。被分配到经理部的她，因为不擅长计算，在工作中一直出错。不仅如此，和同事相比，她要花两倍的时间做同样的事，为此她产生了自卑感，每天都生活在烦恼之中。

正因为她有这方面的缺点，所以在公司开始使用电脑后，上司对她说：“你手工计算的错误比较多，以后可以尝试学习用电脑工作吧。”

虽然她有些疑惑困扰，但却开始每天上电脑补习班，短短的一年，她就精通了电脑的知识，变得比任何人都算得更快、更正确，而上司对她的评价也突然变得好了。在实施网络化作业的时候，她也成了该计划的负责人，后来，还被电脑学校聘任为讲师。

所以，为自卑感烦恼的人也可以像苏珊小姐那样，把自己擅长的事物或拿手的技能用于工作上，即使其他方面比别人差，也会变得自信起来了。

是的，任何人都没有必要自卑，每个人都有自己的不足，也有长处，重要的是你要看到自己的这些长处。

怀有自卑情绪的人，往往遇事总是认为：“我不行”、“这事我干不了”、“这个工作超过了我的能力范围”……其实，这是没有试一试就给自己下了结论的结果。而实际上，只要他专注努力，他是能干好这件事的。

认为别人都比自己强，自己处处不如人，这是一种病态心理的自卑。在实现成功的过程中，这种心理是非常有害的。

相信自己，一定要相信自己。

要有信心，要高高地抬起头，走路要脚下生风。

只有这样，你才会活得开心，活得顺利，你的人生才会充满良好的情绪和充满自信的感觉。

克服自卑，也是控制和调整情绪、培养气质的一种重要手段。

传说从前在夏威夷有一对双胞胎王子，有一天国王想为儿子娶媳妇了，便问大王子喜欢什么样的女性呢？

大王子回答：“我喜欢瘦的女孩子。”

而知道了这消息的岛上年轻女性想：“如果顺利的话，或许能飞上枝头变凤凰。”于是大家争先恐后地开始减肥。

不知不觉，岛上几乎没有胖的女性了。不仅如此，因为女孩子一碰面就竞相比较谁更苗条，甚至出现了因为营养不良而得重病的情况。

但后来却出现了意外的情况。大王子因为生病一下子就过世了，因此国王决定由小王子来继承王位。

于是国王又想为小王子娶媳妇，便问他同样的问题，“现在的女孩都太瘦弱了，而我比较喜欢丰满的女性。”小王子说。

知道消息的岛上年轻女性，开始竞相大吃特吃，不知不觉中，岛上几乎没有瘦的女性了。岛上的食物也被吃得太多，为预防饥荒而储存的粮食也几乎被吃光了。

而最后小王子所选的新娘，却是一位不胖不瘦的女性。

王子的理由是：“不胖不瘦的女性，更显得青春而健康。”

为缺点和自卑感烦恼的人请注意：“审美观是因人而异的。”假设有位女性，也许A先生会认为她是个美女，而B先生却不认为她是美女。也就是说，每个人的审美观并不相同，太看重别人的评价或因为自己一点的缺陷就自卑，不但没有必要，而且会影响自己正常的生活。

叩开情绪共鸣的大门

与人交往，特别是求人帮忙时，难免会遭人冷眼。在这种情况下，低逆境商的人会心怀怨恨，拂袖而去，看似一时很得意，结果往往会因小失大，耽误事情。而高逆境商的人遭到了这种冷遇，却能主动地研究对策，积极地站在对方的立场上考虑问题，采取巧妙的手段与对方拉近距离，取得认同，这样才有利于办好事情。

要取得对方的认同，就要弄明白对方冷遇你的原因，制造一种共鸣情景，使对方不知不觉间把你当成朋友。在日常生活中，我们通常会发现两个毫不相干的人也能坐在一起聊得津津有味。这种现象我们称之为“共鸣”。共鸣就像音乐的前奏曲，容易将对方的情绪先带入情境再进入主题，这样，沟通起来就容易多了。

木村是日本某清酒公司营销部的副总经理，有一次，他们公司开发出一种新品牌的清酒，在扩大市场过程中，遇到一个开了10家连锁饭店的潜在大客户西原。木村想把新的清酒销售给这个客户，可是他多次去拜访西原，每一次都吃闭门羹：对方不是态度很冷淡，就是敷衍了事。

接连遭受这样的冷遇，木村并不气馁。一天，他再度尝试去拜访西原。当他走进对方的办公室，还未来得及问候，西原就很生气地一拍桌子说：“你怎么又来了，我不是告诉过你最近很忙，没有空吗？你怎么那么烦人，你赶快走吧，我没时间理你。”

如果一般人遇到这种情况，肯定会心里很不舒服地扭头就走人，甚至与他争吵起来。但木村却与众不同，他马上想到的是“情绪共鸣”这四个字。他立刻用和客户说话一样的语气说：“西原君，你怎么搞的，我每次来，都发现你的情绪不好，你到底为了什么事情烦心？我们坐下来谈谈。”

这时，西原转变了态度，也用相类似的语气说：“木村君，我最近实在是烦死了。为什么呢？你知道我是从事连锁餐饮行业的，我好不容易花了很多时间培养了3个分店经理，因为，我今年下半年计划开3家分店，什么东西都准备好了，结果上个月新培养的3个分店经理却都让竞争者以高薪给挖走了。”

木村听了拍着他的肩膀，说：“哎，西原君啊，你以为只有你才有这么烦心的人事问题吗？其实我也跟你一样啊。你看看，我们最近不是有新的产品要上市吗？前几个月我好不容易用各种方法招来十几个新的行销人员，每天我早晚加班培养他们，想尽快打开我们的市场。结果才三个多月的时间，十几个新的行销人员走得只剩下五六个了。”

接下来的一段时间里，他们互相倾诉自己的烦恼，现在员工是多么地难培养，人才是多么地难找……两人很投机地讲了十几分钟。最后，木村站起来拍拍西原的肩膀，说：“西原君，好了，既然我们俩对于人事的问题都比较头痛，咱们也先别谈这些烦心的事了。正好我车上带了一箱新的清酒，搬下来你先免费尝一尝，不管好喝不好喝，等我们过两个星期，我们人事问题都解决了以后，我再来拜访你。”西原听了后就顺口说：“好吧！那你就先搬下来再说吧。”搬下来后，两人挥手道别。

结果可想而知，西原成了木村的大客户。在谈话的整个过程中，木村从头到尾都没有向西原宣传他的产品，那他是怎么成功的呢？事实上他花了大部分时间同西原建立共鸣，这样就很自然地达成了交易。

要找出能引起对方共鸣的事情，可以从很多方面着手，例如个人的兴趣爱好、引以为荣的事情和与自身利益有关的事、十分缺乏的东西、同乡同学情谊……一旦有了共鸣，彼此就会降低防备心，事情自然就好办了。

美国一所知名大学要在中国挑选一名优秀的学生，这名学生的全部留学费用都将由这所大学提供。经过测试，有20名学生成为候选人。

面试的这一天，20名学生来到主考官下榻的饭店等待面试。当主考官现身大厅时，立刻被考生们包围了，他们纷纷用熟练的英语向主考官打招呼，有的甚至迫不及待地作起自我介绍来。

可是有一名学生却没有围上去，也许是起身慢了，也许是别的什么原因。她站在那里，不知如何是好。

这时，她看到了被冷落在一边的主考官夫人，于是便走上前去跟她打招呼。她没有作自我介绍，也没有打听面试的内容，而是问她对这个城市的感受如何，她们聊得十分投机。

正如读者朋友预料的一样，这名虽说成绩不是最好的学生，最后却被主考官录取了。

第七章

语言做文章，行动做巨人

善于交谈，收获成功

交谈是人际交往中最重要的组成部分，把交谈工作做好了，也就把人际关系的很大部分做好了，这样对于获得人生和事业上的成功会有意想不到的作用。

一个年轻人去拜访爱因斯坦，他说他想发明一种万能溶解剂，无论什么东西都能溶解掉，并喋喋不休地高谈阔论起来。爱因斯坦很耐心地听他把话说完，轻轻地说了一句："你想用什么容器来盛放这些液体呢？"年轻人顿时脸红了起来。

这位年轻人的目标不可谓不远大，要发明"全无敌"的万能溶解剂。可惜这种溶解剂如永动机一样，是不可能被制造出来的。爱因斯坦的那句"你想用什么容器来盛放这些液体呢"真是打蛇打到七寸上。但他更令人佩服之处，还不在于他能以简短的一句话就推翻了年轻人的理论，而在于他能耐心听人把话说完。

中途打断别人的话，是一种很不礼貌的行为，即便对方所持观点是错误的。况且，不是每个人都有爱因斯坦那样的才学与眼光，都能一句话就把对方的观点推翻。假若你的同事跟你说起一个方案，他才说到一半你就打断了他，他会认为你对他很不尊重，小瞧了他的实力，乃至从此对你也看不顺眼，那后果的严重性也就不必细说了。

以下，给你几点忠告：

当你对对方所说的话感到好奇时，不要迫不及待地想解决心中的疑问以致打断对方。

当你对对方所说的话有同感时，不要迫不及待地想表达你的"共鸣"而把对方话打断。

交谈时不能只顾自己讲，应该给别人说话的机会。

如果有必要打断对方的话，应寻找适当机会，并且说："对不起，打断一下"，取得对方的同意。

若非十分必要，交谈之中不要借故退场。

若真有必要退场，应礼貌地作出解释并表示歉意。

两个以上的人与你交谈时，须得做到兼顾平衡，不要冷落了其中一位。

欲加入别人的谈话要先打招呼。别人在谈话时未征得同意不可凑上来。

旁人想要参与你们的谈话的话，你应点头微笑表示欢迎。

对对方提出的问题应做到有问必答，笑而不答或置之不理是不礼貌的。

交谈时应表现出注意倾听的样子，不要显示出精神涣散的样子，交谈中左顾右盼、打哈欠、看手表、抖动双腿等行为都是对对方不尊重的。

交谈中少打手势，音量适中，与对方交谈的距离要适中，不要拉拉扯扯、拍拍打打。

对于没有听懂的话，应该要求对方重复一遍。

对方不愿意回答的问题不要追问。对方反感的话题，应避免说起，一旦说了，应该马上致歉，然后立即转移话题。

交谈时应该实实在在，实事求是，不应该有过多的客套。

学会说好第一句话

第一印象是交际中很重要的组成部分。俗话说，好的开始是成功的一半。那么如何有个好的开始呢？其实说话是关键。我们绝大部分都能说话，但“会”说话的人却少之又少。在交际中，开口说的第一句话往往能起到决定一切的作用。也就是说，一张口说的第一句话能不能抓住对方的注意是塑造第一印象、营造好的开端的重中之重。

现代社会是个高速发展的社会，包括人说话的速度也要特别的快，交际中，一开场就能吸引对方注意的人，成功的几率非常大。做到从一开始就能吸引人，就要在说好第一句话上下工夫，要从赋予第一句话以足够的新意做起，就是要给人们留下强烈的印象。

我们每天都在墨守成规的生活，偶尔打破一下常规你会发觉生活原来这么美好。说话也是一样，打破常规，出奇制胜，你会发觉有奇特的效果。如果我们在演讲、谈判和劝说等活动中所说出的第一句话没有什么新奇的东西，勾不起聆听者的好奇心，那我们的工作就可以宣告失败了。美国新闻界有这么一种说法很是有道理："狗咬人不是新闻，人咬狗才是新闻。"这虽是个笑话，却有一定的道理。狗咬人是常规，人咬狗是新奇。我们怎么能以新奇开始我们的工作呢?

1946年春，在日本的东京开始了对二战战犯的审判工作。法庭由11个国家的法官组成，庭长是盟军最高统帅麦克阿瑟指定的，因此庭长的"左右手"之争成了确立各国在世界上的地位之争。当时担任中国法官的梅汝璈一心要为了中华民族的利益而争到重要的席位。正当大家讨论各国的座次问题时，他说了一句话，改变了场面上的气氛："现在是代表国家来争取座次，我们应该去请示各国政府。"大家都吃惊地看着他，谁心里都明白，大家全要请示本国政府的话，那这座位之争就没有尽头了。梅汝璈见自己的话起到了敲山震虎的作用，就接着说："如果各位不同意我的建议，那我们只有按照日本投降各国的顺序来安排座次了。中国在抗日战争中，损失最大，付出最多，应该排在第二位。这样才顺理成章。"

他的话刚一说完，联合法庭的人们就开始了讨论，梅汝璈不失时机地说道："我的这个方法还不行吗？难道我们要以比体重的大小来决定吗？"此话一说，全场顿时爆笑，大家也就没用其他的办法来讨论座次问题了。

最后法官席的座次确定，中国排在第二位，梅汝璈成功了。

这个故事告诉我们，为达到某一目的而说话时，第一句话的作用至关重要，假如不能石破天惊，让人震惊，那下面就不会被人接受。学会"说好第一句话"是我们成功的开始，必须掌握这种本领。

学会说话拐点弯

交际是获得朋友和帮助的手段，而不是让我们四面树敌，惹是生非。我们的一切行为都是向着友善交友这个方向的，所以在我们陈述利害时，也要时刻注意避祸免灾，就是要求我们施展刚柔并济的方法，以退为进，说话时多绕点弯，有时甚至要装些糊涂。年少轻狂不假，可灾祸大都发生在少年时代。为人处世要切记，少一点锋芒就多一分平安。

赵匡胤杯酒释兵权的故事我们都知道，其很好地说明了说话绕弯，糊涂策略的作用。

赵匡胤得到天下，大势初定，人心所向。可他知道自己这皇帝宝座是怎么来的，他担心自己的部下会重演自己的故事，再弄个黄袍加身的故事出来。于是他决定使用温柔的手段剥夺那些和他一起出生入死的兄弟的兵权。

赵匡胤把诸多实权派的将领请到宫里喝酒，宴会上赵匡胤特频频向大家劝酒，正当大家酒酣耳热之际，他突然显出一副很忧愁的样子，长叹一声说："如果没有你们的扶持，我哪有今日。自当了这个皇帝我就从未睡安稳过。"

那些将领一听，都感到很不解，忙问原因，赵匡胤回答说："我这个位子是千万人都想占有的啊。"

将领们明白了赵匡胤是话中有话，都慌忙跪下说："陛下多虑了，现在天下安定，谁会有此异心呢？"赵匡胤仍旧一副忧愁的表情，说："我的皇位是你们推举的，你们对我忠贞不贰，这毋庸置疑，可你们的手下真的拥护我吗？"

众将领都知道黄袍加身的经过，因此都吓得出了身冷汗，慌忙叩头，说："我们这些人愚昧，请求陛下明示我们该怎么办？"

赵匡胤见时机已到，就展颜而笑，说："你看你们戎马多年，现在天下安定，你们何不卸甲归田，颐养天年啊。"

赵匡胤的话摆明了就是让众将领放弃兵权以绝后患，众将领那还不明白。他们深知赵匡胤的雷霆手段，他这是先礼后兵。于是在赵匡胤的温柔威胁下，大家纷纷告老还乡，赵匡胤也给他们大量金钱田地，落得个君臣尽欢。

赵匡胤是温柔政策的高手，他说话会绕弯，能用糊涂的手段获得成功。这是我们在现代社会必须掌握的一项技能。

学会说“不”的艺术

中华民族是个讲面子的民族，为朋友上刀山下火海，两肋插刀在所不辞。对朋友的要求说个不字，那简直是天大的耻辱。这个根深蒂固的观念影响着我们每一代人。可在现在社会，不会说“不”的人是无法生存的。有没有一种方法既可让我们保持传统又能保护自己的利益呢？答案当然是有，那就是拒绝的艺术，让别人体面接受拒绝的艺术。

三国时有个牛人叫华歆，才华横溢，在孙权手下当差。曹操一向欣赏他的才华，就让皇帝下诏书招华歆进京。华歆动身的时候，他的朋友都来送他，大家纷纷赠送给他厚重的礼物。华歆是个固执的人，他从不收别人的礼物，但碍于朋友的面子，他又不能当面拒绝朋友的好意。于是他把礼物手下，并让手下一一记下他们的名字和物品编号，准备过些时候再奉还。之后他举办筵席，请大家吃饭，席上他委婉地说自己不能收这些礼物，自己是出远门，带着财物会遭到贼人的打劫，让大家把东西先拿回去。大家见他如此说，也就不再执拗，纷纷取回了自己的礼物。

华歆的做法就很得体，既保住了大家的面子，也维护了自己的原则，还赢得了大家的敬佩，可谓一举三得。

在拒绝朋友的时候不要直接说不，而要找一个好的理由，让朋友自己觉得你应该拒绝他，这样才能两全其美。

比如，你是一个推销员，你上门推销时，一位女士坚决不买你的东西，可她的说法是，她的家人不让她买东西。这样你就不能死气白赖地要求人家购买了吧，当然厚脸皮的除外。

拒绝别人是一门技术，更是一门艺术。话说出来要既不会挫伤别人的自尊心，也不会伤害你的立场和利益。

学会说“不”，你会发觉生活更美好。

掌握说话的技巧

有一个故事讲的是一对父子卖夜壶，父亲在东街卖，儿子在西街卖。西街的儿子那里很快就来了主顾，那主顾看着夜壶说："大了些。"儿子张口说道："您看，大些不是装得多吗？"那主顾眉头一皱，阴着脸就走了。与此同时，东街的父亲那里也来了主顾，客人也说："这夜壶大了些。"父亲马上说："冬天夜长啊。"那位顾客满意地点了点头，很痛快地就买走了。

同样是卖夜壶，同样的夜壶，可父子二人的际遇怎么就不一样呢？其根源就在二人说话的方式上。就夜壶而言，它就是一个夜里人们小便的工具，大点小点都是这个作用。卖夜壶的儿子说的话没有问题，道出了夜壶的作用，可他忽略了人们的心理，任何粗俗的话虽然道理明了，但让人听起来却很不舒服。那位父亲则懂得人的心理，用另一种隐讳的说法表达了同一个意思。结果却是大相径庭。

语言是一门深奥的艺术，说话更是一门学问。人与人之间有时说话投机，滔滔不绝；有时话不投机，半句不说。真正懂得说话的人总是说些让别人听来顺耳的话，这包括夸奖、批评等多层用意。不论你持着什么态度和人说话，说得顺耳些总没坏处。即使是批评别人，说得顺耳些，别人也会心甘情愿的接受。

明代的才子解缙有一次陪伴朱元璋钓鱼，很久没有收获，朱元璋大感晦气，当即让解缙作一首诗记录下来。大家都知道朱元璋是个苦孩子出身，当权后的心态多少有些变态，总是拿属下的生命开玩笑。解缙的这首诗要是如实表述呢，无疑是说朱元璋你无能，连鱼都钓不到，朱元璋哪天心血一来潮，必定杀之；要是美化呢？朱元璋又会觉得你解缙不老实，该杀。解缙不愧是大才子，略加思考写下了："数尺丝纶入水中，金钩抛去永无踪，凡鱼不敢朝天子，万岁君王只钓龙。"明太祖看后大感舒服。解缙一方面写实，一方面称赞，让朱元璋感到自己的伟大，这样既交了差，又保了命，实在是聪明至极。

一个人善于驾驭语言，便可以用之去交换自己所需要的东西。有人说过："交情、生意、感情都是聊出来的。"所以"会"说话实在是获得成功的关键所在。

"说"是一种生存的技能，不掌握一定的技巧，好话有的时候也会造成恶果。说话就好像是火把，当你在合适的时机以合适的方式说出合适内容的话时，你就像是在别人的屋里点燃了火把，让屋里充满光明，让别人觉得温暖；反之，你就像是在别人的屋里用火把点燃了火，伤了别人，也害了自己。

敢于说出自己的意见

俗话说：打蛇打七寸，擒贼先擒王。做一件事情，假若抓不住重点，那么付出多少努力也会是无用功。说话也是如此，你要求别人办一件事情，结果云山雾罩、不知所云地说了一大通，可关键的你一点也没说，那么你再说上10天也没用，还会惹得别人反感，对你大打出手，对待一个说话啰唆的"唐僧"，谁还会客气啊。

李小卫是个出色的员工，他觉得他现在的薪水不符合他的工作付出，于是他决定像老板要求加薪。可他有一个毛病，一见到老板就紧张，本来他准备得非常充分，可当老板笑着问他有什么事的时候，他就不知怎么办了，结果咕哝了好多无关紧要的事情就离开了。这样经过了好多次，老板也渐渐知道他的意图了，老板就找他来，引导他说出自己的想法，这时李小卫才顺利地说出自己的要求。老板笑着说："你为什么不直接和我说呢？你的要求很合理啊，你怕什么啊。"

现实中有很多人像李小卫一样，平时口若悬河，可一到关键时刻就患上了失语症。我们的一些大学生朋友在求职时觉得向用人单位提条件不好意思，就吞吞吐吐，欲言又止，结果弄得对方很是不舒服，本来能得到高薪，最后只弄个温饱。

说话要切中要害，说出关键。该说的时候就要勇敢说，当然，这里的勇敢不是指不讲策略的蛮干，而是敢于说出自己的意见。

说话要让对方明白

语言的作用在于交流，说话的目的在于让对方明白自己所表达的意思。我们在平时的交际中一定要注意说话的时候要让人懂你在说什么，这样你的话才有意义。

中国的语言文字博大精深，有很多话语有许多不同的意思。有些人说话时总是很含蓄，用弦外之音来表达自己的想法，可对方清楚了你的意思还好，一旦没明白，很可能会引起误会，甚至是仇恨。

《三国演义》里就有这么一个因弦外之音遭祸的例子。曹操因被董卓追杀而跑路，途中被陈宫所救，二人一起逃到了吕伯奢家。吕伯奢准备杀猪款待他们。谁料家人在杀猪时说了一句“缚而杀之，何如？”的话，被曹操听到后误以为是要绑自己杀了。曹操就杀了吕家九口。吕家的人本来是好意却惹来杀身之祸，这是为什么呢？与其说是曹操生性多疑，不如说是他们说话不注意方法，可怕的弦外之音惹来的灾难。

我们要想在这个充满竞争的世界生存，朋友是我们必不可少的财富。弦外之音不仅可以丧失朋友，还能获得敌人，是得不偿失的行为，我们一定要注意自己说话的方式方法。我们该如何避免说话时不经意的“弦外之音”呢？下面推荐一些简单的原则：

首先就是说话必须要明了，别没话找话，就围绕一个话题阐述。其次就是说话用词要准确，尽量不要使用容易让人产生歧义的词句。再有就是说话时一定要准确，“主谓宾”要完整。

说话毕竟是一门学问，需要长时间的实战来锻炼，在平时多注意一下自己的语言总是没有坏处的，说话让对方听明白，避免弦外之音所带来的麻烦。

不要把自己推向绝路

说话做事都要给自己留有余地，不能把话说绝，更不能把事情做绝。

做到理智做事，才能在成功之路上所向披靡。

俗话说，三十年河东，三十年河西，事情不是总朝着一个方向发展的，而留下回旋的余地才能应付时刻变化的危险和情况，以便获得成功。

不光做事如此，说话也要注意留有余地。三木和永吉是同事，私人关系一向很好，但有一天因为一点小事情二人发生了摩擦。三木对永吉说：“我和你绝交，你以后别搭理我。”永吉没有接他的话茬，而是无奈地离开了。两人彼此漠然了几个月，一天总公司宣布永吉被提升为这个分公司的经理。这下三木傻了，想想自己曾说过的话，他只得辞职离开了这家公司，丧失了一份待遇优厚的工作。

我们说话时不能把话说得太绝，给自己造成窘迫。但凡是这个世界上的事情都会有些意外发生，给自己留点余地，也是应付意外的方法。

每当看电视上记者采访一些官员时，我们总能听见他们说可能、尽量等模糊的字眼，其实他们就是给自己留余地，省得说完了，结果无法兑现，给自己找难堪。

说了半天，我们怎么才能注意在说话办事时给自己留余地呢？其实很简单。做事时，对待别人的委托不能下保证，接受请求可以去完成，但不能保证绝对完成。可一旦把话说得过死，那完不成时可就丢人到家了。

说话办事给自己和别人都留有余地，这样的人大家都会喜欢，这样的人也会得到别人的帮助，获得巨大的成功。记住，不论什么时候都不要把自己推向绝路。

多看多听少开口

年轻人，社会经验少，说话办事往往不靠谱，办些匪夷所思莫名其妙的错事。对于一个年轻人来讲最重要的处世经验就是：多看多听少开口。

多看就是要求我们看一切与自己有关的人和事，仔细揣摩别人的言行，吸取经验教训。

拥有一双慧眼，是每个人都梦寐以求的事情。歌词里说：借我一双慧眼吧，让我把这纷纷扰扰的世界看得真真切切。可慧眼不是天赐的，而是要靠自己的努力训练出来的。你想在某个领域取得骄人的成绩，就要先弄清那里面的事情，要把自己的精气神全部融入其中，掌握那个领域的人和事的规律，这样你才可能在那个领域取得成绩。

比如你要做生意，那么你就要多接触生意人，把他们的心态揣摩清楚，掌握生意经的规律，懂得生意上的许多“潜规则”和行事方法，这样你才能纵横商海。

当然这需要大量的实践和失败才能取得，但只要你坚持去体会了，那么你就会比别人多些优势，最终会取得成功。

再说多听，就是让我们勤于请教，吸收别人的经验之谈。一个人的经历必定是有限的，大多数的知识和见闻都是听来的，别人的经验对自己可能有莫大的帮助，多听听总不会有害处。听完后不能过耳就忘，要体会吸收，把别人的经验里的精华据为己有，为我所用。孔子说过：“三人行，必有吾师焉。择其善者而从之。”讲的就是多请教别人的经验，选择对自己有用的来吸收。

至于少开口就是要求我们多看多听，不到万不得已不要随便说话。因为祸从口出，我们不知道哪句话会得罪人。做人一定要有责任心，不能随便乱说话而不去履行，所以少开口是最好的解决办法。

这三点是我们积累社会经验的有效手段，做到了就能平步青云，与时俱进；否则就会断翅折羽，一定要注意。

做行动上的巨人

理想和空想是两种精神状态、两种行为方式的思维。理想在于想了去做，空想在于想了不做。我们中的大多数人都只是空想的高手，几乎每个人都有空想的毛病，我们若想在事业上获得成功就必须杜绝空想，因为做行动上的巨人比做思想的巨人好得多。

作家海明威小的时候就爱空想，而且想得“伟大”而“深远”，但他就是不去行动。他的父亲是个硬汉，不喜欢空想的儿子这样浑浑噩噩，就给他讲了一个故事：有一个人想成为思想家，就向一个思想家请教：“成为一个思想家的关键是什么？”那个思想家说：“思考。”那个想当思想家的人想了想就回家了。自那以后他就天天躺在床上，茶饭不思，开始了思考训练。这样过了三个月，他变得憔悴不堪，人几乎不行了。他的妻子赶忙去向那个思想家求助，说：“我丈夫自从听了你的话后就开始了“自杀”之旅，你害了他。”思想家错愕地了解了事情的经过后，随着那人的妻子一起到了他家。见到那个沉思者问：“你在干什么？”那人回答说：“思考。”思想家说：“思考出了什么？”那人说：“很多，都是伟大的想法。”思想家说：“你想到后去实现它们了吗？”那人愕然良久，说：“没有。”思想家说：“那你永远也成为不了思想家。只去想不去做，想出的都是垃圾。”那人恍然大悟，开始正常的生活，开始去努力实践自己的想法，最后成了伟大的人物。

海明威的父亲用这个故事来告诫海明威不要只想不做。其实我们生存的这个世界有太多的思想家了，而缺少的却是实干家。海明威在父亲的教导下，后来成了一个铮铮铁骨的硬汉，再没有了不切实际的空想，取而代之的是坚定不移的理想和行动。

一个人想要在有生之年获得收获，就必须靠自己去努力争取，把理想用行动变成现实。在行动时要有“君子藏器于身，待时而动”的心理。行为处世时要注意方式方法，暂时的隐蔽是为了给予敌人致命一击，获得最大的成功。

南宋时，岳飞的部将董先奉命去迎击南侵的金兵。金兵人多，岳家军寡不敌众。生死关头，董先施展奇谋取得了胜利。

他先纵兵深入，然后撤退，吸引敌人的主力追逐他。然后不断地想办法刺激自己的兵将的士气，最后时刻破釜沉舟，杀个回马枪，一举打败敌人。

拳头收回来，是为了更有力地打出去。这是思想后去行动时必须遵守的法则。

在别人的怀疑中奋进

很多年前，一位青年居住在美国犹他州的首府盐湖城，靠近大盐湖。

他是一个勤勉的人，工作非常努力，生活非常节俭，他的所有朋友都对他的良好习惯非常称赞。然而有一天，他做了一件一反常态的事，使得许多人都怀疑他的判断是否明智。

他将银行里的4000多美圆积蓄全部取出来，到纽约市汽车展销处，买了一部新车。在人们看来，仅此似乎还不足以显示他的“愚蠢”，更有甚者，当他把新车开回家后，就把车开进他的车库里，顶起4个车轮，动手拆卸汽车，一件一件地拆，直到整个车库到处都是七零八落的汽车零件。他仔细地检查了每个零件，然后又把汽车装好。人们觉得他简直是发疯了，而他却对别人的怀疑不以为然，他不只是一次，而是多次拆卸汽车，再把汽车装好。大惑不解的人们开始嘲笑他了。

几年后，那些嘲笑过他的人不得不改变对他的看法，并深信不疑，他有明智的见识。这个反复动手拆装汽车的青年就是沃尔特·珀西·克莱斯勒。他开始制造汽车了，他的产品领导了汽车工业的潮流，他在汽车这个领域里还作了许多有价值的改进与革新，他终于取得了成功。

每件存在的事物在开始时只是一个想法。你有许多伟大的想法，你只需要让你头脑中的杂音沉寂下来，让你静静地去倾听。没有人知道，今天的一个伟大想法或主意将走得多远，或者，明天它就将触及何人。

发人深省的思想创造发人深省的梦想。

几乎在每一个成功的故事背后都有一个伟大的想法，这个想法滋养着人的信念。而许多拥有成功故事的人物，面对的是最大的逆境。一个极普通的青年被成功意识戏剧般地推入正在成长的汽车工业浪潮中，并且把他高高地推到浪尖上，使他用新观念领导他的整个领域。克莱斯勒的“疯狂”中蕴涵着一种目的、一种方法。他的“确定的目的”有效地培养了他的成功意识，使他大胆开拓，走向成功的巅峰。

认真做好每一件事

莫奈画过这样一幅画，描绘的是女修道院厨房里的情景。几个天使正在工作。一个正在架水壶烧水，一个正提起水桶，另外一个穿着厨衣、伸手去拿盘子。即使日常生活中再平凡不过的事，也值得天使们全神贯注地去做。

在生活和工作中，解决问题、处理事务、策划市场、管理企业，都不会有捷径可走。大量的工作，都是由一些琐碎的、繁杂的、细小的事情组成。这些事做成了、做好了，并不一定能见到什么成就；一旦做不好、做砸了，就会影响其他工作，甚至把一件大事给弄垮了。因此，对待自己的工作，我们决不可马虎、轻视。

也许你会问，每天做着一些琐碎的工作，是不是太单调了，会不会有太大的价值。其实，这个问题很好说明，假如我们从外面观察一个大教堂的窗户，大教堂的窗户布满了灰尘，非常灰暗，光华已逝，只剩下单调和破败的感觉。但是，一旦我们跨过门槛，走进教堂，立刻可以看见绚烂的色彩、清晰的线条。阳光穿过窗户在奔腾跳跃，形成了一幅幅美丽的图画。

每一件事情对人生都具有十分深刻的意义。做砖石工或泥瓦匠，你也许会从砖块和砂浆之中发现诗意；做一名图书管理员，你也许可以在整理书籍之余，使自己在知识上取得一些进步；做一名教师，你也许对按部就班的教学工作感到厌倦，但只要见到自己的学生，你就会变得非常有耐心，所有的烦恼都抛到九霄云外了。

每个人所做的工作，都是由一件件小事构成的，但不能因此而对工作中的小事敷衍应付或轻视懈怠。记住，工作中无小事。所有的成功者，他们与我们都做着同样简单的小事，唯一的区别就是，他们从不认为他们所做的事是简单的小事。

什么叫不简单，就是把简单的事情千百遍都能做得很好；什么叫不容易，就是大家都认为非常容易的事情你能认真地去做好它。话很朴实，却很深刻。对“不简单”、“不容易”的这样一种独特的理解让人有耳目一新的感觉。

不管是对于公司、还是个人，最重要的是将重复的、简单的日常工作做精细、做专业，并恒久地坚持下去，做到位、做扎实。获得成功的人一定是犯错误最少的那个人。

那么什么叫恒久的做到位、做扎实呢？举一个例子：评价一个人能力的强和弱，不能仅以一次举起200斤的杠铃来衡量，如果下定决心，很多人都可以做到。但是，要将一件简单的事坚持不懈、始终如一地做好就不易了！

比如拿一根绣花针，没有人办不到，但是如果要求你以一个姿势拿着，走上几公里或者保持几个小时，有几个人可以做到？

士兵每天所做的工作就是队列训练、战术操练、巡逻、擦拭枪械等小事；大酒店的服务员每天的工作就是对顾客微笑、回答顾客的提问、打扫房间、整理床单等小事；你每天所做的可能就是接听电话、整理报表、绘制图纸之类的小事。你是否对此感到厌倦、觉得毫无意义而提不起精神？你是否因此而敷衍应付，心里有了懈怠？这不能成为你的借口。请记住：这就是你的工作，而工作中无小事。要想把每一件事做到完美，就必须付出你的热情和努力。

美国标准石油公司曾经有一位小职员叫阿基勃特。他在出差住旅馆的时候，总是在自己签名的下方，写上“每桶4美圆的标准石油”字样，在书信及收据上也不例外，签了名，就一定写上那几个字。他因此被同事叫做“每桶4美圆”，而他的真名倒没有人叫了。

公司董事长洛克菲勒知道这件事后说：“竟有职员如此努力宣扬公司的声誉，我要见见他。”于是邀请阿基勃特共进晚餐。

后来，洛克菲勒卸任，阿基勃特成了第二任董事长。

在签名的时候署上“每桶4美圆的标准石油”，这算不算小事？严格说来，这件小事还不在阿基勃特的工作范围之内。但阿基勃特做了，并坚持把这件小事做到了极致。那些嘲笑他的人中，肯定有不少人才华、能力在他之上，可是最后，只有他成了董事长。

最优秀的人是想方设法完成任务的人，最优秀的人是不达到目的誓不罢休的人，最优秀的人是“为了一个简单而坚定的想法，不断地重复，最终使之成为现实”的人，这就是一个有成效的员工最不为人知却最重要的技能。

而那些成天将意志、信念挂在嘴边的人，往往只会纸上谈兵，他们不敢面对残酷的现实，他们在逆境中退缩，他们谨小慎微而游移不定。毫无疑问，这样的人，永远不会取得成功。他们连成功所要求最基本的健康心态都不具备！

成功，就是简单的事情重复地做，要成功其实不难，只要重复简单的事情，养成习惯，“一旦你产生了一个简单而坚定的想法，只要你不停地重复它，终会使之变成现实。”这是美国通用电气公司前总裁杰克·韦尔奇对如何成功作出的最好回答。

每一件事都值得我们去做。别轻视自己所做的每一件事，即便是最普通的事，也应该全力以赴、尽职尽责地去完成。能把小任务顺利完成，就有完成大事情的可能，一步一个脚印地向上攀登，便不会轻易跌落。这也是通过工作获得真正的力量的秘诀。

行动的影响不可忽视

榜样是最好的教员。虽然榜样是一种无声的语言，但它却教给人们许多书本上根本无法得到的东西。榜样的力量在于行动，行动比语言更能说服人、教育人、启示人。行动就是力量。与空洞的说教不同，榜样无时无刻不在影响一个人、鼓舞一个人，它给人一种潜移默化的影响，久而久之，成为习惯。

一个人一旦在榜样的影响下形成了良好的习惯，就能受益终生。一万次空洞的说教还不如一次实际的行动。万千的说教家口里一套、行动上又是一套，这种说教又会有什么作用呢？在现实生活中总有人喜欢让别人按他讲的去做，而别人不能按他做的去做。言行不一致，拿大话、空话和套话去教育别人。这样的教育者不过是在自欺欺人而已！因为聪明的人都知道，人们往往是通过自己的眼睛去认识事物的真相，而不是只凭耳朵听到的来判断。亲眼看到的无疑要比道听途说的深刻得多、丰富得多。这也就是为什么许多大道理讲得天花乱坠而人们却充耳不闻的原因所在。

对于年轻人来讲，榜样对他们的影响是巨大且深远的。在福韦尔·柏克斯顿成名之后，他曾写信对他母亲说：“我总是由衷地感觉到，为别人尽心尽力去工作、去努力，这是一条不可改变的原则，这一原则是我的母亲您以自己的行动教给我的。”柏克斯顿也常常满怀感激地提及一个名叫亚伯拉罕·普拉斯特的猎场看守人对他的无形熏陶。

普拉斯特是一个大字不识的粗人，柏克斯顿经常跟他在一起骑马、游玩，两人私交甚笃。这位既不能读书也不能写字的普拉斯特天赋极高，而且很有正义感。“他为人极为正直，很讲原则。他从不做任何一件我母亲认为不善或不对的事情，也从不说及。他总是把一切正义美好和纯洁的东西灌输给我，他本人也就是这种充满正义感的人，他严格要求自己，对自己的一言一行从不苟且，他教人乐善好施。他自己虽然身无分文，却乐于接济别人。这种人真是只能在古罗马哲学家塞尼加和罗马大演说家西塞罗的著作中才能找到。普拉斯特是我最初的老师，也是我最好的老师。”

人类所做的每一个行动所讲的每一句话，都会产生相应的后果，这些后果很可能是极其深远的。每一个人都在社会生活这幅巨画上画上自己或浓或淡的一笔。每个人都不自觉地在某种程度上影响着周围的其他人，人与人之间相互影响着。

因此，我们自己所做的每一件事、所说的每一句话，以及我们亲眼所见别人的举止，听到他人的言谈，都会对我们自己和周围的世界产生很大的影响。

我们言谈举止会对我们的孩子、朋友和其他人产生什么样的结果，这一点我们自己也许并未能自觉地意识到，但有一点可以肯定的是，这种影响是确实存在并且在持久地起作用。因此，无论何时何地，无论什么人都要严于律己、刚正不阿，注意自己的一言一行，这是每一个人都能做到的，无论你多么贫穷，多么微不足道，你都应该这样去做。一个人能长期坚持这样去做，每个人都要求自己这样去做，这就是一件相当了不起的事情了。

锲而不舍，则百事可为

约翰逊博士认为“天才就是常人们把自己的注意力偶然地专注于某一特殊的方向。”当然，这里的常人必须是那些全身心追求自己目标的人。一个人只要致力于追求自己的目标，他总会找到属于他的“偶然性”或机遇。当然，“偶然性”和机遇也只会光顾这样的人。

与其说是偶然的运气，还不如说是坚忍不拔的意志和勤奋带给人们成功和收获。对于那些意志薄弱、懒懒散散、不求上进的人来说，最好的运气也不会产生什么结果。春风吹绿了大地，朽木却不再生新枝。哪怕是一件伸手可及的东西，手不伸，还是得不到。相反，要是人人都善于抓住和利用这些偶然的机遇的话，该有多少发明可以问世，这个世界该发生多大的变化啊。

瓦特在从事精密仪器制作的同时，一边自学化学和机械，还向瑞士的一位染印工学习德语。作为一名机械工，斯蒂芬孙在上夜班时还一边学习算术和测量，就是在吃饭的间隙之际，他也抓住分分秒秒，拿起一支粉笔在煤矿运货车的门上进行算术题的运算。对英国物理学家、化学家道尔顿而言，勤奋是他的习惯。当他年方12岁时，他就在一所村小学里任教。冬天他在学校教书，夏天则帮他父亲在农场干活。尽管他被培养成一个卫理公会教徒，他有时也通过押赌的方式鼓励自己和伙伴们去学习。有一次，由于他令人满意地解决了一个问题，他赢了一笔钱，把整个冬天用的蜡烛都买回来了。在临终前一两天他仍在继续他的气象学观察。在他一生中，他记录了20多万条气象信息。

为了追求自己的事业，许多人忍受了常人难以想象的单调和乏味。但对于从事崇高追求的人而言，他们非但不觉得这是苦，反而认为这是一种快乐。不能忍受孤单、寂寞，不能坐冷板凳的人不可能做出真正的成绩。爱德逊在动笔创作《旁观者》一书前，曾花费大量时间，收集了数千页原始材料。牛顿写《编年史》一书，先后共修改了15次，才感到满意。英国历史学家吉朋九易其稿才完成《自传》一书的写作。多年来，赫尔每天花16个小时学习法律，当他累得不行时，他就看看哲学、学习数学。休谟在写作《英国史》时，每天伏案工作13个小时。孟德斯鸠曾对一位朋友谈及他写作的情况，他说："你可能在几个小时内就看完了，但我却为此白了头。"

柏·史密斯是一个装订工人，他在他父亲那儿当学徒。他习惯于在工作的同时，把自己看过的所有书的精彩部分摘录下来，并加以评论。他一直坚持这样做，日积月累，他的知识面日渐扩大，所学的东西也越来越多，终于，他成了一位尽人皆知的文学大家。他的传记作者说他"总是在工作，总是在积累，总是在进步。”

约翰·亨特具有十分敏锐的观察力，阿伯尼兹习惯于称他为“百眼巨人”。约翰同时也异常勤奋。在20岁以前，他几乎没受过什么学校教育，他要读书和写字是十分困难的。他在格拉斯哥当过几年普通木工，后来他到了他哥哥威廉那里。威廉是一位演说家和解剖学家，当时他住在伦敦，约翰就在他哥哥的解剖实验室中当助手，但很快约翰就超过了他哥哥，这一方面是由于他的天赋过人，另一方面取决于他超常的专注和勤勉。

在英国，约翰是第一个全心全意献身于比较解剖学的人，著名教授欧文先生花了十多年时间整理约翰的有关比较解剖学的材料。所收集的材料包括两万多件标本，这都是约翰长年累月辛勤积累下来的珍贵财富。每天从清早起来一直到晚上8点，约翰就待在他的小博物馆里，一整天他都在忙忙碌碌。作为圣乔治医院的外科医生和军医总监，他恪尽职守，从不懈怠。他还得给学生们演讲，同时他还得监管在自家的一个从事解剖教育的学校，在繁杂的工作中，他总得挤出时间进行十分精细的实验，了解动物的内在组织及其结构，撰写许多具有重要科学价值的学术著作。为了挤出时间从事这么多繁杂的工作和从事科学研究，他常常只睡4个小时。

约翰·亨特总是花费大量的时间用来收集一些相关的具体材料，人们都认为他太注重这些琐碎的事情。他的许多同事认为他如此仔细地研究、思考这些细小的事实，以至于他的收获总是像鹿角一样，长得很慢。但约翰·亨特坚信，没有详尽而具体的事实作为基础，不可能得出有价值的科学论断。

经过仔细观察、研究，他掌握了动脉的运动变化规律。由此他能进行一些有开拓性的手术。在切除动脉瘤时，他能有的放矢地把主动脉系起来，这在当时根本没有人敢这样做，事实证明，他这样做是行之有效的，病人得救了，同行们都长长地嘘了一口气。

像许多富有创造性的人一样，约翰·亨特十分注重基础知识，他总是在打基础这一环节上狠下工夫。他深知，没有坚实的基石就不可能竖起万丈高楼。约翰·亨特终生独居，什么事情他都得依赖自己，无人扶手相慰，在寂寞之中，他永无止境地追求自己心灵的事业，即使他同时代的人也没几个能真正察觉到他的最终追求目标。像所有认真工作、辛勤付出的科学家一样，他以自己的劳动和汗水换来了丰硕的成功之果。他不是依赖上天的恩赐和偶然的机遇，而是凭借自己诚实的劳动和几十年如一日的苦苦耕耘而换来成功的！一分耕耘一分收获，有多少耕耘就有多少收获，这真是一条永恒的真理啊！

第八章

做好我自己，巧借他人力

主宰自己的思想

思想既可以作为武器，摧毁自己；也能作为利器，开创一片无限快乐、坚定与平和的新天地。

凯斯特是一名普通修理工，生活虽然勉强过得去，但离自己的理想还差得很远。有一次，他听说底特律一家维修公司招工，决定前去试一试，希望能够换一份待遇较高的工作。他星期日下午到达底特律，面试时间定在星期一。

吃过晚饭，他独自坐在旅馆房间中，不知为什么，他想了很多，把自己经历过的事情都在脑海中回忆了一遍。突然间他感到一种莫名的烦恼：自己并非一个智力低下的人，为什么至今依然一事无成、毫无出息呢?

他取出纸笔，写下四位自己认识多年、薪水比自己高、工作比自己好的朋友的名字。其中两位曾是他的邻居，已经搬到高级住宅区去了，另外两位是他以前的老板。他扪心自问：和这四个人相比，除了工作比他们差以外，自己还有什么地方不如他们？聪明才智？凭良心说，他们实在不比自己高明多少。

经过很长时间的思考和反思，他悟出了问题的症结——自我性格情绪的缺陷。在这一方面，他不得不承认自己比他们差了一大截。

虽然已是深夜3点钟，但他的头脑却出奇地清醒。觉得自己第一次看清了自己，发现了自己过去很多时候不能控制自己的情绪，爱冲动、自卑、不能平等地与人交往等等。

整个晚上，他都坐在那儿自我检讨。他发现自从懂事以来，自己就是一个极不自信、妄自菲薄、不思进取、得过且过的人；他总是认为自己无法成功，也从不认为能够改变自己的性格缺陷。

于是，他痛下决心，自此以后，决不再有自己不如别人的想法，决不再自贬身价，一定要完善自己的情绪性格，弥补自己的不足。

第二天早晨，他满怀自信前去面试，顺利地被录用了。在他看来，之所以能得到那份工作，与前一晚的沉思和醒悟让自己多了份自信不无关系。

在走马上任的两年内，凯斯特逐渐建立起了好名声，人人都认为他是一个乐观、机智、主动、热情的人。随之而来的经济不景气，使得个人的情绪因素受到了考验。而这时，凯斯特已是同行业中少数可以做到生意的人之一了。公司进行调整时，分给了凯斯特可观的股份，并且加了他的薪水。

从凯斯特身上，我们可以看到，并非所有的成功都来自于你的思想，更重要的是发现自己的不足，完善自己的性格。只有这样，才能在事业中不断前进，实现自己的梦想。

一个人成功与否掌握在自己手中。

人只要选择正确的思想并且坚持不懈，就能达到完美的境地；如果满脑子邪思歪念，则只能沦为禽兽之辈。在这两极中间，存在着各种各样个性的人，每个人都是自己人格的创造者与生命的主宰者。

作为思想的主人，人们拥有力量、才智与爱，掌握一把能够应对任何处境的钥匙。人拥有的这把钥匙自身有一种能蜕变和再生的装置，并借此实现人们的愿望。

即使处于一种十分悲惨的境遇，人们仍然能够主宰自己。如果他能开始反思自己所处的境况，并努力地寻找种种人生处世道理的话，就能脱胎换骨，成为能够巧妙引导能力与思想直至获得成功的智者。

人只有察觉到其内在的思想规则，才能成为如此“明智”的主宰，而这需要专注、自我分析与经验的功夫。

许多人会主动改善自己所处的环境，却没想到要完善自我，于是他们的环境仍然没有改变。那些勇于接受命运考验的人，总是实现自己心中的目标，这个道理放之四海皆准。即使人生唯一的目标就是获取财富，也必须付出很多。那么试想想，成功的人生又要准备作出多大的牺牲呢？

命运掌握在自己手中

伟大的成就通常是一些平凡的人们经过自己的不断努力而取得的。对那些勇于开拓的人而言，生活总会给他们提供足够的机会和不断进步的空间。只有那些能持之以恒、忘我工作的人，才能最终获得成功。

人们总是责怪命运的盲目性，其实命运本身还不如人那么具有盲目性。天道酬勤，命运总是掌握在那些勤勤恳恳工作的人手中，正如优秀的航海家总能驾驭大风大浪一样。对人类历史的研究表明，在成就一番伟业的过程中，一些最普通的品格，如公共意识、注意力、专心致志、持之以恒等等，往往起很大的作用。即使是盖世天才也不能小视这些品质的巨大作用，一般的人就更不用说了。

牛顿无疑是世界一流的科学家。当有人问他到底是通过什么方法得到那些伟大的发现时，他诚实地回答道："总是思考着它们。"牛顿这样表述他的研究方法："我总是把研究的课题置于心头，反复思考，慢慢地，起初的点点星光终于一点一点地变成了阳光一片。"和所有取得成就的人一样，牛顿也是靠勤奋、专心致志和持之以恒来取得成功的。放下手头的这一课题而从事另一课题的研究，这就是他的娱乐和休息。

牛顿曾对本特利先生说过："如果说我对公众有什么贡献的话，这要归功于勤奋和善于思考。"另一位伟大的科学家开普勒也这样说过："只有对所学的东西善于思考才能逐步深入。对于我所研究的课题我总是穷根究底，想出个所以然来。"

纯粹靠勤奋和毅力能产生令人惊讶的成果，这令许多杰出的人物都怀疑真正的天才的存在。天才比人们通常认为的要稀少得多。法国著名作家伏尔泰认为天才与普通人只有很细小的区别。贝克莱认为每一个人都可能成为诗人和雄辩家。热罗德斯则认为每个人都能成为画家和雕刻家。洛克、海尔特斯和狄德罗认为所有的人都具有相同的天赋。

英国物理学家及化学家道尔顿不承认他是什么天才，他认为他所取得的一切成就都是靠勤奋。约翰·亨特曾自我评论道："我的心灵就像一个蜂巢一样，看来是一片混乱，到处充满嗡嗡之声，实际上一切都整齐有序，每一点食物都是通过劳动在大自然中精心选择的。"英国作家、政治家迪斯累里认为要成功就必须精通所学科目，要精通它，只有通过持续不断的刻苦钻研，舍此别无良策。

因此，从很大程度上讲，推动世界前进的人并不是那些严格意义上的天才人物，而是那些智力平平却非常勤奋、埋头苦干的人；不是那些天赋异禀、才华横溢的天才，而是那些不论在每一个行业都能勤勤恳恳、劳作不息的人。天赋过人者如果没有毅力和恒心做基础，也只会成为转瞬即逝的火花；许多意志坚强、持之以恒而智力平平乃至稍稍迟钝的人都会超过那些只有天赋而没有毅力的人。正如意大利民谚所云："走得慢但坚持到底的人才是真正走得快的人。"

培养良好的工作习惯是很关键的一环。一旦养成了一种不畏劳苦、敢于拼搏、锲而不舍、坚持到底的劳动品性，则无论我们干什么事，都能在竞争中立于不败之地。即使从事最简单的技艺也少不了这些最基本的"品格"。拉小提琴看起来十分简单，但要达到炉火纯青的地步又需要花费多少辛劳进行反复练习啊。有一个年轻人曾问卡笛尼学拉小提琴要多长时间。卡笛尼回答道："每天12个小时，连续坚持12年。"俗语云："勤奋是金。"一个芭蕾舞演员要练就一身绝技，不知道要流下多少汗水、饱尝多少苦头。一招一式都要花费难以想象的劳动。当泰祺妮准备她的夜晚演出之前，她往往得接受她父亲两个小时的严训。歇下来时真是筋疲力尽，她想躺下，但她不能脱下衣服，只能用海绵擦洗一下，借以恢复精力。有时，人真是完全失去知觉了。舞台上那灵巧如燕的舞步，往往令人心旷神怡，但这又来得何其艰难，"台上一分钟，台下十年功"，这十年功的酸甜苦辣，泰祺妮作为一个芭蕾舞演员似乎有更深刻的体会。

一点点进步都是来之不易的，任何伟大的成功都不可能唾手可得。千里之行，始于足下，不积跬步，无以至千里；不积小流，无以成江海。德·迈斯特说过："耐心和毅力就是成功的秘密。"没有播种就没有收获；光播种，而不善于耐心地、满怀希望地耕耘，也不会有好的收获。

努力让自己变得不可替代

如果你能找出更有创造力、更有效率、更经济的办事方法，你就能提升自己在老板心目中的地位。老板会邀请你参加公司决策会议，你将会被调升到更高的职位，因为你已变成一位不可取代的重要人物。

一位成功学家曾聘用一名年轻女孩当助手，替他拆阅、分类信件，薪水与相关工作的人相同。有一天，这位成功学家口述了一句格言，要求她用打字机记录下来："请记住：你唯一的限制就是你自己脑海中所设立的那个限制。"

她将打好的文件交给老板，并且有所感悟地说："你的格言令我深受启发，对我的人生大有价值。"

这件事并未引起成功学家的注意，但是，却在女孩心中打上了深深的烙印。从那天起她开始在晚饭后回到办公室继续工作，不计报酬地干一些并非自己分内的工作，譬如替老板给读者回信。

她认真研究成功学家的语言风格，以至于这些回信和自己老板一样好，有时甚至更好。她一直坚持这样做，并不在意老板是否注意到自己的努力。终于有一天，成功学家的秘书因故辞职，在挑选合适人选时，老板自然而然地想到了这个女孩。

在没有得到这个职位之前已经身在其位了，这正是女孩获得提升最重要的原因。当下班的铃声响过之后，她依然坚守在自己的岗位上，在没有任何报酬承诺的情况下，依然刻苦训练，最终使自己有资格接受更高的职位。

故事并没有结束。这位年轻女孩能力如此优秀，引起了更多人的关注，其他公司纷纷提供更好的职位邀请她加盟。为了挽留她，成功学家多次提高她的薪水，与最初当一名普通速记员时相比已经高出了四倍。对此，做老板的也无可奈何，因为她不断提升自我价值，使自己变得不可替代了。

无论你目前从事哪一项工作，每天一定要使自己获得一个机会，使你能在平常的工作范围之外，从事一些对其他人有价值的服务。在你主动提供这些帮助时，你应当了解，自己这样做的目的并不是为了获得金钱上的报酬，而是为了训练和培养更强烈的进取心。

你必须先拥有这种精神，然后才能在你所选择的终身事业中，成为一名杰出的人物。

你能给自己最好的推荐就是以正确的心态提供最优良的服务。别人对你的看法相当重要，只要这些看法和你对自己的期望不谋而合。如果你被认定是一个积极的、有重要贡献的人，你就会备受欢迎。同事们会重视你，顾客会欣赏你。如果你能保持这些优点，你的老板也会肯定你、奖励你。虽不能一夕成功，却也绝无永远失败的顾虑。

优秀人才总是为社会所需要。“适者生存”的法则并不是仅仅建立在残酷的优胜劣汰基础上，而是基于公平正义，是绝对公平原则的一部分。若非如此，美德如何能发扬光大？社会又如何能取得进步？那些思虑不周、懒惰的人与那些思虑缜密、勤奋的人相比有天壤之别，根本无法并驾齐驱。

一位朋友告诉我，他的父亲告诫每个孩子：“无论未来从事何种工作，一定要全力以赴、一丝不苟。能做到这一点，就不会为自己的前途担心。世界上到处是散漫粗心的人，那些善始善终者始终是供不应求的。”

有许多老板多年来费尽心机地寻找能够胜任工作的人。这些老板所从事的业务并不需要出众的技巧，而是需要谨慎、朝气蓬勃与尽职尽责。他们雇请了一个又一个员工，却又因为员工的粗心、懒惰、能力不足、没有做好分内之事而一次次换人。与此同时，社会上众多失业者却在抱怨现行的法律、社会福利和命运对自己的不公。

许多人无法培养一丝不苟的工作作风，原因在于贪图享受、好逸恶劳，背弃了将本职工作做得完美无缺的原则。某公司一位努力恳求终获高薪要职的女性，才上任短短几天，便开始高谈阔论想去“愉快的旅行”。月底，她便因玩忽职守而遭解雇。

正如两物无法在同一时间占据同一位置一样，被享受占据的头脑是无法专心求取工作的完美表现的。

发挥自己的优势

自己肯定自己的优点是一种诚实的表现，而不是吹牛，当然这需要把握一个度。一个人取得一些成功是很多因素共同作用的结果，例如，环境、心态、努力、工作、机遇等。但很关键的一点取决于自身的优势。所以了解自身的优势就成了一个人想要获得成功的必修之课。

我们一般情况下所说的优势是指自己的才干、能力和天赋。不要低估自己，也不要高估自己，对自己有个准确的认识是获得成功的前提。一般人认为在外面说自己的优点是不对的，因为我们做人的原则是含蓄，即使别人问起我们的优点，我们也要谦虚一下，不过分地表露。其实这是没有必要的，表现优点是诚实的表现，不是缺点，而掩盖缺点才是虚伪，是不可取的行为。

成功需要优点，需要我们认知自己，扬长避短。从社会发展的大趋势和成功人士的经验来看，一个人要想取得事业的成功，只有自身的优势不断成长、积累，才能最后转化为胜势。所以我们的优势要不断地生长，只有具有不断生长着的自身优势才可达到目的。这是把握成功的重要战略。

自我激励的方法

成功的真谛是：对自己越苛刻，生活对你越宽容；对自己越宽容，生活对你越苛刻。

很多时候唯一能救自己的是自己。人生难免会遇到这样那样的困难和挫折，唯有在困境中不断照亮自己的灵魂，不断激励自己努力奋斗，才能走出属于自己的路。那么我们具体应该怎样做呢？这里给大家介绍几种自我激励的方法：

第一，正视危机。危机能激发我们竭尽全力。无视这种现象，我们往往会“愚蠢”地创造一种舒适的生活方式，使自己生活得风平浪静。当然，我们不必坐等危机或悲剧的到来，从内心挑战自我是我们生命力的源泉。

第二，调高目标。真正能激励你奋发向上的是：确立一个既宏伟又具体的可以通过努力实现的人生目标。许多人惊奇地发现，他们之所以达不到自己孜孜以求的目标，是因为他们的主要目标太低，而且很模糊，这样势必使自己失去前进的动力。如果你的主要目标不能激发你的想象力，目标的实现就会遥遥无期。

第三，加强排练。先“排演”一场比你要面对的局面更复杂的战斗。如果手上有棘手活而自己又犹豫不决，不妨选择一件更难的事先去做。生活中挑战你的事情，你可以用来挑战自己。这样，你就可以开辟出一条成功的道路。

第四，慎重择友。对于那些不支持你目标的“朋友”要敬而远之。你所交往的人会影响你的生活。结交那些真心盼望你快乐和成功的人，你在人生的路上将获得更多益处。对生活的热情具有感染力，因此同乐观的人为伴能让我们看到更多的人生希望。

第五，敢于犯错。有时候我们不做一件事，是因为我们没有把握把它做好。我们感到自己状态不佳或精力不足时，往往会把必须做的事放在一边，或静等灵感的降临。有些人不去做事，是因为害怕犯错。害怕犯错而不去做，那么只能是一事无成。其实有些本来自己认为做不好的事情，一旦做起来了往往就会有乐在其中的感觉。

第六，精工细笔。创造自我，如绘一幅巨画一样，不要怕精工细笔。如果把自己当做一幅正在创作中的杰作，你就会乐于从细微处作改变。一件小事做得与众不同，也会令你兴奋不已。总之，无论你有多么小的变化，这些对你来说都很重要。

第七，离开舒适区。不断寻求挑战，体内就会发生奇妙的变化，从而获得新的动力。但是，不要总想在自身之外寻开心。令你开心的事不在别处，就在你身上。因此，找出自身的情绪高涨期用来不断激励自己。

第八，把握好情绪。

第九，迎接恐惧。战胜恐惧后迎来的是某种安全有益的东西。哪怕克服的只是小小的恐惧，也会增强你对创造自己生活能力的信心。如果一味想避开恐惧，它们会像疯狗一样对你穷追不舍。此时，我们应该勇敢地迎接恐惧，积极地战胜恐惧。

做自己擅长的事情

我们在现实里总能看到这么一种情况，有些人做事，刚一开头就煞了尾，应该说是他们在开始之初就注定了失败，这是为什么呢？应该说他们的能力很强，机会也多，但还是失败了，这就发人深思了，是因为资金不足吗？不是。究其原因就是因为他们入错了行，做着自己并不擅长的工作并一无所知。

中国古话讲：男怕入错行，女怕嫁错郎。

男怕入错行，也就是要寻找适合自己的专业来经营，做在自己兴趣和能力范畴之内的业务，并让它不断发展壮大，最后给自己带来成功。纵观历史，但凡成功者都有一个明显特点，那就是不做自己不擅长的事情。

笑星张松是个地地道道的农民，可他肩不能扛，手不能提，重活干不了，轻活看不上，平时就会耍嘴皮子。在村里人的嘲笑和不屑中，他竟然把嘴皮子练成了一项独门绝技，成了大红大紫的笑星。这样的例子还有很多，乔丹曾经在棒球队无所事事，后来通过自己的努力成了篮球皇帝。这些事实都说明了一个问题，我们在自己不喜欢的环境里想改变命运，想战胜眼前的困难，就必须做一个强者，做个强者就必须发挥自己的强项，依靠自己的强项。

歌德有句名言是："你最适合站在哪里，你就应该站在哪里。"把这句话引申开来就是我们善于做什么事情，就去做什么事情。不能一味地蛮干，如果不会做的却硬着头皮去做，其结果必然以失败告终。

当今世界上，一提到微软，那就是一个神话。在人们的印象里，微软就是那些西装革履、意气风发的软件高手们的天堂。有人曾采访比尔·盖茨，让他谈谈现在微软所取得的成就得益于什么？比尔·盖茨并没有夸奖他的电脑精英们，而是称赞了一位在其创业初期的秘书——露宝。

当时的微软虽然集合了相当多的电脑高手，但他们的内务却是一团糟，后来露宝来到公司，她依靠身体力行的工作彻底改变了微软内部的诸多问题。她凭借的就是自己的经验和耐心，更重要的是她擅长做这样的工作，并在这个岗位上发挥了全部的才能。

我们每个人都有自己的长处。人的一生非常短暂，不能精通万事，只拣一样自己擅长的事去努力，才会获得最后的成功。

敢于喊出与众不同的声音

世界上没有两片相同的叶子，之于人类也是这样。世界上也绝无相同的两个人，每个人都是独一无二的，这种差别就在于每个人的思维和心灵是绝不一样的，换句话说，我们自己就是自己，自己的一切都是与别人不同的。在我们的生活和工作中我们要勇敢地保持我们的独立性，在任何时候都要唱出独一无二的声音给自己和世界聆听。

某位政要当政期间，李卫博士为他夫人的兄弟成功地施行了换肾手术。政要的夫人为了感激李卫博士的恩德，就请李卫到她家做客。李卫在政要家受到了隆重的接待。

宴席上，政要的夫人给李卫夹了一块鱼肉，不幸的是李卫对鱼有种刻骨铭心的仇恨，他从来不吃鱼。李卫对着那块鱼肉发呆，一边的政要和其夫人以期待的眼神等着李卫的夸赞。怎么办，吃与不吃成了一个难题。政要夫人笑着说："我的先生非常喜欢吃鱼，这个做法很特别，请你尝尝味道如何？"

李卫考虑再三："吃了的话，我会很难受；不吃又得罪政要。政要喜欢吃的东西，我若说难吃，无异于自杀，唉！"无奈之下。李卫强忍着吃下了那块鱼肉，并大加赞赏它的味道，可实际上，他自己的胃都快要爆炸了，难受的感觉充斥着他全部的神经。

后来李卫自己在回忆录里写道：我不喜欢吃鱼，我完全可以不吃。可我为了尊重政要及其夫人，还是忍着吃下了那鱼。我违背了我的意愿。这件事情很小，可对于心灵来说是件大事，别人期待着的成功在我这儿得到了验证，可我自己的心灵却遭受了毁灭性的打击。政要及其夫人成功了，我却失败了。在我的心里永久地留下了失败的烙印，这是非常可怕的事情。

这个故事说明，我们都有一种屈服于他人意志的毛病，不能坚持自己的原则和立场，以至于丢失了自我，产生了严重的后果。这种向他人看齐的行为似乎是我们与生俱来的，比如别人赚钱了，我也得赚钱，别人有房有车，我也得有。这种消极被动的"获得成功"的行为其实是愚蠢的。这种"成功"其实是一种最大的失败，因为它剥夺了一个人自我完整的概念。它使我们自己丧失了自己的立场，丢弃了自我的心灵。一个人活在这个世界上不能靠别人的观点来生存，而要靠自己的立场和见解。一个乞丐和一个权贵相比，乞丐会活得更有意义，因为乞丐是真实的自我。

按照自己的意念获得的成功才是真正的成功。真正成功的人生，不在于所获得的成就大小，而在于你是否努力地去实现了自我，喊出属于自己的声音。不要被他人的论断束缚了自己前进的步伐，做回自己，喊出与众不同的声音。

存有欲望并全力以赴

一个人在溺水的时候，他会极力的求助，生存的欲望让他施展出全力去呼喊。当对一件事情存有强烈的欲望时，人的潜力才能发挥，这就是著名的“后面跟只老虎，瘸子也能爬山”的理论。

我们在平时学一门知识或做一件事情时，如果只满足于我想学好做好，那就陷入了学不好做不好的怪圈。为什么？因为没有欲望，没有追求。

有这么一则寓言，讲的是一位猎人带猎狗去打兔子。猎人发现了一只兔子，当即一枪射出，好像打中了兔子的腿，猎人不敢确定，就放出猎狗去追。那只猎狗奔跑如狂，可很久后它还是孤身而回。猎人问它怎么了。猎狗懊恼地一阵狂叫。猎人明白了猎狗的意思，它说：“兔子的腿受了伤，我去追，可兔子拼命地跑，我怎么也追不上。我已经尽力了。”

再说那只受伤的兔子，逃回洞后，兔妈妈吃惊地问：“你的腿受伤了，你是怎么逃过猎狗的追捕的？”

兔子说：“猎狗拼命地追，我拼命的跑。它瞧不起我，只是略使力气，而我是全力逃走，就逃回来了。”

这则寓言讲明了“出力了”和“全力以赴”的区别。只有发挥出自己全部的力量去做一件事情才能获得成功，这是我们每一个希望成就大事的人都要铭记的准则。

我们总说“付出了多少就会有多少相应的回报”，这句话是没有错的。

有一次吉米·卡特遇到了海军上将里·科费将军。将军让他说说吉米自己认为很骄傲的事情。吉米·卡特当即说：“我在军校时候的成绩是第58名，全校有几百名学员。”可他并没有得到将军的赞赏。将军只是说：“58名，为什么不是第一名？你作出最大的努力了吗？”吉米·卡特当即怔在那里，不知该如何回答。

后来吉米·卡特就把将军的话当成了自己的座右铭，用其激励自己做什么事情都要尽最大的努力。经过不懈努力，他终于当选了美国第39任总统。

我们生存的这个世界是个充满危险和机遇的世界，天下的事情没有轻松简单就能成功的。不经历艰苦的磨炼决不能获得真正意义上的成功。压力是促使人们进步的直接原因，只有感到有一定压力，自己才会心甘情愿地卖力去干。

神话一样的微软公司就是在压力下一步步成长，从老总到员工都付出百分之一百的努力才获得现在的成功的。

比尔·盖茨和保罗·艾伦凭借敏锐的市场洞察力跟当时的电脑生产者罗伯特联系，表示愿意替他的微型电脑提供软件。当时想跟罗伯特合作的人很多，罗伯特告诉他们俩，谁的软件设计得最好，就用谁的。

得到这个答复，二人知道机不可失的道理，当即采取行动。他们天天在电脑房里劳作，不眠不休，为的就是设计出最好的软件，获得和罗伯特合作的机会。最后，他们成功了，借此机会创建了微软公司，并称霸全球。

世界上没有免费的午餐，不付出全部的努力就不可能获得真正的成功。记住这点，这是真理!

不抛弃，不放弃

做事情的悲哀莫过于功亏一篑。像三国时的诸葛亮六出祁山，杜甫有诗说：“出师未捷身先死，长使英雄泪满襟。”道出了这位大人物的遗憾与无可奈何。

我们一般人在困难面前首先的反应是退却，但现代社会要求我们遇到困难不能退却，否则就会被社会所淘汰。细想一下，做任何事情，我们都抱着坚持到底的信念，并坚决贯彻，其结果是不是会大不一样呢?

人的弱点之一就是不能坚持。其实我们并不缺少坚持下去的能力，只是我们的意志不够坚定。纵观历史，但凡功成名就的人都是拥有坚强意志的人。胜利总是会青睐坚持到最后的人。

二战期间，美国有个叫史密斯的海军上尉，总结出了一套全新的打靶方法，可以大大地节省弹药。他认为这套方法可以在全军推广，就写信给自己的上级，但他的上司对他的建议毫无兴趣。史密斯坚信自己的这套方法是好的，就又给更高一级的上司写信，可同样遭到了他们的否决。这样来回了很多次，史密斯没有放弃，他决定给罗斯福总统写信。他这样做在当时是军中大忌，因为下级的信件必须直接交给高自己一级的军官转呈。史密斯的信竟然直接交到了罗斯福总统的手里，这等于犯了十恶不赦的大罪。

罗斯福总统看完他的信后，亲自接见了冒死建议的史密斯，史密斯最终说服了罗斯福在全军推广他这套全新的打靶方法。此一方法使美国的弹药消耗大大减少了。史密斯也因此获得了人生上的成功。

像史密斯一样坚持自己的主张，遇挫折而不灰心才能最终如愿以偿，获得圆满的结果。我们每个人都应该像史密斯学习。不放弃也不抛弃，不达目的不罢休是我们获得成功所必须坚持的信念。

培养强大的自信心

我们时常谈论，做事情要有自信，可这个自信是从哪来的呢？自信不是天生的，而是在后天的实践中积累起来的。自信是需要特别的培养才能拥有和保持的。那我们该如何培养、保持我们的自信呢？不自信的人往往都很自卑，遇到事情都会后退、缩手缩脚，显得沮丧异常，其实这是人的天性。我们完全可以改变这种自卑的心理，建立起强大无匹的自信，在举手投足之间彰显个性的魅力，显示自信的美感。下面介绍几种小技巧来帮助大家树立自信。

首先一招就是把自己想象成是神的化身，是完美的化身，自己集合了人类全部的优点和魅力。这种方法是一种心理暗示，我们在电视上看到的许多名模走秀，他们的表情举止上都带着强大的自信，其实是他们自己反复在心里默念“我是最美的，我是最好的”这句话的结果。想得多了，精神层面上就把自己当成了完美的化身，在表情动作上就会带出来那种自信。

其次是当面对别人的财富和权势时，用我们中国传统的“精神胜利法”来获得平衡，之后把对方的一切想象成自己的，好像自己真的拥有那些东西，这样在行为表情上就会像大亨一样自信，可以直视权贵，可以傲慢财主。

再有就是效仿自己的偶像。比如你非常喜欢刘德华，那就仔细揣摩刘德华的微笑方式、举手投足的姿势，一心模仿，练就气质，继而树立强大自信，我做得会比偶像还好。

最后就是在自己的言谈、衣着、行为举止、办事态度等方面严加控制，注意用细节来塑造自信的气质。

在言谈方面表现，就是要求我们在说话的时候语气要坚定、斩钉截铁，不要使用语气助词，例如嗯、啊等字眼。让自己的话流利顺畅，表达清晰，以肯定的语气结束，表达一种强大无匹的力量。

衣着方面的注意，主要是要衣着得体，因为好的装扮才能给人留下好的印象。在穿衣着装时要选择适合自己的服装、发型，以便充分展现出自己的形象。例如在颜色搭配上就可以显示出一个人的品位和自信心，不同的颜色搭配在一起会有不同的效果，好的仪容可以增加你的信心，说话办事都特有精神。

至于行为举止方面，就是要求我们控制自己的动作，不要做出一些有损形象的小动作，面带微笑，身体笔直，行如风，坐如钟，这样才能获得好的外在形象。

心态方面，就是要抛弃自卑的心理，承认自己会犯错误、存在焦虑。当感到害怕的时候就多做几个深呼吸，告诉自己："我害怕，但我不会退缩。"表现出舍我其谁的姿态来。在面对别人的恭维的时候，表现出自然大方、模棱两可的接受。办任何事情都要极其认真，这样你就能从外到内改变自己的气质，树立起强大的自信心。

综上所述方法，你不妨一试，效果好否，心诚自知。

善于交流合作更易成功

一个人的力量总是有限的，即使是超人也会有精疲力竭的时候。人是社会的人，一个人想要成就一件事情，哪怕小得无法再小，也是要接触他人，依靠别人的力量来完成。在当今社会中，团队是每个人心目中必不可少的概念。如果一个人不善于与他人合作，没有团队精神，那么最终结果就是做事失败，甚至被社会所淘汰。

有些人总是把自己当成超人，要酷，特立独行，自以为是，他们从不与人合作，总是一个人在战斗，即使失败了也不吸取教训。他们心里根本没有团队的概念，也没有人和他们说过，因为没有人愿意和他们交流。

李人青在一家外贸公司当秘书，20多岁的小姑娘，南方人，长得很漂亮。她刚到公司就在同事中间引起了轰动，因为公司里一直是男多女少，所以那些20岁往上的光棍们都对女同事特别殷勤。这样李倩就在公司“安营扎寨”了，可没过多久，同事们就发现很难和李倩交流。原来李人青自小就心高气傲，她老觉得做秘书是丢面子的事情，可出于无奈必须工作，她总是怨天尤人，抱怨上天不公，产生了严重的消极怠工思想。

李人青的怠工思想直接表现在她的行动上。她总是敌对同事的好意，拒绝一切团体活动，在工作中也是独自为伍，不和任何人合作。最后同事们都不理她了，她的工作也经常出现错误，最后被老板开除，落得个凄惨的下场。

一个怠工的秘书、一个不与他人合作的“超人”，面对辞退的结果，同事们大感痛快，可她自己能从其中得到什么教训呢？这好比一个杀手，冷酷是他的魅力，同时也是自己的软肋，他杀死了别人，别人可以“重生”；可他一旦“杀”了自己，自己就彻底“死亡”，这是得不偿失的。

现代社会的企业更为重视员工的团队精神。即使你才干超常，但你拙于与同事交流，没有团队精神，那你很难获得大的发展和成功。在公司里上班，我们都想高人一等，获得高薪和权力，那我们就必须善于与别人合作，常怀有一颗感恩的心，让同事和上司认可我们，我们才能成功。

不断向别人学习

卡尔念大学时就显得比别的同学的知识丰富，毕业十几年后见到他，他还是比他的同学懂得的多。

原来他的秘诀是他喜欢向不同行业的人吸取新知！

他在念书时就有这个习惯，除了看报、看杂志、充实本专业之外的知识，他还会想办法和别的科系的同学聊天，所以有些科系的知识他虽然没有进修，但多少都懂一些。

此外，他也和来自不同地方、不同背景的同学聊天，所以大学没毕业，就已像一个在社会上做了好几年事的人一样了。

开始上班后，卡尔更把这个习惯带到工作中去。他和同一单位、不同专业、不同背景的人聊天，也和不同单位的人聊天，更和非本行的外界人士聊天。

他的做法是这样的：

在有聚会的场合，交换过名片后，他会在恰当的时机挑选一个具有新闻性的话题，向他锁定的对象发问。

大部分人都喜欢在公众场合中受到注意，有人发问，当然恨不得把所有时间包下来，好好讲个痛快。

所以问的问题或许不很专业，但得到的回答却很专业。因而这一问，也使他交到了很多朋友：那么多人，只有你问我，当然就对你有特别的印象啦！

于是他会准备第二次见面，而为了避免唐突或引起戒心，他都会找朋友做伴。

如果是非聚会的一般场合，他会恰当地和对方聊一下，几乎每个人碰到他，都会很乐意说一些。

因为他的发问，给了对方一种被尊重的感觉，对方就更乐意向他传授各种专业知识。

因此，卡尔知识广博就不意外了！

他现在是一家公司的经理，而他的升迁和他的习惯是不是有直接关系不得而知，但即使没有直接关系至少也有间接关系，因为对不同行业了解得多，有助于对本行业的判断和思考，至少朋友多，做事方便啊！

而最可贵的是，他所得到的都是第一手的经验，这价值远非报章杂志和书本所写的能比！

对向不同行业的人吸取知识，卡尔也提出一些要诀。

要抱着请教的态度。谁都不敢自诩是专家，但有人请教，就会轻飘飘起来，因为被对方肯定了。你用请教捧了他，他不知无不言才怪！但要记住，千万不要和对方辩论，宁可多提几个问题让他解释。辩论不会有结果，辩赢了，你也会失去本可以成为朋友的人！

妥善找寻问题的切入点。

你总不能开口就说请你介绍你的专业吧？太幼稚的问题，对方有时会不耐烦，懒得回答。

切入点如何找？方法是多看报章杂志，广泛了解社会的脉动，例如碰到律师，你就可问他赦免死刑犯的问题。如果一时找不到，从“景气”问题下手准没错。

态度要诚恳、认真，不要给人只是随便问问的感觉。最好能做笔记，对方看你做笔记，不感动也难！

最后，不要急于一时。太急于了解对方的行业，会让对方以为你别有所图！先交朋友，再了解就不会打草惊蛇，一次了解一点，彼此熟了，他想不让你了解也没办法！

总之，不要认为和你不相干的行业的人就和你的工作不相干，各种行业都有依存关系的，所以，打开你的心灵大门，去接纳各种不同背景、不同行业的人吧！

著名作家威廉逊经常从不同的行业人士那里获得新知，以此作为自己写作的素材。

在一次晚宴上，他和生物学家古斯先生偶遇，并开始交谈起来。

古斯先生所谈的非洲玛拉山区野狗的情况感染了他，让他对玛拉山区野狗的生活产生了很大兴趣。

一整个晚上，他都在向古斯先生请教野狗的生活习性、生理知识、活动范围等。

而接下来的几天，他更是亲自登门向古斯先生学习请教，掌握了大量非洲玛拉山区野狗的新知。

一年之后，一部以玛拉山区野狗为背景的小说《野狗天堂》荣获年度小说特等奖。

该书的作者正是威廉逊。

学会“借”的法门

人生在世有“三借”：借人、借钱和借势。但凡获得成功的人十有八九都是“借”中高手，欲想成大事，借字不能少，学会借才能获得成功。借人、借势是需要一定的智慧和能力的，借好了可以弥补自己的不足，借助别人的人气、势力获得利益。借钱是我们从小就会的东西，当然借钱也并不是非常容易，但打好借字牌的话对于事业人生都有很大的帮助，所以人们都应该掌握“借”的技巧。

说到借的技巧其实很简单，就是广交朋友。俗话说“一个好汉三个帮”、“多个朋友多条路”。朋友多了自然好办事，有了朋友就等于有了希望，因为朋友会在你的事情上发挥极大的作用。但交朋友一定要分出等级，这不是说对朋友要心眼、玩计谋，是要分清朋友的身份和目的。有的朋友是可以肝胆相照的，而有的纯粹是酒肉朋友，无须认真，这样你才能把握住交际的内涵，立于不败的境地。

三国时，周瑜和曹操在赤壁两军相向。曹操重用蔡瑁、张允操练水军，使曹军的水战能力不亚于周瑜的部队，周瑜为此很是神伤。正巧周瑜的同学蒋干当时在曹操手下任职，一天，蒋干心血来潮，决心为主子干件好事，就主动请缨前去说服周瑜投降。周瑜何等精明，立即抓住这个机会，利用和蒋干是朋友的微妙关系，巧妙地施展离间计，让曹操杀了水军大将，除去了不利的因素，从而取得了赤壁大战的胜利。

像蒋干这种朋友只有利用的价值，同时他也在利用周瑜，只是看谁利用朋友的技术更加高绝罢了。周瑜和蒋干的故事就是典型的借人借势为己谋利。

香港有一家著名的饼店叫圣安娜饼店，它的创始人霍世昌曾经一无所有，只是个小技术工，可他凭借超人的智慧，依靠借钱的本领开了饼店，并一举成名。事实证明借钱是发展自己的有效手段。

“借”不是空手套白狼的欺骗，而是需要实力、智慧和谋略的方案，真正掌握好借的窍门的人必将无往而不胜。

让下属增强你的实力

在社会做过几年事之后，你很有可能就当上了主管，带领几个人做事。

要当好一位主管，学问说大不大，因为有人当得轻松愉快；说小也不小，因为也有人当得苦不堪言。而同样一个职位，不同的人来做，又会出现不同的结果，带的是同一批人，同样是有的人做得轻松，有人做得辛苦！

为什么会有这样的差别呢？

一位主管要当得轻松愉快和权力的拥有、分配有直接关系，也就是说，如果你拥有权力，又可以分配权力来提携自己的部属，你的部属为了分享你的权力，就会听你的。这是很现实的人性，所以有些人就可以用丰沛的权力资源让部属为他卖命。人为财死，那有什么道理好说呢？这是权力使然，但权力一消失，部属可能就对你弃之如敝屣了，因为没有好处可得了。

为了使部属与你更好地相处，并使自己在他们心中占有不可或缺的位置，你一定不要吝于提携部属。而提携部属不但能让一个有才干的人好好发挥，更重要的是那些被你提携的人将成为支持你的力量！

前一个好处有为社会或团体荐举贤才的意义，至少也帮了一个人。而每一次提携的动作，一定会有程度不同的第二个好处，也就是，于情于理，被你提携的人都会因为感激而甘愿为你效犬马之劳，至少他也欠你一份情，而这一份情他迟早是要还的。

有一位政治人物就很会提携后进，他待过很多单位，很多人因他升了官。后来碰上政治争端，曾受过这位政治人物提携的人一致为他声援，展现了他庞大而惊人的人际关系力量！

当然，你不一定是政治人物，但在事业上你一定会有某种程度的成就（除非你自暴自弃，不求上进），你也一定会有机会升迁，而你提携的这些人也必将成为支持你、帮助你的力量！

而你我于日常生活间，是否也用得到这种技巧呢？

有一阵子，住在纽约的简老太太发现她家草坪老是遭到邻居顽童的践踏。任她怎么骂他们，总是没有收效。最后，她只好把那些顽童中带头男孩找来，请他担任草坪的“纠察队长”，专门防范外人践踏破坏。结果这孩子真的是恪尽职守，再也不准任何人来践踏她家的草坪了。

而所谓的提携，方式主要有以下几种：

为他升官晋级。这是最明确、也最为人所认同的提携，但也要看他的才干才行，扶不起的阿斗反而会害了你自己，成为你的负担！

调整他的职务。这不一定是升官，但却可让他的才干得到发挥，而不致“闷死”。

给他助力。例如让他放开手脚，让他可以独立自主地做些事情，以便磨炼他的才干！

替他解决困难。一文钱可以逼死英雄汉，如果某人真是英雄，那么就帮他解决困难吧。

帮他脱离危险。在悬崖前拉他一把，明告他、点醒他或暗示他，让他免于受伤或毁灭。

鼓励他。在他灰心的时候，遭到横逆的时候，被小人打击的时候，在精神上支持他、鼓励他，让他振作起来，这也是一种提携！

不过，提携后进时，你也要有心理准备。

承担风险的心理准备：看人不可能百分之百准确，有时也会把庸才看成将才，也会因个人的好恶而把恶狼当家狗，因此你提携了他之后，有时候会有被拖累和遭到背叛的危险。

承担流言的心理准备：提携的动作如过大过广，会被人认为是在培植势力，甚至引起别人的反感和抵制，在大的团体（如政府单位和大企业）里这种情形尤其常见。

总之，任何事情有利就有弊，但提携后进这件事对你个人来说，是利大于弊的，不能因为有弊就拒绝提携有才干的人物。很多企业家、政治家一直有忠心耿耿的属下追随，都是因为这些人乐于提携后进，用情绑住了他们，既对他们有利，也对自己有利！所以，如果你有能力，有条件，那么就伸出你的有力的双手吧！

另外，主管也要学会做人。所谓会做人是指会站在部属的立场来考虑，考虑他们的工作，也要为他们争取利益，不但提携自己的部属，并且实际关心他们的生活。

有些主管在部属有婚丧喜庆之事时，如果不能争取到什么津贴，都会自己掏腰包。这种领导属于情义领导，有人很容易被这种主管感动而为之卖命，但有人则像木石，毫无感觉，反而还会因为无利可图而找主管的麻烦。

总之，要作好各种思想准备，提升下属定是利大于弊。

王特先生是纽约一家著名印刷公司的老板。

有一次，他发现他手下一名技师态度很恶劣，经常抱怨工作太辛苦，时间太长，人手太少。为了不引起对方反感，但又要纠正他这个毛病，沉思多日，王特先生终于想出了一个方法。

他并没减轻他的工作，也没替他特聘助手，但最后却是弄得那位技师眉开眼笑，乐得不得了。他为这名技师设了一间私人办公室，而且还在办公室门上特地加上了耀眼的职务：修理部经理。

从此，那位技师再也不认为自己只是个修理机械的小工，而是堂堂一个单位部门的经理，身份当然不可同日而语，所以干起事来，比从前也卖力多了！

你或许觉得这人幼稚可笑，但可别小看此事。当年拿破仑带兵作战，用的也是这种方法，他曾经颁过1500个十字勋章给他手下军官，赞誉手下18位将领为“法国军人之魂”，并称自己的部队是“不败之师”，所以他才能率军远征，势如破竹，不可一世。

有人曾批评拿破仑的做法是在“用虚荣欺骗手下”。拿破仑却理直气壮地说：“支配人类的最大力量，除了虚荣，尚有何物？”

让朋友成为成功的砝码

俗话说：“在家靠父母，出外靠朋友。”

的确，在社会上行走，如果一个朋友都没有，绝对不可能成大事。虽然朋友多并不一定能成大事，但朋友多却是成大事的条件之一，所以在社会上行走，你要尽可能多交朋友。

当然，你所交的也有可能是坏朋友，但如果因为怕交到坏朋友而不交朋友，那么会连交到好朋友的机会都失去。而这种过度防卫的心理，也会使你原有的朋友离你而去，到最后可能变成一个朋友都没有！

事实上，朋友的好或坏很难说，绝对好或绝对坏的不多，总是有好有坏，全看你怎么和他们相处。但无论如何，多交朋友这件事绝对是利大于弊的。

那么，怎么多交朋友呢？

一般人交朋友是通过工作关系，以及朋友的介绍，这是比较正统的方法，但不太容易交到别的行业以及层次不同的朋友，而且交到的朋友较为有限。

因此，你要扩大交友的圈子，要主动出击，而不是靠别人上门来和你做朋友！要扩大朋友的圈子，最有效的方法便是参加社会团体。

社会团体中有各色各样的人物，彼此碰面的次数很多，层级也相当接近，因此虽然彼此行业不同，但却很容易交成朋友。

你如果参加了这样的团体，经过一段时间之后，便可和团体成员成为朋友。

当然，你的用心也很重要，双方若没有进一步交往，则彼此也不过是点头之交，因此还得在正常的聚会之外另外发展友谊。

如果你没有资格或机会参加类似的团体，那么可以自己组织一个，现在有很多人就这么做。

他们先从身边找几个志同道合的朋友，定期聚会，并且以团体的名义，邀请各行业的专家来演说。此外，也规定每个人每个月要介绍一位所认识的优秀的朋友来给大家认识，如果要加入这个团体，也竭诚欢迎。

这种方式有连锁反应的效果，朋友介绍他的朋友，朋友的朋友又介绍他的朋友。

如此，时间不会很长，你就会交到很多各阶层、各行业的朋友。当然你必须学会和朋友相处。

此外，参加义工团体或某种学习团体也可认识新的朋友。有了新的朋友，好好经营彼此的友谊，对你绝对是有好处的，说不定你的事业就是从这里开始的呢！

大部分人交朋友都弹性不足，因为他们交朋友有太多原则。例如看不顺眼的不交、话不投机的不交、有过不愉快的不交！

这种交朋友的态度也没有什么不好，但是在机智做事中，实在有必要更有弹性一点。不过这里指的是广义的朋友，因为普通朋友和知己朋友还是要有所分别的。

所谓的弹性是指：

没有不能交的朋友。你看不顺眼或话不投机的人并不一定是小人，甚至他们还有可能是对你会有所帮助的君子，你若拒绝他们，未免太可惜了。

你会说，话不投机又看不顺眼还要应付他们，做人这样太辛苦了。是很辛苦，但你就是要有这样的功夫，并且不会让他们感觉你在应付他们。要做到这样，只有敞开心胸，别无他法。

相逢一笑解千仇。某人得罪过你，或你曾得罪过某人，虽说不上彼此成仇，但心底确实不愉快。

如果你觉得有必要，可主动去化解僵局，也许你们会因此而成为好朋友，也许只是关系不再那么僵而已，但至少你少了一个潜在的敌人。这一点相当难做到，因为就是拉不下脸来！

其实只要你愿意做，你的风度会赢得对方对你的尊敬，因为你给他面子了。如果他还不与你和好，那是他的事！不过，要化解僵局要看场合和时机，不要太刻意，酒席上、对方离职时、升官时最好，也就是交朋友总是要有借口！

不是敌人就是朋友。有些人奉行的原则就是不是朋友就是敌人，这样做会使敌人一直增加，朋友一直减少，最后使自己成为孤家寡人。应该改为不是敌人，就是朋友，这样就会朋友越来越多、敌人越来越少！

没有永远的敌人，也没有永远的朋友；敌人会变成朋友，朋友也会变成敌人，这是社会上的现实。

当朋友因某种缘故而成为你的敌人时，你不必太忧伤感叹，因为有一天他有可能再成为你的朋友！有这样的认知，就能以平常心来交朋友！

放下身份。身份是交朋友的一大阻碍，也是树敌的一个原因，你千万不要以为你是博士，就不去理会一个工友，在交朋友的弹性这件事上，这种身份上的优越感会使你交不到朋友！

能以这些弹性交朋友，怎么会交不到朋友，怎么会走不通路，做不了事呢？

如果你仔细地去看成功者，会发现他们有一个共同之处，那就是他们的人际关系都很广泛。

只有拥有了广泛的人际关系，才能建立起一个庞大的信息网，这样就比别人多了一些成功的机遇和桥梁。

美国前总统克林顿能够成功地赢得竞选，也是与他拥有广泛的人际关系分不开的。

在他竞选过程中，他拥有高知名度的朋友们扮演着举足轻重的角色。这些朋友包括他小时在温泉城的玩伴、年轻时在乔治城大学与耶鲁法学院的同学及当罗兹学者时的旧识等。

他们为了克林顿能够成功，四处奔走，全力地支持他。所以克林顿就任总统后不无感慨地说，朋友是他生活中最大的安慰。

根据《行销致富》一书作者史坦利的说法：“成功是一本厚厚的名片簿，更重要的是成功者广交朋友的能力，这或许便是他们成功的主因。”

要想成功，就必须有一个好的人际圈子，要知道仅凭一个人的能力是很难完成自己的事业的。只有有人愿意帮你，不断地给你提供各种资源，你才能有更多的成功机会。

起用能力比自己强的人

任何青年人一跨入社会都应该学会待人接物、结交朋友的方法，以便互相提携、互相促进、互相借重，否则，单枪匹马绝对难以发展到成功的地步。

钢铁大王卡内基曾经亲自预先写好他自己的墓志铭：“长眠于此地的人懂得在他的事业过程中起用比他自己更优秀的人”。

大部分美国人都有一种特长，就是善于观察别人，并能够吸引一批才识过人的良朋好友来合作，激发共同的力量。

这是美国成功者最重要的、也是最宝贵的经验。

任何人如果想成为一个企业的领袖，或者在某项事业上获得巨大的成功，首要的条件是要有一种鉴别人才的眼光，能够识别出他人的优点，并在自己事业的道路上利用他人的这些优点。

一位商界著名人物说，他的成功得益于鉴别人才的眼力。这种眼力使得他能把每一个职员都安排到恰当的位置上，而从来没有出过差错。

不仅如此，他还努力使员工们知道他们所担任的位置对于整个事业的重大意义。这样一来，这些员工无须监督，就能把事情办得有条有理、十分妥当。

但是，鉴别人才的眼力并非人人都有。许多经营大事业失败的人很大原因是因为他们缺乏认识人才的眼力，他们常常把工作分派给不恰当的人去做。

他们本身尽管工作非常努力，但他们常常对能力平庸的人委以重任，却反而冷落了那些有真才实学的人，使那些人埋没在角落里。

其实，他们一点都不明白，一个所谓的干才，并非能把每件事情干得很好。样样都精通的人在做某件具体的事情时并非特别优秀。而能在某一方面做得特别出色的人不一定是样样都精通的人。

比如说，对于一个会写文章的人，他们便认为是一个干才，认为他管理起人也一定不差。但其实，一个人能否做一个合格的管理人员，与他是否会写文章是毫无关系的。管理人员必须在分配资源、制订计划、安排工作、组织控制等方面有专门的技能，但这些技能并不是一个善写文章的人就一定具备的。

一个善于用人、善于安排工作的人会在管理上少出许多麻烦。他对于每个雇员的特长都了解得很清楚，也尽力做到把他们安排在最恰当的位置上。

但那些不善于管理的人竟然往往忽视这种重要的方面，而总是考虑管理一些鸡毛蒜皮的小事，这样的人当然要失败。

很多精明能干的总经理、大主管在办公室的时间很少，常常在外旅行或出去打球，但对他们公司的营业却丝毫没有不利的影响，公司的业务仍然像时钟的发条机制一样有条不紊地进行着。那么，他们如何能做到这样省心呢？他们有什么管理秘诀呢？

没有别的秘诀，只有一条：他们善于把恰当的工作分配给最恰当的人。

如果你所挑选的人才与你的才能相当，那么你就好像用了两个人一样；如果你所挑选的人才，尽管职位在你之下，但才能却要超过你，那么你用人的水平真可算得上高人一等。

有许多雇员的办事能力还往往要在雇主之上，这些人只要机会一到，就立即可以自创事业。这种推测是合乎情理的，有许多人之所以有惊人的发展，造成伟大的事业，往往是因为他们受了重大的压迫。

比如，当美国的政治发生重大变故、国内大乱、人民居无定所的时候，像林肯、格兰特、法拉格特、谢尔曼、李将军等人便挺身而出，受命于危难之间，担起了国家的重任。如果那时美国国泰民安、气象平和，那么这么多伟大人物即便有满腔的抱负，也许仍然会在默默无闻中度过一生！

现在生活中依然有许多这样的人，只要你学会用人，这样的人就会为你效力。

如果一个人能被委派从事一种责任重大的工作，同时又为上司所坚决信赖时，他往往容易在艰难环境的压迫和求胜心切的激励下，立意要使自己的工作做得很出色，一定会将他所有的才识、能力施展出来，他会竭尽全力做到让上司称心满意。

反之，如果上司给他安排的工作与他本身的才能志趣不合，同时上司还时时无理地干涉他、不肯完全信任他，那么他对自己的工作一定很灰心，还会觉得在目前的职务上一定不能有大的发展。

这样，他就只会每天听着上司的命令，按部就班地工作着，而无法把自己的才能完全用到工作上去。

他深知，自己虽然有成就大业的才干和力量，但因为上司的不信赖，根本就无法发挥出来。

善于用人，不但利于你在机智做事中达到完美，而且有助你达成某些目的。

第一次世界大战时，德国军队中的某旅长手下有三名性格各异的团长：一团长无论什么事情都爱亲自动手，而且总是干得很好；二团长对每项命令都不折不扣地遵照执行，但缺乏主动性；而三团长对上级的指示喜欢顶牛，总是想要对着干。

有一天，这个旅要进攻一个防守严密的阵地。如何完成任务呢？这位旅长看准了他们每人的性情。

他对一团长说：“我想我们该进攻了，你们团将挑起进攻的重担。二团做你们的左翼，三团做你们的右翼，12点开始进攻。”对爱顶牛的三团长，他的话就大不相同：“我们遇上了一股极其强大的敌人，凭我们现在的力量恐怕是无法发动进攻的。”

正如他所预料，三团长对他的话不以为然：“为什么不能，把进攻任务给我们团，你会看到我们成功的。”

“那么去吧，我们试试看。”旅长不动声色地给了他正式的进攻命令，这其实是早已准备好的。至于对二团长，他就直截了当地向他发出了进攻命令，但其中充满了前两道命令所没有的细节。

由于旅长能够掌握用人的技巧，并根据不同的情况进行不同的诱导，结果这三个团进攻得都很成功。

巧妙地刺激别人努力工作

想留住好员工，只靠工资是不行的。成功者都更喜欢工作本身的竞争，以及自我表现的机会。

查尔斯·史考伯属下的一名工厂经理来找他求助，因为他的员工一直干不好他们应该干的事情。

史考伯问：“你挺能干的啊，怎么就不能让员工们干好活呢？”

那位经理回答说：“我也不知道怎么回事，无论我说好听的，还是说难听的，都不管用，他们就是完不成任务。”

这时候正好日班已经上完了，马上要开始上夜班。史考伯走进车间，要了一根粉笔，然后，他转身问最靠近他的一名日班工人：“今天你们这一班生产了几部暖气机？”那个工人回答：“6部。”史考伯默默地在地板上用粉笔写下一个大大的阿拉伯数字“6”，随后走了。

当夜班工人进来时，看见了那个“6”，他们就问这是什么意思。那位日班工人回答：“今天老板来过，他问我们班一天的产量，我们说6部。他就在地板上写了这个‘6’。”

当史考伯第二天早上又来到工厂车间时，发现夜班工人已把“6”擦掉，换成了一个大大的“7”。

等日班工人来上班时，也看到了那个大大的“7”。他们认为，这是夜班工人在向他们示威，于是他们决定还以颜色。他们非常努力地干活，下班时，他们留下了个大大的“10”。

就这样，这家落后工厂的产量很快地上升，生产数量比其他的工厂都要多。

胜过他人的斗志！迎接挑战和挑衅！这是激励人的精神的一个非常管用的办法。

这就是每个成功的人喜欢的东西：竞争和展现自我的机会，实现自我价值、胜过别人的机会。

所以，如果你想让好强的、勇敢的人接受你的想法就提出挑战。

激发他人的强烈需求

能够设身处地为别人着想、洞察别人心理的人，永远不必担心自己的前途。首先要把握对方心中最迫切的欲求。如果能做到这点，就可以如鱼得水，否则就办不成任何事情。

鱼儿喜欢吃小虫子。钓鱼的时候，我们总是琢磨这些鱼儿喜欢哪些美味佳肴。不会在鱼钩上挂上草莓和奶油做诱饵，而是穿上一条虫子或一只蚱蜢，垂到鱼儿面前，说：“你不想尝尝这个吗？”

当你“钓”人的时候，也可以试试同样的方法。

乔治就常常采取这种方式。经常会有人问他，当其他在战争年代成为领袖的人，例如威尔逊、奥兰多及克列孟梭都逐渐被世人遗忘的时候，为什么他仍然能够大权在握。他回答说，如果说他执掌权术有何秘诀的话，那可能就是因为他很早就明白了一个道理：要想钓到鱼，鱼饵必须适合鱼的口味！

为什么要谈论我们所要的呢？这是孩子气的荒谬的想法。当然，你感兴趣的是你所要的，你永远对自己所要的感兴趣。但别人并不对你所要的感兴趣。其他的人，正跟你一样，只对他们自己所要的感兴趣。

因此，世界上唯一能影响别人的方法，是谈论他所要的，并告诉他怎样去得到。

请记住！当你明天要别人去做某件事的时候，一定要记住这一点，譬如说，当你不希望你儿子抽烟的时候，别跟他讲什么大道理，只需让他知道，抽烟会使他无法加入篮球队，或赢得百米竞赛。

这是值得记住的一点，不论你是对待小孩子、小牛或猴子。例如，有一天，爱默生和他的儿子要把一头小牛赶入牛棚。他们犯了一个很多人都容易犯的错误——只想到他们所要的：爱默生在后面推，他的儿子在前面拉。但那只小牛想做的不与他们想做的一样，它所想的只是它所要的，因此它蹬紧双腿，顽固地不肯离开原地。爱尔兰女仆看到了这个僵持的局面，尽管她不会著书立说，但至少在这一次，她比爱默生更了解牛马的性格。她想到了那只小牛所要的，因此她把她的拇指放入小牛的口中，让小牛吮着手指，同时慢慢地把它引入牛棚。

探求别人的观点，并在他内心当中激发起对某件东西迫切渴望的需求，并不是为控制这个人，使他做出对你有利而对他不利的事。任何一方都应在这种情况下有所收获。

树立替别人着想的意识

自私的人永远想着自己，真正会交际的人总是想着对方，因为想着对方等于为自己积累人脉，等于想着自己。为对方着想，这是人际交往的一条重要原则。

生活里，无论是什么身份的人都不会喜欢自私的人，人们都喜欢总是为别人着想的人，总是会情不自禁回报为自己着想的人。所以我们在做人做事时一定要尽量为别人着想，这样才能营造一个良好的人脉环境。

交际好像钓鱼，成功学大师卡耐基曾对此有过精彩的论述，他说：“我很喜欢钓鱼，我在钓鱼时喜欢吃杨梅和奶油，可我绝不会拿杨梅和奶油当鱼饵，因为鱼儿喜欢吃虫子。所以当我去钓鱼的时候，我不想着我喜欢的东西，而是想着给鱼儿带虫子吃。这样我能钓到鱼，而且会有很多的杨梅和奶油。交际正是这样。”

想要获得完美的交际就要像卡耐基那样学会“钓”到人。放对了鱼饵才能钓到鱼，对于交际也是这样，用一种不恰当的“鱼饵”钓，而不去分析所“钓”之人的喜好，即使技术再高明也是没有效果的。

生活中有些人总是想着自己，不顾别人的死活，不管对方的感受，心目中只有“我”，这是不可能拥有完美交际的。

卡耐基说过，世界上有一种能够影响对方的方法，而且屡试不爽，那就是关心对方的需要，并想方设法去满足他的需要。

任何说教和理论都是空洞的，但道理是浅显的。时刻想着对方是说起来很容易的，但“只想自己”的习惯却是很难改变的，因为这是我们与生俱来的习惯。

想要改变这种习惯就要树立这种意识，明白想要获得自己需要的就要先明白别人所需要的。从他人的观点出发，看看在你的意识中有没有这种想法。如果没有，你就应该注意检讨，看在哪些地方做得不够。一旦在你的意识里有了这种想法，那么你就自然会获得成功。

找一个荣辱与共的支持者

一般人谈到“人缘”，总会陷入两个很严重的误区，不是认为认识吃吃喝喝的朋友和公司的客户很多，就代表人缘充沛，就是认为善于用利害关系牵动许多人帮自己做事，才是人缘充沛。

即使你现在有许多的“人缘”或者朋友，但有一天，真正发生重大事情时，你会惊觉相交满天下，相知无一人。原本称兄道弟的朋友，一下子全不见了，剩下的只有自己。

的确，这个世界上大部分的人都是“锦上添花”的，并不是说锦上添花不重要，事实上，一个人的事业想快速成长，就是需要别人锦上添花，所谓“花花轿子人人抬”，才可以让你的事业更加成功。

有一位老人在回忆自己的奋斗史时，提到令他印象最深的，就是在创业之初的艰难时期，为了周转一笔数额只有两万美圆的资金，尝尽了人情的冷暖。最后还是自己的母亲卖了房子才渡过难关。那是他人生过得最辛苦、最有经历的一段时间。

现在回想起来，还会令这个60多岁的老人眼圈泛红。不过，等到他事业平顺时，他感叹他赚钱的速度，就像是老天爷把欠他几辈子的钱都一起还给他那样。

当初在最困难时期拒绝借钱给他的朋友们，后来都排着队要求投资。他并没有因为记恨而拒绝，反而认为市场的饼是越做越大的，有钱要大家赚，大家才会让你赚更多钱。这位长者，现在已成为当地商界呼风唤雨的人物。

从这个事例中，我们可以了解人缘有两个层次的精髓。

首先，是一般人事业尚未发展，或是决定胜负的关键时刻，甚至是在落魄的时候，能够找到生命里“雪中送炭”的贵人。在我们生命中最需要人提携的时候，给予一臂之力，才是人生最重要、最务实的人缘。而这样的人，诉诸实际，通常不是来自于自己的父母、亲人、师长，就是忠诚的兄弟。

其次，是当你开始有实力的时候，不要拒绝锦上添花的人，要妥善发挥“锦上添花”的妙用，“花花轿子人人抬”，这是一个讲“人气”的时代，先要有钱大家赚，大家才能够让你再赚更多的钱。

春秋战国时代，齐国的管仲，是一个大家都很讨厌的家伙，与朋友做生意，他没有出多大的力量，却要分更多的钱；当兵战败，他是第一个逃跑的人。唯一的资本，就是他有一个有钱的忠诚朋友鲍叔牙，但管仲却还常常占好朋友的便宜，所以就更让大家看不起，几乎没有人缘。这样的人应该一辈子不会出人头地了吧？错！管仲不仅出人头地，还辅佐齐国国君齐桓公成为春秋战国时代的第一位霸主。而归根结底管仲成功的原因，就在于他的忠诚兄弟、“讲义气不讲正气”的朋友鲍叔牙发挥了作用。

因为是鲍叔牙说服齐桓公，宽恕了曾经为了帮助公子纠与齐桓公争夺齐国君位、而设计暗杀他的管仲。鲍叔牙劝齐桓公，如果想当天下的霸主，就要放弃私仇，拜自己曾经的仇人管仲为相，结果，齐桓公相信了鲍叔牙，管仲才得以出人头地。

要怎么才能找到贵人相助？

好好对待你身边的亲人、好友，因为你生命中帮助你最大的人，往往就在你身边！

第九章

重情又重义，智慧胜一切

同情心最重要

同情心是永恒的生命之谜。它战胜了邪恶，弘扬了美德。它解除了反抗的武器，融化了最顽固的心灵，发展了人性中美好的部分。

“爱你同类的人”，包含了足以使世界焕然一新的福音。

仁慈、同情心和爱心，都是能受到祝福的。祝福，既为那给予者，也为那接受者。当祝福在给予者心中结出丰硕果实的时候，也就是在接受者心中生长出仁慈和爱心之时。

一个人失去地位、财富和健康，也许同样会生活得舒适。可是，有一件东西，少了它生活就会成为负担，它就是人的同情心。

一位诗人说：“暴力本身，其力量不过温情的一半。”同情心的力量并不是金钱的力量，也不是大智大慧的力量。

虽然我们希望理智能给自己带来快乐，但这只不过是对幸福的一相情愿而已。幸福意味着一种自我牺牲精神。

人之获得新生，很少是由于抽象的真理，而是由通过同情心所表现出来的神圣的激情。

最好的和最高贵的人是最富同情心的人。

维伯佛斯以其同情心而闻名天下。有人问他的一位朋友：“维伯佛斯成功的秘诀是什么？”

“他的同情心。”这是朋友早就想好的答案。

维伯佛斯是一个胸怀宽广、慷慨宽容、行动自由的人。他常常活动在底层社会，把自己的心灵和灵魂投入到每一个有着美好目的的计划中。任何在他看来值得努力的事情，他都会带头去做。结果往往成功。

世上没有人比查理·拉姆更富有同情心了，也很少有人没有听过他生活中的可怕故事。

21岁时，他的姐姐狂怒之下用刀杀死了他的母亲。从这一刻起，他决心把终生献给他那“可怜的、可爱的、最亲爱的姐姐”，自愿承担了照顾她的责任。他放弃了一切恋爱和结婚的念头，并因此而拒绝了唯一的一次婚约。依靠那每年不足100英镑的收入和对姐姐的爱心，他只身踏上生活的里程。快乐和痛苦都无法改变他的决心。

从精神病院出来后，他的姐姐把部分时间用来写作《莎士比亚故事集》和别的作品。

哈兹里特谈到她，认为她是他所见过的人中最聪明的女人，虽然她终生受到精神病的折磨，不断处于疯狂的边缘。每当她感到精神病即将来临，查理就会把她楼在怀里送到霍克斯顿精神病院。看到弟弟和姐姐在这样痛苦的路上一起行走、一起哭泣，没有人不会被感动。

查理手里拿着破旧的夹克，把姐姐交给精神病院看护。每当她恢复理性，她就会重新回到弟弟的身边，受到弟弟热情的欢迎和最温柔的对待。

“上帝爱她，”查理说，“我们之间的爱也从不逊于上帝之爱。”

他们的感情维持了40年，除了她的健康状况引起的风波之外，中间没有任何乌云。

查理高尚而坚强地尽到了自己的责任，也得到了相应的回报。

同情心是对他人的苦难、艰辛和懦弱的感受能力。

诺曼·迈克雷德曾说，同情心是他的性格中最先也是最后的事物。他发现人性中有许多有趣的东西，而最平凡的男人和女人都被迫放弃了人性中的某些优越性。“每一次当他来看我时，”一个铁匠说，“他显得好像自己就是铁匠，但他在我心中留下救世主，他是从来不会离开的。”

毕竟，心是人的行动的中心，因此人心中有什么以及流露出什么，就是唯一重要的。人活在这个世上，就要同情和主动，他的感受就应该和他人联系在一起。只有我们人类，才能踏上跨越人间限制之路。

而同情心的缺乏却成了社会的通行病。

我们互不认识，也互不关心。自私已经扎根得很深。在追求快乐和财富的过程中，我们变得僵硬而漠然了。

每个人都急切地跑着自己的路程，对他人的感觉则漠不关心。我们从来没有考虑过帮助那些负担比我们自己重的人，这使人们对欺诈和犯罪行为熟视无睹。

对人类的兄弟关系没有充分的认识，缺乏同情心人们就会自私而执著地追求他们自身的利益，既忽视使自己的肉体和灵魂得以完美的追求，又忽视对他人的生命财产加以关注的追求。

如此一来，则根本不存在天真做人的精神，得到别人的帮助而成功，更无从谈起。

对他人的同情常常表现为危急之中拯救他人生命的愿望。

一天，瓦特森夫人正在海边捡贝壳，以充实自己的收藏品。抬起头，她看到一个人只身攀住一块岩石，四周全被海水所包围。她不知道他是谁，但她知道，这个人正处于生命危险中。她决定去救他。

海浪越来越高，急剧而狂怒地拍打着岩石。显然，要救这个处于危难之中的人，几乎是不可能的。

瓦特森夫人顾不得这些，她哀求几位船夫，并许诺给那些愿意出海救人的人很多报酬。开始时，他们犹疑不定，但最后还是答应派一只船去。

正当那个人的体力刚耗尽时，船夫抵达了那块岩石。他们把他接到船里并安全地送到了岸上。

令瓦特森夫人大吃一惊的是，被救的不是别人，而是她的丈夫威廉姆·瓦特森先生！

争取对方的心

争取对方的心，是世故做事中必不可少的原则。

因为强迫别人的意愿到头来会对你不利，你必须诱导别人自愿朝着你的意愿移动，受你诱导成功的人将会成为你忠实的帮手。

而诱导别人的方式就是操纵他们个人的心理和弱点，在他们的情感上下工夫，软化他们的抗拒，使他们更热衷于和你交往。

如果想在这个社会上与别人圆熟相处，正确的做法是随时随地关照身边的人，揣测他们特殊的心理，“剪裁”你的修辞好诱惑和吸引他们。

无论是在职场还是商场上，你没有理由要周围的人帮助你，除非关系到他们自身的利益。如果你不能够满足他们，他们很可能就会对你产生敌意。

因为他们会把你看成是竞争对手，一个浪费他们时间的人。

要想克服这种普遍的冷漠，就得找到钥匙打开陌生人的情感与心灵，把他们吸引到你的角落，必要时软化他。

但是大多数人从来没有学会这种机智做事的技巧，在他们遇到生面孔时，不会退后一步探听对方的独特之处，只会谈论自己，急于加强自己的意志，他们争辩、吹嘘，展现自己的权力，他们或许不知情，但是已经制造了敌人和反对者，因为再也没有比个性受到忽视、心里得不到认知更令人恼怒的事了。那会让人觉得失去价值而愤慨。

记住：说服的关键在于软化对方，让他们轻轻柔柔地被瓦解。你可以在他们的情感上下工夫，同时操控他们心智上的弱点。

你还要灵敏地观察他们和其他人的不同地方（他们的个人心理状态），以及他们和其他人的共通之处（他们的基本情绪反应），然后瞄准人类根本的情绪——爱、仇恨与嫉妒。一旦你打动了他们的情感，就削弱了他们的控制力，让他们变得比较脆弱，容易说服。

将这条世故做人的法则发挥极致的最好方法，就是戏剧性的冲击，比如对待俘虏：俘虏们只能想像最糟糕的命运，如果你不但款待他们，之后还予以释放，他们定会大受感动。如果他们忍受痛苦，你却给予欢乐，你就能赢得他们的心。事实上，创造任何一种形式的欢乐，往往会带给你成功，就像减轻恐惧或是提供安全一样。

象征式的姿态往往就足以赢得同情与善意。例如：自我牺牲的状态。表现出你和周围的人同样受苦，这会让人们认同你，即使你的受苦是象征性的或是微不足道的，而他们的痛苦却是真实的。在进入团体时，表现出善意的状态，就能软化这个团体，为随之而来的严酷的行动作好准备。

要争取对方的心，最迅速的方法就是尽量以最简单的方式向他阐明你的行动如何让他受惠。自我利益是最强烈的动机，伟大的主张或许会掳获人心，然而一旦最初的激动平息后，利益就成为旗帜，所以自利是比较稳固的基石。

另外，最有效的动机就是利用高贵的粉饰来遮掩显而易见的自利诉求，用大义来诱惑，但是自利才能保障交易。

最善于打动人心的人往往是艺术家、知识分子，以及比较有诗意倾向的人，这是因为透过隐喻和意象最容易沟通观念。因此，你要与一些能够打动人心的艺术家或知识分子建立联系，使他们在你需要的时候能够帮助你。

在你所有的会战中，要退后一步，花时间去筹划并且迎合对方的情绪波动和心理弱点。

因为武力只会增强他们的反抗。对大多数人而言，心才是关键：他们就像孩子，受到情绪支配。要使他们软化，以慈悲替代严酷，操控他们的基本恐惧心理，以及爱好、自由、家庭等等，一旦你争取了他们的心，你就会拥有终身的朋友和忠诚不二的支持者。

中国历史上的三国时期，由孟获领导的部落不断骚扰蜀国，当诸葛亮准备麾军南下，对付他们时，马谡建议：要用武力平服这个地区是不可能的，诸葛亮可以击败孟获，但是只要诸葛亮回师北上对付魏国，孟获马上就会再度侵犯。

最好的方法是收服人心，而非城池；心战为上，兵战为下。

诸葛亮回答："你洞悉了我的想法。"

第一次，诸葛亮设下陷阱，虏获了孟获以及大部分的军队，然而他没有惩罚或处死他，而是将士兵与孟获分开，以食物和酒款待士兵，然后放他们回家了。

士兵眼含着热泪感谢诸葛亮。然后诸葛亮唤人押送孟获进来。"如果我放了你，你会怎么做？"蛮王回答："我会再度召集军队，与你决一死战，如果你再度虏获我，我就会臣服。"诸葛亮不仅下令释放孟获，还送他马和马鞍作为礼物。

接下来几个月诸葛亮一再智取孟获，虏获他第二次、第三次、第四次和第五次。孟获的军队越来越不满，诸葛亮以礼相待，令他们失去战斗的意志。

但是每一次诸葛亮问孟获愿不愿意投降时，蛮王都会想出另外一个借口：误中诡计或是运气不好等等。他会承诺，如果你再虏获他，他发誓不会背叛，于是诸葛亮就再次放他走了。

直到第七次被擒，在这场杀戮之后，诸葛亮不忍再面对他的俘虏，他派遣使者告诉孟获："丞相特令我来释放你，如果你办得到，再去动员一支军队来决战，再试试看能否击败丞相。"

孟获垂泪，跪倒在地上，匍匐前去见诸葛亮。他哭着说：“丞相天威，我们南方人永远不会再反抗您的统治。”

诸葛亮设宴礼待孟获，重新让他登上王位，将征服的土地全部归还，然后带领军队返营，没有留下任何军队。

诸葛亮自此没有再回来过，因为无此必要：孟获已成为他最忠诚而且永无二心的朋友。

真诚地赞赏他人

我们不要再去想我们的成就，以及我们所要的。我们要试着找出别人的优点，然后抛弃恭维。给别人诚实而真挚的赞赏。“诚于嘉许，宽于称道”，别人就会咀嚼你的赞赏，把它们视为珍宝，一辈子都在重述它们，当你忘了他们之后，他们还在重复着这些话。

一位主妇聘用了一个女佣，让她下周一正式上班。然后她打电话给那个女佣的前任雇主，询问了一下她的个人情况，结果得到的评语却是贬多于褒。

女佣到任的那一天，这位主妇对她说：“几天前我给你的前雇主打了个电话，她说你诚实可靠，菜做得很好，也非常讨孩子们喜欢。唯一的缺点就是对整理家务不太在行，屋子里总是脏兮兮的。不过，她的话我不太相信，因为我从你的穿着可以看出来，你是一个很爱干净的人，你一定能够把家里整理得井井有条的，我相信你一定做得到。”

女佣听了她的话真的很感动，干活非常认真细致，也非常勤奋，把家里收拾得一尘不染。她们一直相处得非常愉快。

没有人会不喜欢听到别人对自己的赞美，同样，也不会有人会喜欢听到别人的指责。称赞和鼓励一个人所取得的效果要比批评和责骂显著得多。

美军陆军部的一次军官培训课上，一位上校对于专家所讲的激励技巧颇感兴趣。

一个星期后，上司安排上校负责一份重要的简报，由于他做得很出色，那位将军上司决定表扬他。将军在一张卡片的封皮上写道：“太棒了！”里面则写了些赞扬和鼓励的话，然后召见上校，当面称赞他，并把那张卡片交给他。

上校打开卡片看了一遍，愣了一会儿，然后头也不抬地走了出去。

将军感到莫名其妙，还以为自己做错了什么，便随后跟了出去，结果，让他感到美妙的是，上校转到每个办公室，向其他人炫耀他那张卡片。

后来，上校专门设计印制了一些类似的卡片，专门用来赞美和鼓励他人。

赞美和鼓励，能激发人更多的自信和勇气，对生活充满热情，对未来充满希望。学会赞美别人，你也会得到别人的赞美。

从赞扬和感激开始

在柯立芝任美国总统期间，他的一位朋友受邀到白宫去过周末。当他来到总统的个人办公室，总统正在对他的秘书说：“你今天上午穿的这件衣服不错，你看起来非常的年轻、漂亮。”

柯立芝总统平时不怎么爱说话，这样的赞美使那位姑娘很意外，她的脸都因此红了起来，有点儿不知如何是好。柯立芝又接着说：“但是，不要高兴得过了头。我赞美你，是为了让你好受一些。从现在开始，我希望你更注意一下标点符号的用法。”

他的做法可能有些太直率了，但他对人的心理把握得很好。一般情况下，人们先听一下别人对自己长处的夸奖，再去听他们对自己短处的批评，这样就会舒服一些。

美容师在给客人刮胡子前，会先把肥皂抹在客人脸上。麦金莱在1896年竞选总统时，就用了类似的办法。当时，一个共和党的要员写了一篇竞选演说稿，他自己认为写得很好，于是他就在麦金莱面前大声读起来。那篇演说有一些观点还凑合，但总的来说很糟糕。这样的稿子在公众面前只会招来批评，麦金莱不愿打击他的热情，但又必须告诉他这个稿子不行。让我们看看他是怎样做的。

麦金莱对他说：“老兄，这篇稿子很精彩也很有力量，比其他人写得都好。在一般情况下，它是非常合适的。可现在的情况有些特殊，在这里它好用吗？你确实把它写得意思鲜明，并很有力量。可必须从整个共和党的角度出发，来考虑它造成的影响。你现在回去，想想我的提醒，再写一篇，并弄个样本给我看看。”

他按照麦金莱的意思做了，麦金莱帮他改了改，并最终敲定。这篇演说稿后来在竞选活动中发挥了重大作用。

中国有“打一棒子再给个甜枣”的俗话，说的是打完一个人再安慰一下，那人的情绪就不会暴怒，其实反过来实施，先给个甜枣，再打一棒子会收到更好的效果。从赞扬开始，这是一种为人处世的策略，接受了赞扬的人再接受批评时，其心里会虚心接受。

从赞扬开始，这是为人处世必须要掌握的策略。

善用赞美的魔力

其实每个人都需要肯定，尤其是外人的肯定，有了外人的肯定，自己的存在便有了安全感，而赞美就是肯定的一种形式。赞美不用花钱，又可鼓舞一个人，让人快乐，为你争取友谊，你又何乐而不为呢？

其实喜欢别人的赞美是人的一般心理。不要说成人，小孩子也需要大人的赞美，不信你向小女孩称赞她长得漂亮可爱，或是她的洋娃娃很好看，看看她的反应如何。

你也可称赞小男孩帅，说他的玩具枪好神气，看看他高不高兴。

大人看似心智成熟了，其实需要赞美的心理并未消失，所以女孩子买了新衣服，总要问问女伴好不好看。说好看，她便乐了。男人呢？说他长得帅，他一定高兴。

对于家庭也是如此。

大部分男人在寻找伴侣的时候，不是去找一位能干会办事的女人，而是要找一位诱人而又愿意满足他的虚荣心，并能够使他觉得超人一等的女人。

对于女人在打扮美丽和穿着入时方面所花去的心思，男人应该表示出他的欣赏。所有的男人，都知道女人非常注意衣着，却常常会忘记这一点。

同样，男人应该对于女人所做的工作表示关注和赞美。

有一个女人长期辛辛苦苦、任劳任怨，可是却得不到家人的理解和赞美。有一天吃饭的时候，她在自己的丈夫和孩子们面前放了一大堆牧草。当他们愤怒地问她是否发疯的时候，她回答说："哼，我怎么晓得你们会注意到吃的是什么东西？我已经为你们煮了20年的饭，一直就没有听到你们说过什么话，好让我知道你们不是在吃牧草！"

过去，在莫斯科和圣彼得堡娇生惯养的上流社会的人们，表现出来的态度更好。在沙皇时代的俄国，上流社会中有一个习惯，当他们享受了一顿美好的晚餐以后，他们一定要把大师傅请出来，当面加以夸奖。

你为什么不对太太这样做呢？下次，当鸡排炸得嫩脆可口时，就对她表示赞赏。让她知道你非常欣赏她的手艺，而不是在吃牧草；或者如得克萨斯·吉南所常说的"大大地为那个女人喝彩一番"。

假如你是那样的话，就让她知道，她对于你的幸福快乐占着重要的地位。

因此，如果你要维持家庭生活的幸福快乐，就要衷心地表示赞赏。

有一个男人，已40岁开外，决心再回头学跳交际舞，也好多陪陪自己的妻子，他说："由于我已二十几年没跳过舞，已力不从心。第一位舞蹈老师没教几下就显得很不耐烦，说我完全不是这块料，最好得从头学起，说得我信心全失，根本连学都不想学了，于是就辞掉了这位老师。

"在妻子的一再坚持之下，我又请了第二位老师，这回情况却是大为改观，尽管我明知这位老师是在说谎，但是听她夸我舞步灵活，音感不错时，心里却是一阵舒坦，学起来也格外带劲，学费当然也花得心甘情愿。折腾了一段日子之后，我现在总算能下舞池了！"

一味地责备老公、子女或雇员的缺点，老实讲效果实在是微乎其微，这么做无异是在拒绝对方改善的意愿。

如果能反过来，施以适度的鼓励，让他知道你很尊重他的改善意愿，情形可就截然不同了。被你鼓励过的人，不管他原来有多差劲，一定都会全力以赴，拼死也要弄出点儿"好成绩"让你瞧瞧。

做上司的也是如此，对待自己的下属要给予他们足够的信心，让他们能够在自己的岗位上发挥得淋漓尽致。

所以，在社会上行走，你一定要善用赞美的魔力，它可以提高、润滑你的人际关系，让你到处受欢迎。

送人一个好名声

送人一个好名声，即使当时名不副实，也会让他按照这个名声去做。

亨利·韩克是印第安纳州洛威一家卡车经销公司的经理，公司里有一个职工，工作变得越来越糟糕。但亨利·韩克没有训斥他，而是把他叫到办公室里来，和他诚恳地谈话。

他说："比尔，你的专业技术很好。你也在这里干了好几年这个工作了，顾客都对你的活儿非常满意，而且有很多人赞扬过你。但是近来，你工作的效率和质量都比以前有所下降，你以前是多么的杰出啊！我想你一定知道，我喜欢你原来的样子，我们也许能一块儿想想办法，来解决这个问题。"

比尔回答说他没有意识到他现在做得不够，并保证说，现在这些活儿，他都能干好，而且也会干好的。

他照他说的干了吗？是的。他有这个能力，再加上韩克先生的赞扬和鼓励，他只会干得更好。

撒慕尔·华克莱是鲍丁火车厂的董事长，他说："如果你尊重一个人，那么他就容易被引导，特别是当你对他的某种能力表示钦佩时。"

也就是说，如果你要改变一个人的某个方面，就要先表示认同他这方面的素质。莎士比亚说过："如果你缺少一种品行，那就装作你有好了。"更妙的是，向对方表示，他有你所想让他有的那种品行，送他一顶好看的"帽子"让他"戴"着，他就会努力地向着你所希望的那样去做。

重情重义必定获得成功

在现实生活中，人和人的人生观、金钱观、义利观都不尽相同。虽然人与人之间的观点千差万别，但中国有一条传承了千年的行为准则，那就是"见利思义"，即在利益面前，不要忘记"义理"的存在和重要性。一个人生存在这个世界上，如果一味地“重利轻义”，那他必定会“名声扫地，最终失利。”

重利轻义的人是无法获得成功的，也不会得到人们的信赖。在一家企业里，一个员工如果见利忘义、背信弃义，那等待他的必将是众人的不屑和失败。

张松是一家公司的销售经理。公司准备建设一个自己的网上销售系统，张松是这个项目的负责人。按照他与公司签署的合同，公司要给他高昂的薪金，他要在短时间内完成这个项目，并把全部技术资料交给公司。

项目进展得很顺利，就在这个项目进行到最关键阶段的时候，张松突然向公司提出辞职，除非公司给他一个副总的位子并付三倍于现在的薪水给他，他才会留下。否则他立即走人，并带走网站建设的所有资料和自己的客户。

公司老总陷入了两难的选择。一方面，公司花了大价钱培养了一个业务骨干，又花了大价钱研发这个网络销售平台，如果张松一走了之，那公司就是人财两空；另一方面，公司如果满足张松的要求，那这么一个见利忘义的家伙在公司担任高层，对公司的未来是极大的危险。公司老总思来想去，最后还是为了公司的大局着想，将张松这个不仁不义的家伙扫地出门了。

与重利轻义相反，我们在工作或者为人处世时重情重义，那必将会得到人们的认可和信任，也必将会获得最后的成功。

柯友辉是一家出版社的文字编辑，几年后他荣升为编辑部主编助理，负责图书的选题开发工作，相当于一个部门经理。但对于一家出版社来说，主编助理是很不起眼的角色。柯友辉编辑经验丰富，文笔犀利，有很多大型出版社的社长都想把他挖去当主编。

柯友辉当时的薪水较低，如果他跳槽到其他出版社，那薪水会成倍增加。但柯友辉并不为之所动，因为他对他社里的主编怀着深厚的感恩之情，是他把他从一名学生培养成为“名”编的。后来那个主编退休了，社长有感于柯友辉的忠诚和情义，不仅给他加了薪，还让他做了主编。

在生命历程里，我们应该坚持“钱财如粪土，情义值千金”的准则。重义轻利的思想和行为可能不会得到很好的生活质量，但一个人只看重自己的利益，而轻视做人的义气，那他也就丧失了人生的意义。

宽容是做人的美德

宽容是对那些在意见、习惯和信仰方面与你不同的人，表现出耐心和光明正大态度的一种气质。

一个拥有宽容美德的人，能够对那些在意见、习惯和信仰方面与自己不同的人表示友好与接受，宽容最能够表现出一个人的耐心、明智与深谋远虑。

有些人很希望成为你的合作者和朋友，但如果你对人的要求很苛刻挑剔的话，你就容易失去这些合作机会与支持者。

敞开心胸接受新观念和新资讯，往往可以使自己的知识更丰富，个性更完美，更具有想象力。

如果一个人只会封闭自己，就无法学到所接触到的所有新观念。但是，如果我们能反过来，乐于接受新的观念、乐于对不同的声音表现出宽容，那么我们就能不断提高自己的精神境界。

缺乏宽容之心，会为你带来下列不利的情况：

使原本愿意和你做朋友的人变成敌人。

由于不愿求取新知而阻碍了心智的发展。

阻碍想象力的发展。

不利于自律功夫的培养。

妨碍正确的思考和推理。

全球最权威的商学院——哈佛商学院的必修课程中，有一部分专门研究非智力因素对一个人成功的影响。在这些非智力因素中，老师们就极为强调宽容，突出宽容对一个优秀的总经理和一个成功者所具有的价值。

宽容是做人的美德，是友善、明智这些高贵品质的体现，不仅对你的个人生活具有很大的价值，而且对你的职业生涯有重要的推动意义。

更为有益的一点是，在人的性格中，宽容与否是你自己最能明显感受到的，因此也最容易加以改进。

在生活中利用宽容可以减少很多人与人之间的隔阂，可以让大家更好地沟通，彼此多一些体贴和关怀。

同时，宽容也可以解决许多棘手的问题，让那些生活中的问题迎刃而解。

艾丽斯是一个严厉的老师，孩子们都这样认为。从他们与艾丽斯相处的情形就能够看得出来，他们拘谨、胆怯，甚至不愿与她交谈。

艾丽斯也不愿造成这样的局面，其实她都是一片好心啊！为了让他们好好学习，艾丽斯对他们的要求很严格，谁有了错误，她都是不留情面地给予批评，但在效果上并没有像她希望的那样，艾丽斯感觉自己就像一个垂头丧气的失败者，对自己的工作缺乏信心，生活也因而显得很沉闷。

如果我能少一点儿批评，多一点儿宽容呢？有一天艾丽斯突然这样想。

于是艾丽斯决定作一个试验。

这一天，在课堂上，艾丽斯没有挑剔学生们的坐姿是否端正，回答问题是否正确，注意力是否集中。一整天她都是在用乐观宽容的心态与大家相处的。

放学时，一向羞涩的琼对她说："老师，你今天真漂亮啊！"

艾丽斯也感觉到从来没有像今天这样愉快和有信心，学生们似乎也可爱极了，他们回答问题反应敏捷，注意力集中。

其实她只是按自己的计划做了，她想这个试验是成功了，让她知道了一个生活中的道理：学会宽容。

其实，这个道理在每一个生活成功的人士身上都有体现，这是一种美德，也是天真做人的一种基本素质。

林肯年轻的时候不懂得宽容的重要性，曾热衷于批评人，经常撰文嘲弄他人，并散发给路人，引起当事者极度的憎恶。

1842年他撰文批评一位政客，此人不甘受辱，要求与林肯决斗，林肯骑虎难下，为了荣誉，只好勉强答应。幸好双方友人从中劝阻，一场生死之争才在最后关头化解平息。

经过那次教训之后，林肯终于悟出宽容乃是天真做人的美德，从此再也不嘲弄他人。

与人相交，定要切记人本身并不是一种懂逻辑、讲理性的动物，而是一种充满感情、偏见和虚荣的动物。

宽容可以体现你高贵的品格，而嘲弄他人就像是个危险的导火索，足可引爆人们心中浮夸的虚荣与自尊，甚至足以置人于死地。

天下再笨的人，也懂得批评、咒骂、抱怨他人，而大部分会做这些事的人，则都是不能成功的。

只有学会宽容，做一个品格高尚、能力强的人才有可能成功。

所以，我们不妨试着学会宽容，别再去嘲弄他人，唯有如此，我们才能不受其弊，反得其利，才能得到更多的成功机会。

在开往费城的火车上，一个来自纽约的妇人上了车，进了一节车厢，坐在了座位上。

这时候，走过来一位略显肥胖的男子，坐到她前面的座位上，然后就点了一根香烟。她禁不住咳了几声，身子也挪来挪去。

可是，那个男子丝毫没有注意到她的暗示。

最后，妇人终于忍不住开口说道："你多半是外国人吧？大概不知道这趟车有一节吸烟车厢。这里是不让抽烟的。"那个男子一声不吭，掐灭了香烟，扔出了窗外。

过了一会儿，列车员过来对妇人说，这里是格兰特将军的私人车厢，请她离开。她听了大吃一惊，站起身往门口走，边走边为将军刚才的举动奇怪。

这时候，她看着将军一动不动的身影，心里有些着慌和害怕，就这样一直退到了门那里。

而整个过程中，将军仍像刚才一样表现出了他的宽容大度，没有给她任何难堪，甚至也没有取笑嘲弄她的神情。

将军在那个妇人面前表现出了自己的涵养，他并没有因为自己的地位高贵而轻视她，相反，他却顾及到了妇人的尊严，从而让妇人获得了一次感动，也让读者学到了做人的学问。

伟人表现其伟大的方式，是在于他们对小人物的宽容与体谅。在很多伟大人物身上都会有宽容的美德，这种美德是他们能够被人尊敬的原因之一。

关怀别人等于获得支持

关怀别人是天真做人中一个不可或缺的关键部分。

然而环顾我们的周围，有多少人穷其一生，只知道一味要求别人的关怀与爱，而不知反求诸己。

当然，这些人到头来终究无法遂愿。试想别人为什么要关怀你？他们真正关心的是他们自己的问题，而且无时无刻都是如此。

纽约电话公司曾作过一项统计，想找出在人们通话中使用频率最高的那些字，结果是“我”字。在500个取样的电话录音中，单单是“我”这个字，就被用了3990次之多。

当你拿起一些自己和其他人合照的照片时，你第一个看的是谁？

如果你认为别人真关心你的事，那么请回答这个问题：如果你今晚病逝，将有哪些人会立即赶来吊唁？

如果你不先付出对别人的关怀，别人又怎么能关怀你呢？

已故的维也纳心理学家爱佛瑞·艾德纳，在其著的《人生真义》一书中曾说：“只有不懂得关怀别人的人，其生活才会面临真正的痛苦，甚至伤及他人。世界之所以充满失败，正是由这些人所造成的。”

只要我们肯表现出真正的关心与爱戴，即使最忙碌的人，也会忙里抽空，帮我们解决问题。

任何一个人，屠夫也好，国王也好，谁都喜欢受到别人的关怀、爱戴。

第一次世界大战结束后，德国皇帝威廉二世因惨遭战败，而广受举国上下之厌恶、唾弃。正当他万念俱灰，意欲亡命荷兰时，却收到了一名纯稚少年的来信，他在信中表示：“不论他人做何想法，我永远敬爱你的伟大。”

威廉感动之余，忙发函要求与此少年亲见一面，并因此娶了该少年的母亲为妻。

如果我们真想交朋友，就该摈弃自我因素，全心全意去为别人做些事情。

有一个深谙此道理的人，常常设法对别人付出关怀，他一直想查出一些好友的生日，为了不被对方看出他的动机，经常都是拿占星术做幌子，装要替对方算命，以套出其生日日期，并趁对方不注意时，将其出生日期记在笔记本上，回家后再记录到另一个本子上。然后每年都按着日期，寄上贺卡和电报，这种关怀常常使朋友感激不已。

早在耶稣基督诞生前100年，就曾有一名罗马诗人说过：“只有付出我们的关怀，别人才有可能反过来关怀我们。”

哈佛大学原校长查尔斯·伊里特博士之所以能成为一个杰出的大学校长，也是因为他无限地对别人关怀和感兴趣。

一天，一个名叫克兰顿的大学生到校长室申请一笔学生贷款，被批准了，克兰顿万分感激地向伊里特道谢。

正要退出时，伊里特说："有时间吗？请再坐一会儿。"

接着，学生十分惊奇地听到校长说："你在自己的房间里亲手做饭吃，是吗？我上大学时也做过。我做过牛肉猩子头，你做过没有？要是煮得很烂，这可是一个很好吃的菜呢！"

接下去他又详细地告诉学生怎样挑选牛肉，怎样用文火焖煮，怎样切碎，然后放冷了再吃。

"你吃的东西必须有足够的分量。"校长最后说。

了不起的哈佛大学校长！有谁会不喜欢这样的人呢？

每一个人都有"希望自己被别人关心"的欲求。

例如，薪水本来是由银行来代为转账，不由老板交到职员手中的，但如果是为员工着想，老板最好一边说着："你总是这么努力，真感谢你！"一边把薪水亲自交到每个人的手中。因为即使是这么简单的一件事，职员也能提高被关怀的感受。

有一个公司的管理者，每月都在每个员工薪水袋中放入自己亲笔所写的慰劳便条。因为常出差，所以很少有机会和职员相处，而想到这种方法作为沟通的手段。

"这个月时常加班，辛苦你了，因为你的努力，才会有如此好的成绩，假日时请在家中好好休养。

"听说你的儿子获得了少年体操比赛的好名次，真是了不起的孩子，一定会有出息的。"

在薪水袋中增加这样的留言，职员会怎么想呢？应该会感激："啊！老板总是那么关心我的事情呢！"

这种天真做人中的真诚关怀，会衍生出良好的人际关系，而它们合为一体的瞬间，会增加好几倍的强大力量，这种力量就能招来成功。

美国南北战争中的名将李将军，就是这样一位极具影响力的领袖人物，因为有他，美国南方联邦才能在资源、人力、军队装备都不如北方的状况下，苦撑了4年。

李将军的影响力，除了军事上的专业及战略上的天才、赢得部属的信赖与折服外，他深具独特的个人魅力，更是让部属愿意在疆场上抛头颅、洒热血的重要原因。

在南北战争中最惨烈的一场荒原战役开战前，李将军依照惯例检阅部队，但他却反常地一言不发，只是把军帽脱下，走过部队每一个士兵的身边，眼里含着泪水，因为他知道经过这次战役，他将失去许多弟兄。

而就在他转身静静走开的那一刹那，全体士兵突然发出呐喊声，大家都愿立誓效命沙场、拼死作战。

只因为李将军真的重视每一个士兵的生命，大家都因他的关爱之情而感动。

送人赞赏，收获支持

百老汇的一位喜剧演员有一次做了个梦：自己在一个座无虚席的剧院给众多的观众表演讲笑话、唱歌，可全场竟没有一个人发出会意的笑声和鼓掌。

“即使一个星期能赚上10万美圆，”他说，“这种生活也如同下地狱一般。”

事实上，不只演员需要掌声，如果没有赞扬和鼓励，任何人都会丧失自信。

可以这样说：我们大家都有一种双重需要，即被别人称赞和去称赞别人，真诚的赞美会触动每个人。

赞扬人也是一种艺术，不但需要合适的方式加以表达，而且还要有洞察力和创造性。

一位举止优雅的妇女对一个朋友说：“你今天晚上的演讲太精彩了。我情不自禁地想，你当一名律师该会是多么出色。”这位朋友听了这意想不到的评语后，像小学生似的红了脸。

正如安德烈·毛雷斯曾经说过的：“当我谈论一个将军的胜利时，

他并没有感谢我。但一位女士提到他眼睛里的光彩时，他表露出了无限的感激。”

没有人会不被真心诚意的赞赏所触动。

耶鲁大学著名的教授威廉·莱昂·弗尔帕斯经历过这样一件事：有一年夏天，天气又闷又热，他走进拥挤的列车餐厅去吃午饭，在服务员递给他菜单的时候，他说：“今天那些在炉子边烧菜的小伙子一定是够受的了。”

那位服务员听了后吃惊地看着他说：“上这儿来的人不是抱怨这里的食物，便是指责这里的服务，要不就是因为车厢内闷热大发牢骚。19年来，你是第一个对我们表示同情的人。”

弗尔帕斯得出结论说：“人们所需要的，是一点作为人所应享有的关注。”

在这种关注之中，真诚是最为重要的。因为只有真诚才能使赞语具有效力。

做父亲的劳累了一天后回家，当他看到自己的孩子将脸贴着窗子，正在等待和注视着自己的时候，便会感到自己的灵魂沐浴在这甜蜜的甘露之中。

真诚地赞扬别人，能帮助我们消除在日常接触中所产生的种种摩擦与不快。

这一点在家庭生活中体现得最为明显。妻子或丈夫如能有心经常适时地讲些使对方感到高兴的话，那就等于取得了最好的婚姻保险。

孩子们总是特别渴望得到别人的肯定。一个孩子如果在童年时代缺少家长善意的赞扬，那就可能影响其个性的发展，甚至还可能成为一种终生的不幸。

无论何时，要是有很多人在一起，那就需要考虑周到。大家在一起交谈，一个有心人会让每个人都感到自己是这场讨论的参加者。

一个朋友曾经常带着赞美谈论亚瑟·詹姆斯·贝尔福首相作为餐桌上的主人的情况：“他会接过一个害羞的人所讲的犹犹豫豫的观点，从中发现出人意料的智慧之处，把它加以扩展，直至最初提出这个观点的人感到自己确实对人类智慧作出了某种贡献。每个客人在离开餐桌的时候会感到像是在空中行走，相信自己比原来想像的要伟大些。”

林肯有一次在写信时，开门见山就说：“任何人都喜欢受人奉承”。

威廉·詹姆斯也说："人性深处最大的欲望，莫过于受到外界的认可与赞扬。"

据一些权威人士表示，甚至有人会借着发疯来从他们的梦幻世界中寻求这种满足。一家规模不小的精神病院的住院医生说，有不少人选择发疯，是为了寻求他们在正常生活中无法获得的受重视的感觉。

人们为求受重视，连发疯都在所不惜，试想如果我们肯多给人们一分尊重、赞美，它的影响会有多大？多不可思议啊！

许多事业上卓有成效的人很大一部分原因是因为他们懂得驭人之术。

史瓦布说过一番话，真的是金科玉律，值得大家铭记在心，甚至连小学生上课，都将之列入教材，他说："我最可贵的一项资产，就是我具备了引发属下热忱与冲劲的能力。而要想鼓舞一个人善尽其才，最重要的，就是要懂得给他赞美和鼓励。

"天下最会使人颓丧不振、冲劲全失的，就是来自上级主管的批评、责骂，我从来不曾批评过任何人，我相信只有赞美和鼓舞，才能刺激他们向上，使他们努力工作，如果碰上我由衷喜欢的事，我会更不吝惜地予以夸赞、褒奖。"

史瓦布用的是这么一套驭人之术，但一般人做法又是如何呢？保证是恰恰相反，一般人碰到不喜欢的事，定会破口大骂，把对方批评得体无完肤；碰到认可的事，却又一言不发，吝于赞扬。

人一生中，除非碰上了什么重大问题，否则，至少百分之九十五的时间，都花在想自己的事情上。

如果我们肯稍歇片刻，试着去想想别人的优点，也唯有如此，我们才有可能真正地赞美别人。

只要给予他人由衷的认可和毫不吝惜的赞美，人们自会感怀在心，牢记着你的每一句话，甚至在你早就忘掉自己的赞美之后，他们仍将视同珍宝般反复地自记忆中取出，慢慢地品味、咀嚼。

如同艺术家在把美带给别人时感到愉快一样，任何掌握了赞扬艺术的人都会发现，赞扬不仅给听者、也给自己带来极大的愉快。它给平凡的生活带来了温暖和快乐，把世界的喧闹声变成了音乐。

人人都有值得称道的地方，我们只需把它说出来就是了。

在一个邻近的街区新开了一家药店，而帕克·巴洛，作为经验丰富和久有声望的药店主，对此感到非常气愤。他指责他的年轻的对手卖假药，毫无配药方的经验。

后来，这个受到攻击的新来者准备为此事向法院起诉。

他去请教一个律师，这位律师劝告他说：“别把这件事闹得满城风雨了，你不妨试试表示善意的办法。”

第二天，当顾客们又向他述说帕克的攻击时，他说：“一定是在什么事上产生了误会。帕克是这个城里最好的药店主之一，他在任何时候都乐意给急诊病人配药。他这种对病人的关心给我们大家树立了榜样。我们这个地方正在发展之中，有足够的余地可供我们两家做生意。我是以巴洛医生的药店作为自己的榜样的。”

因为赞语乘上闲谈之翼也跟流言飞得一样快，当帕克听到这些赞扬的话后，便急不可待地去见自己的年轻对手，并向他介绍了自己的一些经验，提了一些有益的劝告。

这样，真诚的赞扬消除了怨恨。

当众拥抱你的敌人

人和动物有些方面是不同的，动物的所有行为都依其本性而发，属于自然的反应。

但人不同，人经过思考，可以依当时需要，作出各种不同的行为选择，例如当众拥抱你的敌人！

当众拥抱你的敌人是一种主动的动作，可迷惑对方，也可迷惑第三者。

当众拥抱你的敌人，这是件很难做的事，因为绝大部分的人看到敌人就会有灭之而后快的冲动，若环境不允许或没有能力消灭对方，至少也会保持一种冷淡的态度，或说说让对方不舒服的嘲讽话，可见要拥抱敌人是多么难啊！

就因为难，所以人的成就才有高有低、有大有小。也就是说，能当众拥抱敌人的人，他的成就往往比不能拥抱敌人的人更高、更大！

能当众拥抱敌人的人是站在主动的地位，采取主动的人则是制人而不制于人。

首先，你采取主动，不只迷惑了对方，使对方搞不清你对他的态度，也迷惑了第三者，搞不清楚你和对方到底是敌是友，甚至有误认为你们已化敌为友的可能。

可是，是敌是友，只有你心里才明白，但你的主动，却使对方处于接招、应战的被动姿势，如果对方不能和你拥抱，那么他将得到一个气度太小之类的评语。一经比较，二人的分量立即有了轻重。所以，当众拥抱你的敌人，无论从哪个角度来看，你都是赢家！

其次，当众拥抱敌人，除了可在某种程度之内降低对方对你的敌意之外，也可避免恶化你对对方的敌意。

换句话说，在敌友之间，留下一条灰色地带，免得敌意鲜明，反而阻挡了自己的去路与退路。地球是圆的，天涯何处不相逢啊！

此外，你的拥抱动作，也将使对方失去再对你攻击的立场，若他不理你的拥抱而依旧攻击你，那么他必招致他人的谴责。

而最重要的是，当众拥抱敌人这个动作一旦做出来，久了会成为习惯，让你和人相处时，能容天下人、天下物，出入无碍，进退自如，而这正是成就大事业的本钱。

所以，竞技场上比赛开始前，二人都要握手敬礼或拥抱，比赛后也一样再来一次，这是最常见的当众拥抱你的敌人。

另外，政治人物也惯常这么做，明明是恨死了的政敌，见了面仍然要握手寒暄……

事实上，要当众拥抱你的敌人并不如想象中之难，只要你能克服心理障碍，你可以这么做：

在肢体上拥抱你的敌人，例如拥抱、握手……尤其是握手，这是较普遍的社交动作，你伸出手来，对方好意思缩手吗？

在言语上拥抱你的敌人，例如公开称赞对方、关心对方，表示你的诚恳，但切忌过火，否则会产生相反的效果！

为什么强调当众呢？做给别人看嘛！如果私下拥抱，那不是双方真的言归于好，就是你向对方投降。

当众拥抱，表面上不把对方当敌人，但心底怎么想，只有你自己明白。

一间小杂货店对面新开了一家大型的连锁商店，这家商店即将打垮杂货店的生意。杂货店的老板忧愁地找牧师诉苦。

牧师说："如果你对这家连锁商店心存畏惧，你就会仇视他，仇恨便成了你真正的敌人。"

杂货商慌乱地问："我该怎么办？"

牧师建议："每天早上站在商店门前祝福你的商店生意兴隆，然后转过身去，也同样地祝福那家连锁商店，当众拥抱你自己的敌人。"

杂货商气愤地说："为什么要拥抱我的敌人？"

牧师说："你的任何祝福都会变成福气，回归于你。你所给的任何诅咒，也同样会将你自己导向失败。"

一段日子后，正如这人当初所担心的，他的商店关门了，但他却被聘请成了那家连锁店的经理人，而且收入比以前更好。

学会识别人

要学会在人际关系中辨别是非，你就会少吃很多亏。

不过那种看人的功夫不是你轻易就能学得到，也不是几天就学得到的，而且，你还不一定会有耐心去学！

可是我们每天都要和许多不同性情的人共事、交往、合作，对看人没有一点观念还真是不行！

不过你若无研究，千万别把书上看来的那一套面相学搬来现实生活中使用，因为这会使你看错人，把好人看成坏人，或是把坏人看成好人。把好人看成坏人无太大关系，但把坏人看成好人，那将使你得不偿失，甚至遭到重创而遗憾终生！

那么我们一般要如何来看人呢？

第 ，通过时间来看人。俗话说，路遥知马力，日久见人心。

所谓用时间来看人，是指长期观察，而不在见面之初就对一个人的好坏下结论，因为太快下结论，会因你个人的好恶而发生偏差，影响你们的交往。

另外，人为了生存和利益，大部分都会戴着假面具，和你见面时便把假面具戴上，这是一种有意识的故意装扮，和他交往就有可能吃亏上当或把你气个半死！用时间来看人，就是在初见面后，不管你和他是一见如故还是话不投机，都要保留一些空间，而且不掺杂主观好恶的感情因素，然后冷静地观察对方的作为。

一般来说，人再怎么隐藏本性，终究要露出真面目的，因为戴面具是有意识的行为，久了自己也会觉得累，于是在不知不觉中会将假面具拿下来，就像前台演员，一到后台便把面具拿下来那般。

面具一拿下来，真性情就出现了，可是他绝对不会想到你在一旁观察他！

用时间来看人，你的同事、你的伙伴、你的朋友，一个个都会现出原形！你不必去揭下他的假面具，他自然自己会揭下来呈现真面目！

用时间来看人，对方真是无所逃遁啊！

用时间特别容易看出以下几种人：

不诚恳的人。因为他不诚恳，所以会先热后冷，先密后疏，用时间来看，可以看出这种变化。

说谎的人。这种人常常要用更大的谎去圆前面所说的谎，而谎说多了，就会露出首尾不能兼顾的破绽，而时间正是检验这些谎言的利器！

言行不一的人。这种人说的和做的是两回事，但时间长了之后，便可发现他的言行不一！

事实上，用时间可以看出任何类型的人，包括小人和君子，因为它是让对方不知觉的检验师，最为有效！

第二，用打听来看人！

把获得的资讯汇集起来，就可以了解这个人！

用时间来看人固然有其可靠之处，但有时也会缓不济急，明明过两天就要决定和某个人合作，可是又不知其为人如何，用时间来长期观察，就来不及了。

碰到这种情形，有人完全凭直觉，认为好就是好，不好不是不好。

关于直觉，有的人相当准确，这是一种很玄妙的心理现象，很难用学理去解释，不过我还是劝你少用直觉去看人，除非你过去的直觉经验是准确的。

不过，过去的经验准确并不代表以后每次也都很准确，因为人的生理、心理情况会受到当时环境的影响，有可能你的直觉受到了干扰，在这种情况之下若还依赖直觉，那不是很危险吗？

比较可靠的办法是要多方了解，仔细观察！

人总是要和其他人交往，同时本性也会暴露在不相干的第三者面前，也就是说，他不一定认识这第三者，可是第三者却知道他的存在，并且观察了他的思想行为。

人再怎么戴假面具，在没有舞台和对手的时候，这假面具总是要拿下来的，所以很多人就看到了他的真面目。而当他和别人交往、合作时，别人也会对他留下各种不同的印象。因此你可向不同的人打听他的为人处世的原则、思想。

每个人的答案都会有出入，这是因为各人的好恶有所不同。你可把这些打听来的资讯会聚在一起，找出交集最多的地方和次多的地方，那么大概就可以了解这个人的性情。

而交集最多的地方，差不多也就是这个人性格的主要特征了，如果十人中有九个说他坏，那么你就要小心了；如果十人中有九个说他好，那么和他往来应该不会有问题！

不过打听也要看对象，向他的密友打听，当然都是好话；向他的敌人打听，你听到的当然坏话较多！

不过敌人说的比密友又较接近真相。最好能多问一些人，不一定光他的朋友，同事、同学、邻居都可以问，重要的是，要把问到的综合起来看，不可光听某个人的话！

当然，打听也要讲技巧，问得太白，会引起对方的戒心，不会告诉你实话，最好用聊天的方式，并且拐弯抹角地套。这种技巧需要磨炼，不是三两天可以学到。

此外，你也可以观察对方交往的都是哪些人。

人们常说物以类聚和龙交龙、凤交凤，意思是什么样的人就和什么样的人在一起，因为他们价值观相近，所以才凑得起来。所以性情耿直的人就和投机取巧的人合不来，喜欢酒色财气的人也绝对不会跟自律甚严的人成为好友！

所以观察一个人的交友情况，大概就可以知道这个人的性情了。

除了交友情况，也可以打听他在家里的情形，看他对待父母如何，对待兄弟姐妹如何，对待邻人又如何。

如果你得到的是负面的答案，那么这个人你必须小心。因为对待至亲都不好，他怎可能对你好呢？若对你好，绝对是另有所图。

如果他已结婚生子，那么也可看他对待妻子孩子的态度，对待妻子孩子若也不好，这种人就必须提防。若你观察的是女孩子，也可看她对待先生孩子的态度，这些道理都是一样的。

在一个漆黑的夜晚，一个颇负盛名的占星家，一不小心掉到一个极深的山谷中。当他声嘶力竭地狂呼时，一个路过的农夫把他救了起来。

占星家对那位救他一命的恩人，万分感激地说："你知道我是谁吗？我是最伟大的占星师，一般的平民百姓，凡夫俗子很难知道我，但你随时可以来找我，我会为你预测未来的吉凶祸福。"

那个农夫不以为然地笑了笑："你连自己会掉到山谷里都不知道，还想告诉我关于我的未来？"

农夫看人的眼光很具智慧，所以一下子就识破了占星家的虚假。

抓住别人的目光

当事业或是工作上遇到了瓶颈，光是坐在那里唉声叹气是没有用的，有谁会去关怀一个满嘴怀才不遇、却又光说不练的人？

其实只要动动脑筋，就有很多机会可以突破，其中最有效的办法，就是抓住关键人物的眼光。

这关键人物可以是面试时的主考官、自己的上司或老板、有订单决定权的顾客……只要他愿意"抬爱"一下，助一臂之力就能够让我们脱困。

当然，关键人物要看的一定是佳作，没有两把刷子可是行不通的。

有许多成功的名人，如果得知他们最初潦倒的情景，你可能会吓一跳，不敢相信名人竟然也会有这么惨的时候。

为什么他们前后的景况差别如此大呢？说穿了，那就是最初还没有抓住关键人物的眼光，将自己“卖”出去！

不管要卖的是技术、脑力，或是劳力，如果卖不出去，自然无人能认识自己的才华，只好躲在一边凉快。

所以动动脑筋，找个有效的“卖法”，对于想要突破困境的人来说，那是很重要的。

毕加索刚出道的时候也是穷困潦倒，郁郁不得志，画出来的画好不容易托人代售，却被闲置在画廊一角，无人问津，还有许多画廊不肯接受寄售。

幸好，经手的画商慧眼识英雄，肯定了他的画很有潜力。

于是，画商亲自跑遍巴黎所有的画廊，故意装作很急的样子，对画廊展售人员说：“我有好几位顾客在找毕加索的画，你们这里有没有，可不可以借给我？”

画商一而再、再而三地用这种手法为毕加索的画制造卖点，不久之后，画廊展售人员都对毕加索的画注意了，不但四处收集购买，而且将他的画放在画廊显著的位置上，大力向顾客推荐。于是，毕加索的画渐渐地由滞销变得奇货可居起来。

现代艺术之父、法国画家塞尚的经历也是如此，好笑的是，为了推销一幅洋溢着耀眼阳光的画，最初竟然有经纪人通过艺评家，在媒体上大做文章：

“怀孕的妇女，请不要在这幅画前逗留太久，以免肚中的孩子会得黄疸！”

于是，民众们扶老携幼地挤入画廊，争着看这幅会让“怀孕妇女受害”的名画。

想要将自己推销出去，就要将“四卖”运用自如，哪四卖呢？

了解自己的卖点。

扮好自己的卖相。

掌控适当的卖价。

采用绝佳的卖法。

这“四卖”绝对是息息相关、互相牵扯纠葛的。

找出自己的优势，就可以了解卖点，究竟自己有什么东西可以端出来，令人心甘情愿、付出代价去买的？

领人薪水的员工，对机构的贡献在哪里？有多少？这些卖点自己一定要心知肚明，否则只是迷迷糊糊地争卖价，有谁理你呀！

你找工作时，是不是只用心填写一张由文具店买来的履历表，寄到正在招募人员的公司去，然后就坐在家里等电话？

就像姜太公钓鱼——愿者上钩，如果等不到电话，难过一天也就算了？

套句商场上的话，这种找工作的方法叫做“寄售”，就像是把东西寄放在人家的店里，被动地等待上门的客人挑选。

机智做事的人很主动，不喜欢“寄售”的方式，喜欢主动行销。主动端出最好的东西给买家，有这种主动积极的态度，机会就大得多了。

但是，什么叫做“最好的东西”？好东西不是由自己来定义的。因为我认为好的，也许你不屑一顾；你认为好的，我却不以为然。让人接受，并且愿意付代价买的东西，必定是刚好符合他的需要。所以，在行销之前就要研究对方到底需要些什么。

个人的行销也是如此，一定要先了解公司的背景，哪种能力对这个企业最有贡献，还有目前最需要有什么样条件的人等等。然后再针对这些搜集来的资讯，一一写出你最符合这些需要的原因。这个时候，如果有好点子，让履历有些创意是最好的了。

即使已经有工作了，也要懂得在公司内部行销自己，当然，这个时候你的主管或老板，就是你的客户。

同样的，想要抓住他们的目光，让自我行销成功，也要研究这个公司目前的需求在哪里？自己能够作出的最大贡献又是什么？

不想努力付出，只在那里待价而沽的人，只能祈求能够幸运的被买家的目光扫到；而主动行销的人，则是很有智慧地去抓住别人的目光。

19世纪时有一位瑞典青年，家境很不好，贫困得连肚子都填不饱了，更别提入学受教育。

青年虽然在这种环境之下成长，但是丝毫不气馁，一有空余的时间就自修，因此学习了许多关于建筑和化工方面的知识。

青年凭着所学的一些知识，进入建筑公司由小助理做起，因为表现出色，先后协助一些名建筑师工作。

在这段时间里，他累积了许多宝贵的经验和知识，再加上潜在的天分，逐渐在建筑界小有名气，为许多人所肯定。

但是，由于他没有好的学历和出身背景，所以不管他再怎么努力，也无法挤入上流社会，成为地位崇高的名建筑师，青年因此郁郁终日。

有一天，他在街上远远地见到一群侍卫，簇拥着瑞典国王出访，他情不自禁地想："如果我有国王这等际遇就好了。"

当时的瑞典国王原来是个法国人，曾是拿破仑身边的元帅，由于他的卓越才能为瑞典老国王赏识，因此在临终之前收他为义子，要他统治瑞典，他不负老国王的厚望，将瑞典治理得井井有条。

但是，要怎么样才能引起国王的注意呢？

"如果我能建造一个很特殊的建筑物，来吸引国王，那就好了！"

青年的眼睛一亮："对呀！国王原来是法国人，那么如果我在瑞典建造一座类似法国凯旋门的建筑物，一定能引起他的注意。"

有了这个想法，于是青年四处奔走，争取几位过去有生意往来的企业家支持。

不久之后就在一个瑞典小城内，盖起了一座抓住了法国凯旋门神韵的建筑物。当国王经过小城，看到这个建筑物时，惊讶得说不出话来。国王睹物思情，缅怀过往，引发了许多的感慨。事后国王特别召见青年，夸赞他的建筑技术。

受到国王赞赏的青年，忽然之间声名大噪，各种媒体争相报导有关他和他的建筑作品。

从此，他不但挤进了上流社会，更一跃成为瑞典建筑界大师。

善于布局可掌控命运

由一个小药房的主人，努力经营、拓展，最后摇身一变，成为美国药业大王的查理斯·威格林，当初在经营小药房时，就常运用创意来服务客户，提高知名度和业绩。

有一次，镇上的一位老太太打电话来订一些药品。

查理斯接过电话，天南地北地和老太太聊了起来。

"咦，我好像听到门铃响了，你请等一下，我去开门，马上开门，马上就回来。"老太太对查理斯说。

老太太打开大门："天哪！电话还没有说完，我要的东西就到了！真让人无法相信！"

电话线另一头的查理斯，竖起耳朵听着由听筒里传过来的惊喜声，不禁得意地笑了起来。

原来查理斯一面故意和老太太聊天，一面派人紧急地送货。自然地，这种别出心裁的做生意方式，一传十、十传百，使得小镇上人人都晓得查尔斯的办事效率，于是他的生意蒸蒸日上。

后来不但分店遍布全国，而且查理斯还开了药厂，成为美国直销的大企业。

通盘考虑和布局是一件事成功之前的前奏。

布局，其实就像是在玩一场游戏、排练一部戏剧，先要将整个过程变换为图像，在脑内事先一幕幕地演练一遍。每一幕都必须仔细地经过正反两面的思考后，再加以修正改进，直到完善为止。

我们时常听到人们说：命运掌控在自己的手里，其实更为贴切一点的说法应该是：命运是可以被操控在善于布局的人手里。

一个制造企业聘请了一位有特殊管理专长、却在专业技术方面并不是很强的厂长。

因为前任的厂长在专业技术方面十分专精，再加上多年的相处和工作习惯，所以厂内的员工对于新任的厂长并不十分的心服。

员工们不但对于新的管理改革方案不热心配合，而且看到他就远远躲开不愿与他接近，更不要说主动沟通了。

新任厂长看到这个情形，暗自思量怎么样才能凝聚这个团体的向心力，和大家打成一片。

这个新任厂长想了一些妙招让自己融入这个群体。

一个月来他经常带一些小礼物，在晚间到两位管理主管的家里，和他们及其家人谈天说地，后来几乎是无话不谈，包括主管们的一些鲜为人知的小缺点。

第二个月开始，他和两位主管取得了共识，两位主管经常在晚上到厂长的家里喝茶，报告厂里一些员工的习性、特殊的个性或是近况，并且将自己遇到的一些事也作一番报告。

上班的时候，只见厂长四下走动。

当看到管仓库的小姐就说："嘿！莉纹小姐，我曾经看到你的男朋友在工厂门口等你，他好帅啊！高挺的鼻子，和你好相配。"

其实他并不曾遇到过莉纹小姐的男友。

"喂！约翰，听说你的儿子功课很棒，他的头脑一定像你一样聪明。"

新厂长经常和大伙儿一起在餐厅用餐，一边吃一边将两位平常在管理上很严的主管生活上的一些小缺点都讲出来，两位和厂长早已取得共识的主管，在一旁听到自己的事只是傻笑。

这样一来，基层员工们觉得受到长官的特别关注，有些受宠若惊，感觉非常开心，而且大家听到厂长挖苦管理主管，自然也很痛快。

没有多久，工厂上上下下都和他打成了一片，新厂长的管理改革政策也获得了普遍的支持和拥护。

巧妙暗示收奇效

直接指责别人，只会招来对方强硬的反抗，而用委婉的提醒，让对方注意到错误，则会受到欢迎。

有一天中午，查尔斯·史考伯路过他的一家钢铁厂。他看见几个工人正在抽烟。正好，他们头上有一块写着"禁止吸烟"的牌子。史考伯没有马上指着牌子不让他们抽烟，他不会那么蠢。他走到那几个人面前，给每个人一根雪茄，这才说："各位，如果你们能去外面抽这些雪茄，我会非常感激。"他们马上明白了，他们违反了纪律，但史考伯不但没有指责他们，反而给他们每人一个小礼物，这让工人们更敬重他，也更自觉。

约翰·华纳梅克也用了这个技巧。华纳梅克每天都去费城他的大商场里瞧瞧。一天他发现柜台前有个顾客在等着买东西，却没有售货员理她，而售货员则都聚在柜台的另一头谈笑着。华纳梅克什么也没说，他进到柜台里面，招呼那位顾客，并叫售货员帮助包装货品，然后就走了。

官员们常因为不接待民众而受批评，是的，他们很忙，但有时是因为他们的助手们给拦着，助手们不想让他们的上司太累。卡尔·兰福特当了多年的奥兰多市的市长。他经常对他的部下说，不要阻拦民众来见他。他宣布实行“开门政策”，但是，来访的市民们还是被他的秘书和下属们给拦在办公室的门外了。

后来，这位市长想了一个办法。他让人卸掉了办公室的大门，他的下属们也知道不能再拦了。就这样，这位市长真的做到了“开门政策”。

要想改变别人，而又不让他生气，只需要换一个词，效果就会不同。

大部分人在赞扬完了别人，转到批评之前，都会用一个词“但是”。例如，要改变一个孩子不专心读书的态度，我们往往会这么说：“约翰，我们为你感到骄傲，这个学期你的学习取得了进步，‘但是’，如果你在代数方面再多下点工夫的话，就更好了。”

约翰在听到“但是”之前，感觉很好。可“但是”一出现，他马上怀疑这个赞许的可信度。他开始感到，这其实是个批评，他因此而反感。我们要改变他的愿望就无法实现了。

如果把“但是”换成“而且”呢？那就好多了。让我们试一下：“约翰，我们真为你骄傲，这个学期你的学习取得了进步，‘而且’如果你在代数上再多下点工夫的话，就更好了。”

这一回，约翰会很愉快地接受这份赞许，因为他感觉到了赞扬和鼓励，而不是批评。他会愉快地按照我们希望的那样去做。

对那些非常敏感的人，用巧妙的暗示，让他们改正自己的错误，会收到奇妙的效果。

先说自己的错误

如果批评别人时，能先谦虚地承认自己也会犯错，那么，对方就会更容易地承认和改正他的错误。

卡耐基的侄女约瑟芬·卡耐基，几年前从堪萨斯市的老家来到纽约，担任卡耐基的秘书。在刚来的时候，她有许多不足。有一天，卡耐基正准备批评她，但他告诉自己："等一下，戴尔，你比约瑟芬年长了一倍，你的生活经验几乎是她的一万倍，你不能要求她有和你一样的观点、判断力和干劲。还有，等一下，戴尔，你19岁时又怎么样呢？那时候你多么愚拙。"卡耐基仔细地想了想，他认为约瑟芬19岁的表现比自己当年强，并且他意识到，他没有因此而经常夸她。

从此以后，当约瑟芬出现错误时，卡耐基总是说："约瑟芬，你犯了一个错误，可上帝晓得，我犯了许多比你更糟糕的错误。你当然不能生来什么都会，经验会让人学到很多东西。并且，我在你这么大的时候，还不如你呢，我那时非常笨，所以，我根本不想批评你。可难道你不觉得，你如果这样做的话，不是更好吗？"

如果一个人一开始就谦虚地承认，他也会犯错误，当他再评论你的错误时，你也许就会容易听进去了。如果批评者先谦虚地承认自己也会犯错误，当他再指出你的错误的时候，你就会感到不再那么难以接受了。

命令不受欢迎

"建议"往往比"命令"好用，用"建议"不仅不会伤害对方的自尊，而且能使他更愿意改正错误，并接受你。即使是长者，如果用粗暴的态度，也会引起长久的愤怒，不管他是否是在纠正一个严重的错误。

唐·斯塔瑞里是宾夕法尼亚州威明市一所职业学校的教师。有一次，他的一个学生停错了车，堵住了学校的车道入口。然后，当这位学生正在教室里上课时，一位导师闯了进来，大叫着："堵住车道的车是谁的？"那位学生回答后，那个导师更加粗暴地叫道："去，你立刻把它开走，不然的话我要用铁链子拖了。"

是的，车停错了地方，那个学生干了件错事。但是，从那天起，包括那位学生在内的全班同学，都对那位导师的行为感到愤怒，并且他们在很多事情上和那位导师作对。

那位导师本来用不着这么做的。如果他礼貌一些说："请问，谁的车停在车道上了？"等有人回答后再说："请把它开走，好让别的车进出。”那么那位学生会顺从地、甚至有些歉意地去把车开走，班里的同学自然也不会生他的气。

一张被看做是不可能完成的任务的定货单，有人敢接吗？答案是有。那么它是怎样被完成的呢？看看下面的故事。

迈克是南非约翰内斯堡一家小工厂的经理，有一次他收到了一张非常大的订单，迈克觉得，按照工厂往常的生产能力，是不可能在规定的日期内完成这个订单的。但他还是接了。

他没有催工人们为了这张订单赶紧干活。他把大家叫到一起，告诉他们实际情况，并对他们说明完成这个订单，对工厂和他们本身的意义。他向工人们问了一些这样的问题，问题如下：

“完成这张订单，我们需要什么办法？”

“有人有其他的办法吗？”

“怎样把我们的工作时间和工作程序合理分配？”

工人们对接这个订单表示了肯定，并提了许多建议。他们觉得这是自己的事，因此非常积极。最终，他们如期完成了这张订单的任务。

“请教或建议，而不是命令。”这样的话再难的难题也会有人乐意为你解决。

一开始就让对方说“是”

当你希望别人同意你时，不要一开始就与他争论，要以双方所同意的观点作为开始。也许，你们的目标都是相同的，不一样的只是方法的运用。

当一个人开始“否定”时，就形成了一道心理防线，他就要固执下去，来维护自己的人格尊严。即使他意识到自己的“不”并不正确，他也不会放弃自尊，而是继续固执下去。因此在开始谈话时，最重要的是先说一些对方认同的事情。

会说话的人，一开始就会说一些让对方认同的话，这样对方就会对自己不再那么抵触。如同打壁球，顺着球的方向打，它更容易前进；要使它弹回来，就必须花更大的力气。

这是一种心理状态。当一个人说“不”的时候，他所表达的并不只是一个词。他的整个身心都处于抵触中，并形成一种紧张感去抗拒吸收别人的观点。反之，当一个人说“是”的时候，整个身心便处于欢迎和开放的状态，就越容易接纳我们的意见。所以当我们让对方说“是”的时候，就能最终让其容易地接受我们的意见。

这种让对方说“是”的办法是一种非常简单的技巧。但它被很多人忽视了！人们往往在一开始用否定的姿态，似乎能使自己显得更重要。激进的人和保守的人碰到一起，总是很快使对方愤怒起来，这一点儿好处都没有。难道只想得到一种发泄吗？如果他想得到一个满意的结果的话，这样做就太蠢了。

无论你面对任何人，如果对方在一开始说“不”的话，你就要有足够的聪明和耐心，来转变这个态度。”

中国有句古语，闪烁着东方永恒而悠久的智慧：“穿轻便的鞋子者走得远。”

所以让别人认同你的话，就在一开始时就让对方说“是”。

倾听他人，谦虚待己

大部分人要使别人认同自己时，总是说得过多。这样往往得不偿失。尽量让对方表现吧，对他自己的事，他比你更清楚。请教他，让他来说。

不要打断别人，因为那样很危险。当一个人有很多话要说时，他是不会注意你的，要耐心地、开放地对待他，诚恳地让对方说出他的话。

美国的一家大汽车制造公司，计划采购全年所需的汽车坐垫用布。有三家厂商做的样品通过了那家汽车公司高级职员的检验。并通知他们，将在某一天确定把合同给谁。

罗先生是其中一家厂商的代表，来参加商谈时，因患严重的喉炎几乎不能说话，而对方的工程师、经理和董事长们正等待他的发言。他站起来想说却说不了。他们都坐在桌旁看着罗先生，于是他就在一张纸上写道：“抱歉，我的嗓子不好，不能说话。”于是对方的董事长帮他展示了他的样品，并夸奖了它好的地方，接着大家热情地针对好的地方议论起来。那位董事长因为要代他介绍，议论时很自然地就偏向于罗先生。罗先生一言不发，只是微笑着点头做手势。

罗先生说：“结果，我得到总价值160万美圆的订单，这是我所得到的一笔最大的合同。我意识到我原来准备应付整个情况的想法是错误的。很偶然地，我发现让对方来讲话，可以让结果更好。”

法国哲学家罗西费戈说：“如果你在别人面前显能，你将得罪人；但如果你让他在你面前显能，你将会得到友谊。”

这句话的道理在于，当我们的朋友在我们面前显能时，他就觉得被人重视而高兴；当我们在他的面前显能时，他就会感到压抑，甚至产生嫉妒的心理。

亨瑞塔现在是纽约市中区人事局最受欢迎的工作咨询专员，但她以前也曾经搞不好人际关系。她刚刚进人事局时，竟然没有一个同事喜欢她。原因是什么呢？那时的她成天忙着吹牛皮，说自己在介绍工作方面干得多么出色，自己又新开了一个银行账户，存了多少钱，简直是喋喋不休。

亨瑞塔谈道：“我自我感觉好极了，觉得自己的工作做得棒得很。但是，这却让同事们很不快，他们居然不觉得我干出了成绩是好事。我为此很迷惑，因为，我希望能和他们做朋友，让他们接受我，和我分享一切。当学习了卡耐基的课程后，我总算开了窍，明白应该多听别人说话，而不要光顾自己说。我的同事们也会有很多话要说，夸耀一下他们自己的成绩，比光听我吹来吹去会让他们高兴得多。于是空闲下来的时候，我就和他们聊聊天，但如今我很少吹嘘自己了不起，多数是听他们诉说，分享他们的快活事。”

“一直幸运的人总算倒霉了，这真让人乐和。”这是德国的流行谚语。是呀，最让人高兴的事，莫过于听到别人的倒霉事。

或许，你工作不顺心更让周围的人舒坦些，而你一直春风得意却让人有些悻悻然。

所以说，要尽量不提自己取得的辉煌战绩，要尽量显得谦虚，这样就会让别人能接受你。尔温·考博就深谙此道。一次在法庭上，证人席上的一位律师问考博：“你是闻名全美的大作家，是这样吗，考博先生？”

考博却答道："我其实是浪得虚名。"

要记住，我们都很平凡，没什么好骄傲的。人生一世，草木一秋，在这个世界上，我们最终都留不下多少痕迹。多倾听别人，多感受别人，不要得意扬扬地吹嘘自己，让人不胜其烦。

一个给你带来奇迹的原则

"尝试着理解别人，从他的角度来看待事情"，能给你带来和谐与成功，减少摩擦和困难。

人有时即使真的错了，他也不一定承认。这时，责备他是没用的，甚至会起相反的作用。如果你够聪明的话，就要先去理解他。

不但要知道别人是这样的，还要搞清楚他为什么会是这样。了解他的个性，这才是解答他的钥匙。

把自己放在别人的情况里，认真地想一想。

问一下自己："假如我是他，我的感觉和反应会是怎样的？"这样会省去你很多的烦恼和疑虑。"如果明白了原因，往往就不会对结果感到不适。"并且，这样会使你的人际关系大为改善。

在肯尼斯·古迪所著的《怎样让人们变成黄金》里，有这样一句话："停下来，用一分钟的时间，比较一下，你是怎样地关心自己的事情和不关心其他的事情，你就会理解，别人也是这样的。而一旦你掌握了这个窍门，你就会像林肯和罗斯福等人一样，拥有了做任何事的坚实基础。当然，如果你是个看守监狱的警察，最好就不要这样想了。总之，和别人相处得怎样，完全取决于你在多大程度上为别人着想了。"

吉拉德·黎仁柏所写的《进入别人的内心世界》一书中，有这样一段话："把别人的观念和感觉与你自己的观念和感觉，置于同等重要的地位，并把它们表现出来，这样，谈话的气氛就会融洽起来。一开始，要让对方把他谈话的目的或方向先说出来。当你在听别人说话时，要根据对方的意思来准备你将要说的话，这样，由于你理解和认同了他的观点，他也就会理解和认同你的观点。"

当一个人面临严重问题的时候，从别人的角度来看待事情，可以缓解压力。

澳大利亚新南威尔士的伊丽莎白·诺维克用分期付款的方式买了部车子，可是她有6个星期都没有按合同交钱了。她说："在一个星期五，负责我买车子分期付款账户的一名男子在电话中告诉我说，如果在下星期一上午，我拿不出122块钱的话，他们公司就会采取进一步行动。正好是周末，我没有筹到钱。于是，他在下星期一给我的电话里，说了很多更不好听的话。可是我没有发火，我从他的角度出发，来看待这件事情。我先是向他真诚地道歉，说真是给他带来了很大的麻烦，而且由于我已经6个星期未付款，自己一定是他的客户里边最让他头疼的。于是，他改变了说话的语气，说我并不是最让他头痛的。他还举了几个例子对我说明，说有的客户非常不讲理，有的经常撒谎，还有的躲着他不和他见面。我不说话，让他把心里的不痛快都说出来。最后，没等我提什么请求，他就说要是我不能马上交上拖欠的钱，也不要紧。只要我在月底先付给他20元，然后在我方便的时候再把剩下的欠款交给他，这样就可以了。"

要想改变别人而不伤和气，就从他的角度出发来看待事情，这样所有的难题都会解决。

戏剧化地表现你的想法

要想更有效地吸引人们的注意，就不能只是有什么就说什么，还要把事实更鲜活、有趣并戏剧性地表现出来。

美国的《费城晚报》曾遇到过一个谣言。谣言告诫广告客户说，《费城晚报》登了太多的广告，缺少实际的新闻，读者已逐渐对它失去兴趣。因此，对于《费城晚报》来说，必须立即采取行动来制止这项谣言。

面对谣言，报社把该报普通的一天里所有版面上的所有新闻和文章全部摘出来，分类后，印成一本书，书名就叫《一天》，这本书共有307页，按照当时的市价，这样页数的一本书值两美圆，但《一天》的定价只是两美分，并上市公开发行。

《一天》的发行，戏剧化地说明了一个事实：《费城晚报》登载了大量可读性很强、有深度的新闻和文章。显然，这个办法比只是发表一些数字和评论，更生动，更有趣，更能突出事实，更能说明问题。

这个时代充满了戏剧性。只是平铺直叙是不够的，必须更生动、有趣、戏剧化地表达事实，你必须用一些方法来吸引人。电影是这么做的，电视也是这么做的，如果你想吸引人们的注意力，你也必须这么做。

在家庭生活方面，戏剧化的办法也很适用。在过去，当男人在向他的情人求婚时，他不只是说些情话，并且还跪在他的情人面前，来表现他的诚意。现在，我们求婚时，不用再下跪了，但是提出求婚之前，还是有许多男人先营造浪漫的氛围。

戏剧化的办法对小孩也非常管用。亚拉巴马州伯明翰市的乔·方特，为了叫他5岁的儿子和3岁的女儿把玩具收拾起来，他专门为此发明了一列“火车”。儿子骑着他的三轮车作为火车头，女儿的篷车接在三轮车的后面作为车厢。到了晚上，当儿子骑着车子绕着房间转的时候，女儿就把所有的货物(他们的玩具)装上车厢(她的篷车)，随后她也跳进去。这样一来，根本用不着命令、请求或威胁，屋内的玩具很快就收拾好了。

如果你想让人们接受你的想法，就要戏剧化地表现你的想法。

第十章

积极去生活，认真去工作

做一个果敢的人

祸兮，福之所倚，福兮祸之所伏。老子这句话讲的就是成功过后也许就是失败，而失败过后也会迎来成功。所以，作为人类的我们要养成胜不骄、败不馁的性格，养成不以物喜不以己悲的心理，这样成功才能青睐于你。

但凡是成功者都有一个突出的特点，那就是多谋善断，行事果敢。果敢是一个人行为品质的外在表现，它能直接影响人的成败得失。

不果敢的人只会坐看机会消失。面对机会或者是困难，果敢的人都能当机立断，作出最准确的判断来化解。例如三国时，街亭被司马懿占领，之后司马懿率大军前去进攻诸葛亮驻守的西城。当时的情况非常紧急，西城中无兵无将。面对强大的敌人，诸葛亮该怎么办呢？是弃城投降，还是负隅顽抗？这是一个两难的选择。但危难时刻才能彰显出人的实力，诸葛亮当机立断，带上两个不知所以然的小童，携一把破旧的琴，登上城楼，饮酒弹琴，好不逍遥。城下的司马懿一看当时就犯了嘀咕，他深知诸葛亮的智谋，认为城中定有埋伏，于是也当机立断，引兵离开。西城的得救全赖诸葛亮的果敢和智慧。“空城计”正好说明了一个人的果敢与否是决定其成败的关键因素之一。

人的果敢的品质是能后天培养的，影响果敢品质的因素有多种：

首先要有广博的知识和丰富的经验。谋略就是知识的运用。孤陋寡闻的人永远与果敢无缘。

其次是要懂得分析客观的情况，一味地凭主观意识去勇敢无异于自杀。

再有就是捕捉机会的能力，这需要天赋和后天的经验积累。俗语说：“机不可失，时不再来。”谋略也应随着时间、地点、条件的变化而变化。

果敢的人可以取得成功，现代社会的人必须做一个果敢的人。

人不能不战自败

海明威曾说："人可以被消灭，但不能被打败。"我们不能都成为海明威这样的硬汉，但我们可以做拥有"亮剑精神"的人，电视剧《亮剑》里的"亮剑精神"说人可以被别人打败，但不能不战自败，我们做人做事所坚持的就是这个原则。

人的潜质是不可估量的，每一个人都有获得成功的能力和力量。像许多大富豪、大企业家，他们中的很多人只念过几年书甚至有的没念过书，许多伟人的出身都很卑微，像明朝的开国皇帝朱元璋，他自小穷苦，是个要饭的和尚出身，可他照样凭借自己的能力成了一代伟人。

只要是人就渴望获得成功。试想一下，谁不想功成名就，谁不想拥有花园洋房、美女、跑车？但实际上，很多人都在空想着这一切。忍受着失意的生活而生存着，他们不去奋斗，不去努力。这是什么原因呢？原因很简单，就是他们认为自己不行。他们不战自败，总想着自己是个懦夫，一辈子也就这样了，他们真正的敌人不是别人，就是他们自己。

林肯小的时候经历过这样一件事情，对他的人生起了决定性的作用，他在日后的演讲中经常讲述这个发生在自己身上的故事：

他父亲曾经买下过一个农场，那农场的地上有很多石头。他母亲建议他们把石头都搬走，但他的父亲说："那里的石头那么多，而且搬不走，否则原先的主人为什么会卖给我们。"

有一天，他父亲进城买马去了，林肯的母亲带着林肯的兄弟姐妹们去农场劳动。她说："让我们把这些碍事的石头搬走，好吗？"于是他们开始挖石头再搬开。没用几天的时间，他们就将农场里的石头都搬光了。因为那些石头不是连接着山的死石，而是人为堆积的小山。假如那次他们没有尝试去搬石头，那些石头也许到现在还在阻碍着农场的建设。

林肯通过这件事明白了一个道理，一个人只有去尝试了才能知道事情可不可为。人不能不战自败。

任何一个立志成大事的人都要相信自己。只要有信心，就可以移动一座山。

赵明是个足球明星，退役后做了保险推销员。可他对于保险的认识实在肤浅得要命。他的部门经理给他作培训的时候说："推销员必须有一张迷人的笑脸。"

赵明一心要征服保险推销这个行业，于是他每天对着镜子苦练笑脸。但无论他怎么笑，经理都说他笑得太假。赵明并不灰心，一门心思地苦练，并出去实践。功夫不负有心人，他终于成了著名的保险销售员。

成功的人选择他们喜欢的任何行业都能成功。因为他们始终坚信自己一定成功，并毫不迟疑地按成功的方法去做。宁可被打败，也决不选择不战自败。

超越平庸，选择完美

很久很久以前，一位有钱人要出门远行，临行前他把仆人们叫到一起并把财产委托他们保管。依据他们每个人的能力，他给了第一个仆人十两银子，第二个仆人五两银子，第三个仆人二两银子。拿到十两银子的仆人把它用于经商并且赚到了十两银子。同样，拿到五两银子的仆人也赚到了五两银子。但是拿到二两银子的仆人却把它埋在了土里。

过去了很长一段时间，他们的主人回来与他们结算。拿到十两银子的仆人带着赚到的十两银子来了。主人说："做得好！你是一个对很多事情充满自信的人。我会让你掌管更多的事情。现在就去享受你的奖赏吧。"

同样，拿到五两银子的仆人带着他赚到的五两银子来了。主人说："做得好！你是一个对一些事情充满自信的人。我会让你掌管很多事情。现在就去享受你的奖赏吧。"

最后拿到二两银子的仆人来了，他说："主人，我知道你想成为一个强人，收获没有播种的土地，收割没有撒种的庄稼。我很害怕，于是把钱埋在了地下。"主人回答道："又懒又缺德的人，你既然知道我想收获没有播种的土地，收割没有撒种的庄稼，那么你就应该把钱存到银行家那里，以便我回来时能拿到我的那份利息，然后再把它给有十两银子的人。

我要给那些已经拥有很多的人，使他们变得更富有；而对于那些一无所有的人，甚至他们有的也会被剥夺。”

这个仆人原以为自己会得到主人的赞赏，因为他没丢失主人给的那二两银子。在他看来，虽然没有使金钱增值，但也没丢失，就算是完成主人交代的任务了。然而他的主人却不这么认为。他不想让自己的仆人顺其自然，而是希望他们能主动些，变得更杰出些。

不要满足于尚可的工作表现，要做最好的，你才能成为不可或缺的人物。人类永远不能做到完美无缺，但是在我们不断增强自己的力量、不断提升自己能力的时候，我们对自己要求的标准会越来越高。这是人类精神的永恒本性。

对于我们来说，顺其自然是平庸无奇的。平庸是你我的最后一条路。为什么可以选择更好时我们总是选择平庸呢？如果你可以在一年之外额外再弄出一天，那为什么不利用这365天呢？为什么我们只能做别人正在做的事情？为什么我们不可以超越平庸？

如果一个人顺其自然的话，那么他也不会赢得奥运会竞赛。把金牌带回家的运动员必须超越已有的纪录。我厌倦了平庸。我的感觉和哈伯德写下如下这些话时的感觉如出一辙：

不要总说别人对你的期望值比你对自己的期望值高。如果哪个人在你所做的工作中找到失误，那么你就不是完美的，你也不需要去找借口。承认这并不是你的最佳程度。千万不要挺身而出去捍卫自己。当我们可以选择完美时，却为何偏偏选择平庸呢？我讨厌人们说那是因为天性使他们要求不太高。他们可能会说：“我的个性不同于你，我并没有你那么强的上进心，那不是我的天性。”

超越平庸，选择完美。这是一句值得我们每个人一生追求的格言。有无数人因为养成了轻视工作、马马虎虎的习惯，以及对手头工作敷衍了事的态度，终致一生处于社会底层，不能出人头地。

在某大型机构一座雄伟的建筑物上，有句很让人感动的格言。那句格言是：“在此，一切都追求尽善尽美。”“追求尽善尽美”值得做我们每个人一生的格言，如果每个人都能用这格言，实践这一格言，决心无论做任何事情，都要竭尽全力，以求得尽善尽美的结果，那么人类的福利不知要增进多少。

人类的历史，充满着由于疏忽、畏难、敷衍、偷懒、轻率而造成的可怕惨剧。以前，在宾夕法尼亚的奥斯汀镇，因为筑堤工程没有照着设计去筑石基，结果堤岸溃决，全镇都被淹没，无数人死于非命。像这种因工作疏忽而引起悲剧的事实，在我们这片辽阔的土地上，随时都有可能发生。无论什么地方，都有人犯疏忽、敷衍、偷懒的错误。如果每个人都能凭着良心做事，并且不怕困难、不半途而废，那么非但可以减少不少的惨祸，而且可使每个人都具有高尚的人格。

养成了敷衍了事的恶习后，做起事来往往就会不诚实。这样，人们最终必定会轻视他的工作，从而轻视他的人品。粗劣的工作，就会造成粗劣的生活。工作是人们生活的一部分，做着粗劣的工作，不但使工作的效能降低，而且还会使人丧失做事的才能。所以，粗劣的工作，实在是摧毁理想、堕落生活、阻碍前进的仇敌。

要实现成功的唯一方法，就是在做事的时候，抱着非做成不可的决心，要抱着追求尽善尽美的态度。而世界上为人类创立新理想、新标准，扛着进步的大旗，为人类创造幸福的人，就是具有这样素质的人。无论做什么事，如果只是以做到"尚佳"为满意，或是做到半途便停止，那他决不会成功。

有人曾经说过："轻率和疏忽所造成的祸患不相上下。"许多年轻人之所以失败，就是败在做事轻率这一点上。这些人对于自己所做的工作从来不会做到尽善尽美。

大部分青年，好像不知道职位的晋升是建立在忠实履行日常工作职责的基础上的。只有尽职尽责地做好目前所做的工作，才能使他们渐渐地获得价值的提升。

相反，许多人在寻找自我发展机会时，常常这样问自己："做这种平凡乏味的工作，有什么希望呢？"可是，就是在极其平凡的职业中、极其低微的位置上，往往蕴藏着巨大的机会。只要把自己的工作做得比别人更完美、更迅速、更正确、更专注，调动自己全部的智力，从旧事中找出新方法来，才能引起别人的注意，使自己有发挥本领的机会，满足心中的愿望。

做完一件工作以后，应该这样说："我愿意做那份工作，我已竭尽全力、尽我所能来做那份工作，我更愿意听取人家对我的批评。”

成功者和失败者的分水岭在于：成功者无论做什么，都力求达到最佳境地，丝毫不会放松；成功者无论做什么职业，都不会轻率疏忽。

你工作的质量往往会决定你生活的质量。在工作中你应该严格要求自己，能做到最好，就不能允许自己只做到次好；能完成百分之百，就不能只完成百分之九十九。不论你的工资是高还是低，你都应该保持这种良好的工作作风。每个人都应该把自己看成是一名杰出的艺术家，而不是一个平庸的工匠，应该永远带着热情和信心去工作。

怀有一颗感恩的心

做人要怀有一颗感恩的心，这样我们才能活得踏实。真正的感恩应该是真诚的、发自内心的感激，而不是为了某种目的，迎合他人而表现出的虚情假意。

相对于我们的工作而言，那是需要用生命去做的事情。工作可以把你带到充实的境界和快乐的天堂。是你的公司、你的老板提供给你一个施展你自己才能的机会，他们给你工作，你是不是应该感激他们呢？

虽说通过个人的勤奋和吃苦耐劳能出色地完成工作，但同时应该承认，一个人的人生历程中他接受来自别人的帮助也是很重要的。受助和施助看起来是矛盾的，但高尚的依赖和自立自强又是统一的。往往优秀谦虚的人乐于承认和接受别人的帮助。

在工作中，在为你的事业奋斗的时候不仅需要来自你内心深处的精神力量，而且也需要与在生活和事业上的朋友保持互助互爱的关系。

在谈到自己成功经历时，你不应该在心里对自己说：“这都是我自己努力的结果！”即便事实如此，你的努力占了百分之八十，也不要忘记对别人心存感激。

许多成功的人都说他们是靠自己的努力。然而，无论自己的行为是多么明智和完美，对别人的感激才是明智的。没有感激是不能构成完美的。事实上，如果静下心来，想想你的每次行动，哪一点没有别人的帮助？你用的工作设备、文件纸张等等都是别人提供的；你是编辑，所引用的资料和信息都是别的作者的……

无论你是平庸的职员还是公司的老板，都曾经并且正在受到别人的许多帮助。只要你稍许谦逊，就会发现你身边有许多意料之外的支持。你难道不应该时刻感谢别人的恩惠吗？

感恩是美丽的字眼。它不花一美圆，只要你虔诚地给予，这项投资会给你带来意想不到的收获。你的人格魅力会罩上谦逊的光彩，你无穷的智慧将被源源不断地挖掘出来，感恩还可以开启你神奇的力量。

现在越来越多的年轻职员，常常牢骚满腹，抱怨这个不对，说那个不好，无视朝夕相处的老板的种种恩惠，将一切视为理所当然，视为纯粹的商业交换关系。

的确，雇用和被雇用是一种契约关系，但是在这种契约关系背后，难道就没有一点同情和感恩的成分吗？老板和员工之间并非是对立的，从商业的角度，也许是一种合作共赢的关系；从情感的角度，也许有一份亲情和友谊。

你是否曾经想过，写一张字条给上司，告诉他你是多么热爱自己的工作，多么感谢工作中获得的机会。这种深具创意的感谢方式，一定会让他注意到你甚至可能提拔你。感恩是会传染的，老板也同样会以具体的方式来表达他的谢意，感谢你所提供的服务。

不要忘了感谢你周遭的人——你的老板和同事。因为他们了解你、支持你。大声说出你的感谢，让他们知道你感激他们的信任和帮助。请注意，一定要说出来，并且要经常说！这样可以增强公司的凝聚力。

永远都需要感谢。推销员遭到拒绝时，应该感谢顾客耐心听完自己的解说。这样顾客才有下一次惠顾的可能！老板批评你时，应该感谢他给予的种种教诲。感恩不花一分钱，却是一项重大的投资，对于未来极有助益！

与溜须拍马不同，感恩是自然的情感流露，是不求回报的。一些人从内心深处感激自己的老板，但是由于惧怕流言飞语，而将感激之情隐藏在心中，甚至刻意地疏离老板，以表自己的清白。这种想法是何等幼稚啊！如果我们能从内心深处意识到，正是因为老板费尽心机的工作，公司才有今天的发展；正是因为老板的谆谆教诲，我们才有所进步，又何必去担心他人的流言飞语呢?

坦荡的感激，是清白最好的证明。

你的老板会足够地聪明，他会注意到你的感激是发自肺腑的。一种具有创意的感谢方式是建立在真诚的基础之上的。你的感激对他来说是一种认同和支持，同时也是一种鼓励。

当员工流露出“我感激你，老板”的态度的时候，我总是心中暗喜。我也常常回想自己年轻时在别人手下做事，和各种各样性格的老板相处。我总是主动和他们靠得近一点。而我发现他们很高兴我这样做。他们也会打从心底谢谢我！现在我也喜欢那种不畏老板的员工。

你得到了晋升，你要感谢老板的独具慧眼，感谢他的赏识。每个人都有失败的时候，你不妨对上帝给了你一次锻炼的机会而心存感激。感激的话应该引导着你形成某种信念和平和谦逊的精神境界。这就是感恩的话的意义和价值所在。

如果你太在意自己的话，结果往往事与愿违，你会注定不能赢。对于忘恩负义的人来说，别人的帮助是很难感知的。时刻记住：你拿的薪水就像你在吃水！挖井的人却不止一个。即使挖井的人不图你的回报，你也应该有个基本的态度。至少在适当的时候说声：“谢谢！谢谢你挖的井！”

不仅要做到不以怨报德，还要知道知恩图报。怀有感恩的心情，你会为自己能有幸成为公司的一员，觉得工作来之不易，因而更敬业、忠诚，在公司为老板更加勤奋地工作。你也会更加细心、善良和谦逊。这些比物质的礼物更可贵。

信念是成功的保障

人生最大的破产就是失掉自信。当一个人没有自信心时，做任何事情都不会成功。

成功是每个人都梦寐以求的，但是真正取得成功的却是少数人。于是有人抱怨自己生不逢时，有人哀叹自己运气不佳，也有人觉得自己生来就不如别人，于是随波逐流，甘于过平庸的生活。

成功需要具备什么样的素质呢？一个人之所以会成功，是因为他的思想与众不同。成功是一种结果，并不是真正的原因，真正的原因是他的想法。要让想法产生结果，就要通过具体的行动。成功与失败最重要的差异，就在于行动的方式。要改变行动的方式就要改变思维的模式。每当我们决定要做一件事时，是凭借自己的观念在作决定。

一个人的行为跟他的观念有绝对的关系。假如你觉得身体很重要，你会设立一些健康的目标，会开始做一些有益健康的事情；假如你觉得财富很重要，你会想办法赚更多的钱，去积极地行动让自己致富；假如你觉得朋友最重要，在你面临抉择时，通常你会选择朋友而舍弃其他。所以要真正改变一个人的行动，就必须改变他的价值观，改变他的信念。

我们深受一些消极观念的影响，如“我不够好”、“我不太聪明”、“我运气不好”、“别人都不喜欢我”、“这辈子我完了”等等。许多痛苦、恐惧、煎熬都是受了这些自我设限的消极观念的残害。试想一个人如果认为自己很笨，面对难题，他会以“反正我学不会”为借口而搪塞过去。他不会觉得自己该对“学不会”负责，因为他认为“学不会”的原因不是个人不努力的结果，而是他无法控制的遗传因素。

相反如果一个人自认为聪明能干，他是不会容忍逃避困难的。因为这样会损害了他的自我形象，是对自我的否定。在生存竞争中最后赢得胜利的人，一举一动中总是充满了必胜的信念，他的非凡气度一定会使人自然对他产生特殊的尊敬。人人都可以看到他生机勃勃、精力充沛的样子。而那些被击倒在地、陷入困境的人，却总是一副死气沉沉的样子；他们看起来缺乏自信与决断力；无论是行动举止、谈吐态度，他们都容易给人一种懦弱无能的印象。

试看世界上一切事业的失败，大多数并不是由于智商、资历、经济等的原因，而是因为缺乏自信。

人生最大的破产就是失掉自信。当一个人没有自信心时，做任何事情都不会成功。换句话说，处于信心庇护下的人能从束缚、妨碍、担忧和焦虑中解放出来。他有行动的自由，他的能力也能得以自由发挥，而这两种自由对取得巨大的成就是必不可少的。因此我们说，对于成就大业来说，信念是必不可少的。

当然，积极的信念不是高傲自大和自以为是的自恃，而是在正确的理论指导和实践经验基础上的信念。自信是抵制错误导向和坚守正确决断的必备素质。只有自己不动摇，才能帮助动摇者。只有相信自己，才能赢得相信。

自信能够带来奇迹

不管能不能做的事情，无论如何你都要去干。这常常能使一个人去完成近乎不可能的事情。例如，有一个人新进入一家公司做销售工作，他没有销售经验，甚至对销售知识一无所知，好在对于他一无所知的事实他自己并不知道，而且他受到了一些人的鼓励。结果他做得非常出色，以至于在销售方面负责了整个公司的业务。不知道自己不能做的这个事实而做了，并取得了成功，也许这可以说是为什么有的人成为了杰出的销售行家，而有的人成绩次之、再次之的缘由。

亨利·福特是一个非常了不起的人。他在40岁时，生意才获得成功。他没有受过多少正规的教育。在建立了他的事业王国之后，他的目光转向了制造八缸引擎。他把设计人员召集到一起说："先生们，我需要你们造一个八缸引擎。"这些聪明的、受过良好教育的工程师们深谙数学、物理、工程学，他们知道什么是可做的，什么是行不通的。他们以一种宽容的态度看着福特，好似在说："让我们迁就一下这位老人吧，怎么说他都是我们的老板嘛。"

他们非常耐心地向福特解释说八缸引擎从经济方面考虑是多么不合适，并解释了为什么不合适。福特对此并不听取，只是一味强调："先生们，我必须拥有八缸引擎，请你们造一个。"

工程师们心不在焉地干了一段时间后向福特汇报："我们越来越觉得造八缸引擎是不可能的事了。"然而，福特先生可不是轻易被说服的人，他坚持说："先生们，我必须有一个八缸引擎，让我们加快速度去做吧。"于是，工程师们再次行动了。这次，他们比以前工作努力一些了。时间花多了，也投入了更多的资金。但他们对福特的汇报与上次一样：

“先生，八缸引擎的制造完全不可能。”

然而对于福特，在这位用流水线、给雇员每天5美圆薪水、生产出了福特T型与A型车的人的字典里，根本不存在“不可能”这样的字眼。亨利·福特炯炯有神地注视大家说：“先生们，你们不了解，我必须有八缸引擎，你们要为我做一个，现在就做吧。”

最终他们制造出了八缸引擎。

有一个准备参加奥林匹克数学竞赛的同学每天的家庭作业是两道数学题，老师要求第二天早上交给他。

有一天，这个学生回家后，才发现老师今天给了他三道题，而且最后一道似乎有些难度。从前每天两道题，他都很顺利地完成了，从未出现过任何差错。学生想，早该增加点分量了。

他很轻松地完成前面的两道题，可是，第三道题好像不是那么容易。但是他志在必得，便满怀信心地沉入到解题的思路中……

天亮时分，他终于把这道题做完了。但他还是感到一些内疚和自责，认为辜负了老师的期望，这道题竟然做了一夜！

谁知，当他把这三道已解答完的题一并交给老师时，老师惊呆了。原来，最后那道题竟是一道在数学界流传百年而无人能解的难题。老师把它抄在纸上，也只是出于好奇心。

结果，这个学生却在不明实情的情况下，意外地把它给解决了。

这个学生之所以能够取得成功，就在于他的自信，在于他的不知情，因此他没有心理障碍和思想包袱，他认为只有把这道题解决了，才算正常。在这种良好的心理状态下，他可以冷静而充满信心地去进行思考，结果取得了始料不及的成功。生活中，其实我们所面临的很多问题并不像我们想象中的那么难，只是因为我们从心理上给它设置了障碍，才使其变得“高不可攀”。

身处逆境不要逃避

事业受挫、工作被辞、家庭危机、环境压力、城市生活缺乏归属感在每一个年龄段、每一个层次上的人，都难免会遭遇到。然而，就在我们的世界里，有很多人虽然身处恶劣的环境当中，却仍神采奕奕地活着，他们受挫一次，反而将其视为一种新的力量的源泉，而非一种失败，从而把他们内心最强大的潜能激发出来，取得更大的成就。因此说，在逆境面前，那些一受打击便一蹶不振的人只能一辈子做个失败者；那些相信“此路不通彼路通”的乐观进取者，才有能力走出逆境，取得成功。

在逆境面前，我们不能逃避。逃避虽可使心理紧张得到暂时的缓解，但并不能解决实际问题。王先生在一家广告公司担任行销部主管。他结婚已有20年，膝下有一个很可爱的女儿。王先生的身体状况挺好，只是工作非常繁忙，压力大了点。他每年夏天都会到乡间度假，因此格外羡慕那种与世无争的田野生活，尤其是当他快被老板逼疯的时候。

于是，他认真地跟他的老婆商量，能否改变目前这种紧张的生活状态。在得到妻子的支持之后，他真的放弃了眼前那份高薪工作，回到了东北老家当起了农夫。他租下一块人迹罕至的花圃，准备从头开始学起，反正有的是钱嘛。

头几个月，他这个新花农还做得有模有样。但是好景不长，才经历了第一个寒冬后他就发觉，这里实在是一个令人难以忍受的地方：荒凉的景象，犹如到了西伯利亚；而他的老婆根本不可能和这里的乡下人打成一片，小孩每天也得换好几趟车才能到学校。在这种偏僻的乡村，也不可能有什么电影院、KTV之类可供娱乐的地方。有的只是睡觉，因为他每天都累得要死。

在苦撑了一年之后，他们实在有些坚持不住了，乖乖地搬回城里。他自称“老了10岁”，改行不但没发财，连老本也砸进去了。更可笑的是，他当了二十几年的上班族都没事，在乡下窝了一年后反而累出一身病来，这真是他始料未及之事。

躲开逆境的现实，放弃原来追求的目标，逃到一个自认为安全惬意的地方，那是一种逃避现实的行为，长此以往，只能使人更害怕挫折和困难。而挺直脊梁，直面逆境，才能激发内心巨大的潜能，并最终取得成功。

横跨曼哈顿和布鲁克林区之间的布鲁克林大桥是个地道的工程奇迹。1869年，富有创造精神的工程师约翰·罗布林雄心勃勃地意欲着手设计这座雄伟的大桥，然而桥梁专家们却劝他趁早放弃这个天方夜谭般的计划。罗布林的儿子——华盛顿·罗布林，一个很有前途的工程师，他确信大桥是可以建成的。父子俩构思着建桥的方案，琢磨着如何克服种种困难和障碍。他们设法说服银行家投资该项目，之后他们怀着不可遏止的激情组织工程队，开始建造他们梦想的大桥。

然而大桥开不久，约翰·罗布林在视察工地时因足部受伤而患上了破伤风，不到一个月就去世了。他的儿子华盛顿·罗布林也在1872年因患潜水员病而残疾，无法讲话也不能走路了。谁都以为这项工程会因此而泡汤，因为只有罗布林父子才知道如何把这座大桥建成。虽然华盛顿·罗布林丧失了活动和说话的能力，但他的思维还同以往一样敏锐。

他唯一能动的就是一根手指，于是他就用那根手指敲击他妻子的手臂，通过这种密码方式由妻子把他的设计和意图转达给仍在建桥的工程师们。整整13年，华盛顿·罗布林就这样用一根手指发号施令，直到雄伟的布鲁克林大桥最终落成。

由此可见，在不可避免的压力中逃避是不行的，你必须正视它，才能战胜它。我们要有战胜逆境的决心。其实逆境并非不可逾越的障碍，每一个困难都是一次挑战，每次挑战又都是一次机遇，战胜困难就等于抓住了机遇。

执著地去追求梦想

C.L.邵尔斯本来在一家烟厂里服务，按理说与打字机简直是风马牛不相及。但由于一连串的奇遇巧合，使他成为这项专利的持有人。

邵尔斯长得并不怎么帅气，但他有一副好头脑，加上他做事认真踏实，所以跟他相处久了的人，都会对他生出好感。也正因如此，他常去送货的一家公司里的女秘书对他产生了爱慕之心。

婚后的邵尔斯太太，仍在担任秘书工作，但由于公司业务的扩展，工作愈来愈忙。有时候她把做不完的工作带回家去，连夜赶写，真是辛苦异常。

邵尔斯担心妻子身体累坏，只好帮她抄写，他们时常要写到深夜，两个人往往写得手酸臂疼。

一天他们又一起抄写到深夜，邵尔斯无限疼爱地对妻子说："这样忙下去，你会吃不消的。我小时候听祖母讲过一个故事，一位叫普西的神仙有八只手。我真希望我能多生两只手，帮你多做一点。"

"别说傻话了。"他太太很感动地说，"你要是真的多生出两只手来，岂不变成妖怪了，吓也把我吓死啦！"

"对了，以前我好像听一位同事说过，有人在研究用机器写字，可惜那个人没有研究成功就去世了。他说，如果能研究成功的话，比手写快多了。"

"用机器写字？真的能有这样的机器，那倒是太便利了，我看不太可能。"

"这倒很难说，人类的脑子是个无尽的宝藏，真可说无所不有。当初我进烟厂工作时，大部分都是用手工，现在几乎实现机械化了。那些机械结构之复杂，简直叫人不敢相信那是人类造出来的。"

"我明天再去问问那个人，"邵尔斯思索着说，"如果能找出一点头绪来，我们何不自己来研究研究？"

"什么，你要研究写字的机器？"他太太几乎是惊叫着说，"你一点都不懂机械，居然要发明写字的机器！"

"不懂我可以慢慢地学，"邵尔斯说，"反正这次我一定要认真地试一试，不管能不能成功。"

"为什么突然变得这样认真了？"

"因为你太辛苦了。我每想到你趴在桌子上写字的辛苦情形，心里就很难过，"邵尔斯有点激动地说，"长此下去，你一定会成驼背的。"

第二天，邵尔斯特意去找那位以前告诉他写字机器故事的人，这个人名叫白吉纳，是个老技工，平常对他很不错。

"你突然问这个干什么？"白吉纳笑着说。

邵尔斯毫不隐瞒地把内情说了出来。白吉纳听完之后，哈哈地大笑起来，"如果是别人，一定会说你想法荒唐。"他止住笑声，很认真地说，"但我了解你，你考虑问题是非常认真的，只是，"他迟疑一下才接着说，"你成功的希望不大。"

白吉纳从阁楼上找出了一架用木板钉的机体模型。邵尔斯小心地擦去上面的尘灰蛛网，欣喜不已。邵尔斯说："您没有继续研究下去，实在是太可惜了。"

"说实在的，你现在所看到的这些东西，大部分都是我的一个老朋友设计的，"白吉纳回忆着说，"他是德国移民，来到这里都是我在照顾他。此人倒是颇有点头脑，工作之余，一心一意想搞发明，可惜天不假年，不到40岁便去世了。他临死时，把这堆东西留给我，并且告诉我，如果我能好好利用，再加研究，将是一笔了不起的财富。

"当时我感于他这份心意难得，倒真想好好地用心研究研究，何况单是'用机器写字'这个设想就很够吸引人了，可惜我断断续续地搞了有10年，依然没有多大进展，最后我便决定放弃了。"

邵尔斯听后，毅然地说："我决心要做这项研究工作，不知你是否肯让我把这些东西带回去，供我作研究的参考？"

"当然肯，如果你能研究成功，也算替我死去的朋友了了一个心愿。"

于是，邵尔斯如获至宝似的把这些打字机雏形的机件全部搬了回去，开始了他的研究工作。

打字机的字臂，照现在的结构而言，似乎是理所当然的形式，可是当时在设计时，却令邵尔斯大伤脑筋。因为他一开始被一个听起来简单而做起来困难的概念愚弄了。

他认为字键与字印之间不宜距离太远，最好是字键在上，字印在下，一按就可以有字出来，就像一般人盖印一样，既简单，又能使机器的体型缩小，可是，研究到最后，他发觉这一构想是根本无法实现的。

因为字键在上、字印在下的设计，字臂不能太长，否则，像树根一样盘在下面，既复杂又不实用。可是，字臂太短，又不能运用自如，因此，让他很是苦恼。

他太太看他为了研究打字机废寝忘食，身体也日渐消瘦下去，现在又见他为研究中的困难而苦恼，心中更是焦急，便劝他："我看算了吧，何必这样认真？你研究这种东西，只不过为了减轻我的工作负担，可是，等你研究成功了，身体也累垮了，还要这种东西有什么用？"

一天深夜，邵尔斯工作得累了，到院子里散一会步，回到屋里再想重新工作时，一抬头，猛然看到他太太弯着背写字的侧面身影。也许是这些日子以来邵尔斯过于忙碌了，很少有时间和太太对坐闲聊；也许是由于夜深人静，使他的情感变得特别敏锐。就在这一瞥之下，邵尔斯内心深处激起了一阵轻微的颤动。灯下那个美丽的影子，是多么感人的一幅画面！他忽然觉得坐在那里的不再是他太太，而是他梦寐以求的美妙的打字机形式。如果把他太太的头当做字键，弯曲的臂当做字臂，这种结构不是很理想的设计吗？邵尔斯终于忍不住跳了起来，喊道："姬蒂，我成功了！"

在万籁俱寂的深夜里，正在聚精会神抄写东西的邵尔斯太太，听到这一声叫喊，大吃了一惊。她睁着充满惊慌和询问的大眼睛，瞪着他的丈夫，半晌没有说出话来。

邵尔斯急急地跑过去抱住妻子，低声而充满歉意地说：

"对不起，亲爱的，我不知道自己会失去常态。这是你赐给我的灵感，亲爱的。"

邵尔斯太太心中的惊慌慢慢散去，泪水却止不住地簌簌而下。

自此之后，他又潜心研究了四年的时间，打字机终于问世了。

有灵感、有梦想是获得事业成功的先决条件，但是，如果没有执著的精神，许多梦想甚至是好的构想都只能是虚幻。

在失去后重新树立目标

人生在世，有得有失，有盈有亏。有人说得好：你得到了名人的声誉或高贵的权力，同时就失去了做普通人的自由；你得到了巨额财产，同时就失去了眼前奋斗的目标。

如果我们每个人都能够认真地思考一下自己的得与失，就会发现，我们所经历的每件事都是得失并存，在得到的过程中也确实不同程度地经历了失去。人的一生就是一个不断得失的过程。一个不懂得什么时候该失去什么的人，是可悲的；一个不知道失去也可以有更大收获的人是失败的。

在人生的旅途中，我们每个人都是赤条条地来到这个世界上，最终则又手握空拳地离开。人的一生不可能永久地拥有什么，一个人获得生命后，先是童年，接着要经历青年、壮年、老年。然而这一切又都在不断地失去，在你得到什么的同时，你其实也在失去。因此从这种角度上说人生获得的本身就是一种失去。而我们要做的是在失去的同时有所得，不白活一回。

少女时代的曼娅天真烂漫，好学上进。然而当她中学毕业后，因家境贫寒无钱去巴黎上大学，无奈只得放弃学业，到一个贵族家里去当家庭教师。她与这家贵族的大儿子卡西密尔相爱了，在他俩计划结婚时，却遭到了卡西密尔父母的强烈反对。他们深知曼娅生性聪明、品德端正。但是，他们觉得一个贫贱的女教师与贵族家庭根本就不是门当户对。卡西密尔的父亲大发雷霆，母亲则几乎晕了过去，最后卡西密尔屈从了父母的意志。

失恋的痛苦折磨着曼娅，她曾有过自杀殉情的念头。不过，曼娅毕竟不是一个平凡的女子，她不仅仅在乎个人的爱恋，还爱科学和自己的亲人。由此，她放下情缘，刻苦自学，并帮助当地贫苦农民的孩子学习。三年后，她又与卡西密尔进行了最后一次谈话，卡西密尔还是那样优柔寡断，在这种情况下，她终于砍断了这根爱恋的绳索，去巴黎求学。在巴黎她不但学到了精深的数学、物理知识，更遇到了相爱一生的伴侣。

这一次“幸运的失恋”，就是一次失去，是曼娅人生中的第一次失败经历。然而，如果没有这次失去，她的历史将会是另一种写法，世界上就会少了一位伟大的女科学家居里夫人。因此，在人的一生中，不论发生了什么事情，我们都要继续坚强地活下去，继续接受命运的挑战，这决定着我们的幸福。

在人生的旅途中，你每走一步，就必定获取一步的经验。不管这一步是对还是错，“对”有对的收获，“错”也有错的教训。因此我们若能学会在输中求赢，往往能从失去中得到收获，得其精髓者，则人生少有挫折，多有收获。

自动自发地工作

为了生存，我们需要工作。工作中，我们要自动自发地做事，这样我们才能获得更多的机会。自动自发的人不仅会圆满地完成自己的任务，还会忠心耿耿地为老板考虑，给他提尽可能多的建议和信息，他们也因此会得到提升和赏识。

那什么叫自动自发？自动自发是一种主动性。就是没有人要求你，强迫你，你却自觉而且出色地做好自己的事情。

成功的人很早就明白，什么事情都要自己主动争取，并且要为自己的行为负责。没有人能保证你成功，只有你自己；也没有人能阻挠你成功。只有你自己。

无论任何行业，想攀上顶端，都需要在成功之前，主动地、默默地积累很长的时间，需要漫长的规划和踏实的努力。你想登上成功之梯的最高阶吗？你就要永远维持主动率先的精神去面对你的工作。纵然是面对毫无挑战和毫无生趣的工作，最后终能获得回报。

一家商店的老板对我讲起他的两个同龄的员工。查理和海克虽然拿同样的薪水，可是海克很快就加薪并被提升了，而查理却一直原地踏步。

“其实，不能说我不公平的。海克这小伙子实在是招我喜欢。我觉得我不能不给他加薪升职。那是他应该得到的。”老板说，“我派他们去市场上看看有什么卖的，因为我的库存已经不多了。

“查理回来告诉我只有一个农民在卖土豆。我问有多少，他不知道，就跑到市场上问了回来。我问价格是多少，他只好第三次跑到市场问出了价钱。

“看看我聪明的海克吧！”

那位老板笑着说，脸上带着欣慰的表情，好像讲述的是他自己的儿子。“海克很快从市场上回来，并汇报说目前只有一个在卖土豆的农民，一共四十口袋。价格还比较合理。他还带回一个土豆，让我看看质量。

“你更不会想到的是，他从农民那儿了解到西红柿的销量很好。他把那个农民也带来了，就在外面等回话，在他手上还有一个西红柿样品。后来我就放心地让海克做了仓库的总管。而查理，我实在找不出什么理由给他加薪，哪怕是一美圆……”

自动自发的人不仅会圆满地完成自己的任务，还会忠心耿耿地为老板考虑，给他提尽可能多的建议和信息，他们也因此会得到提升和赏识。比别人多努力一些，就会拥有更多的机会。

在以前的工业时代，听命行事的能力相当重要，而现在个人的主动进取更受重视。知道什么事该做，就立刻采取行动动手去做！不必等别人的督促与交代。

“我没有时间！”

“我实在太忙了，不能做！”

“恐怕现在还不是最佳时机，我们为什么不再等等呢？”

……

通常，这些司空见惯的话语可能会使你付出数倍的代价。“没有时间”只是懒散者的挡箭牌，是懦弱无能者的借口。要想获得更多的机会，你就应该积极主动地“把信带给加西亚”，即使送信的收入与你的付出并不成比例。

成功的机会总是在寻找那些能够主动去做事的人，可是很多人根本就没有意识到这一点，他们早已养成了拖延懒惰的习惯。只有当你主动、真诚地提供真正有用的服务时，成功才会伴随而来。

我们经常会发现，那些被认为一夜成名的人，其实在功成名就之前，早已默默无闻地努力了很长一段时间。

成功是一种努力的累积，不论何种行业，想攀上顶峰，通常都需要漫长时间的努力和精心的规划。

如果想登上成功之梯的最高阶，你得永远保持主动率先的精神，纵使面对缺乏挑战或毫无乐趣的工作，终能最后获得回报。当你养成这种自动自发的习惯时，你就有可能成为老板和领导者。那些位高权重的人是因为他们以行动证明了自己勇于承担责任，值得信赖。

自动自发地做事，同时为自己的所作所为承担责任，那些成就大业之人和凡事得过且过的人之间最根本的区别在于，成功者懂得为自己的行为负责。没有人能促使你成功，也没有人能阻挠你达成自己的目标。

做事情要尽职尽责

一份英国报纸刊登一则招聘教师的广告：“工作很轻松，但要全心全意、尽职尽责。”

事实上，不仅教师如此，所有的工作都应该全心全意、尽职尽责才能做好。而这正是敬业精神的基础。

一个人无论从事何种职业，都应该尽心尽责，尽自己的最大努力，求得不断的进步。这不仅是工作的原则，也是人生的原则。如果没有了职责和理想，生命就会变得毫无意义。无论你身居何处（即使在贫穷困苦的环境中），如果能全身心投入工作，最后就会获得经济自由。那些在人生中取得成就的人，一定在某一特定领域里进行过坚持不懈的努力。

知道如何做好一件事，比对很多事情都懂一点皮毛要强得多。在得克萨斯州一所学校作演讲时，总统对学生们说：“比其他事情更重要的是，你们需要知道怎样将一件事情做好；与其他有能力做这件事的人相比，如果你能做得更好，那么，你就永远不会失业。”

在美国有一家皮毛销售公司。老板吩咐三个员工去做同一件事：去A供货商那里调查一下他们公司皮毛的数量、价格、品质。

第一位员工五分钟后就赶回来汇报。他并没有亲自去调查，而是向下属打听了一下供货商的情况就回来作汇报。三十分钟后第二位员工回来汇报，他亲自到A供货商那里了解皮毛的数量、价格、品质。第三位员工九十分钟后才回来汇报，原来他不但亲自到A供货商那里了解了皮毛的数量、价格、品质，而且根据公司的采购需求，将A供货商那里最有价值的商品作了详细记录，并且和A供货商的销售经理取得了联系。在返回途中，他还去了另外两家供货商那里了解皮毛的商业信息，将三家供货商的情况作了详细的比较，制订出了皮毛的最佳购买方案。

第一个员工只是在敷衍了事，草率应付；而第二个充其量只能算是被动听命。真正尽职尽责地行事的只有第三个人。简单地想一想，如果你是老板你会雇用哪一个？你会赏识哪一个？如果要加薪、提升，作为老板，你愿意把机会留给谁？如果你想做一个成功的值得老板信任的员工，你就必须尽量追求精确和完美。认认真真、兢兢业业地对待自己的工作是成功者的共性品质。

许多人都曾为一个问题而困惑不解：明明自己比他人更有能力，但是成就却远远落后于他人？不要疑惑，不要抱怨，而应该先问问自己一些问题：

自己是否真的走在前进的道路上？

自己是否像画家仔细研究画布一样，仔细研究职业领域的各个细节问题？

为了扩大自己的知识面，或者为了给你的老板创造更多的价值，你认真阅读过专业方面的书籍吗？

在自己的工作领域你是否做到了尽职尽责？

如果你对这些问题无法作出肯定的回答，那么这就是你无法取胜的原因。如果一件事情是正确的，那么就大胆而尽职地去做吧！如果它是错误的，就干脆别动手。

那些技术半生不熟的泥瓦工和木匠，将砖石和木料拼凑在一起来建造房屋，在这些房屋尚未售出之前，有些已经在暴风雨中坍塌了；专业不精的医科学生不愿花更多的时间学好技术，结果作起手术来笨手笨脚，让病人冒着极大的生命危险；律师在学习法律时不注意培养能力，办起案件来捉襟见肘，让当事人白白花费金钱……这些都是缺乏敬业精神的表现。

无论从事什么职业，都应该精通它。让这句话成为你的座右铭吧！下决心掌握自己职业领域的所有问题，使自己变得比他人更精通。如果你是工作方面的行家里手，精通自己的全部业务，就能赢得良好的声誉，也就拥有了一种成功的秘密武器。

某人就个人努力与成功之间的关系请教一位伟人：“你是如何完成如此多的工作的？”“我在一段时间内只会集中精力做一件事，但我会彻底做好它。”

如果你对自己的工作没有作好充分的准备，又怎能因自己的失败而责怪他人、责怪社会呢？现在，最需要做到的就是“精通”二字。大自然要经过千百年的进化，才长出一朵艳丽的花朵和一颗饱满的果实。但是在美国，年轻人随便读几本法律书，就想处理一桩桩棘手的案件，或者听了两三堂医学课，就急于作外科手术，要知道，那个手术关系着一条宝贵的生命啊！

学生时代一旦养成了半途而废、心不在焉、懒懒散散的坏习惯，运用一些小伎俩来蒙混过关，欺骗老师，一旦步入社会，就不可能出色地完成任何任务。去银行办事时总是迟到，人们会拒付他的票据；与人约会时总是延误，会让人大失所望。如果一个人认为小事情是不值得认真对待的，那么如果他想著书立说，必定漏洞百出。一些人从来不会认真地整理自己的论文和书信，所有的文稿和信件散乱地堆放在书桌上，办事时他就会缺乏条理，不讲究秩序，思维也不周密，结果是连自己最基本的立场、原则和态度都会丧失，也会失去他人对自己的信心。

这种人注定会是失败者，家人和同事也会为他们感到沮丧和失望。如果这种人成为领导，将会造成更恶劣的影响，其下属也必定会受这种恶习的传染，当他们看到上司不是一个精益求精、细心周密的人时，往往会群起而效仿。这样一来，个人的缺陷和弱点就会渗透到整个事业中去，影响公司的发展。

一位先哲说过："如果有事情必须去做，便全身心投入去做吧！"另一位哲人则道："不论你手边有何工作，都要尽心尽力地去做！"

做事情无法善始善终的人，其心灵上亦缺乏相同的特质。他不会培养自己的个性，意志无法坚定，无法达到自己追求的目标。一面贪图玩乐，一面又想修道，自以为可以左右逢源的人，不但享乐与修道两头落空，还会悔不当初。从某种意义而言，全心追名逐利比敷衍修道好。

带着热情工作

成功与其说是取决于人的才能，不如说取决于人的热忱。这个世界为那些具有真正的使命感和自信心的人大开绿灯，到生命终结的时候，他们依然热情不减当年。无论出现什么困难，无论前途看起来是多么的暗淡，他们总是相信能够把心目中的理想图景变成现实。

怀有满腔热情工作的人会受到所有人的喜爱。热忱可以借由分享来复制，它是分给别人之后反而会增加的资产。你付出得越多，得到的也会越多。生命中最大的奖励并不是来自财富的积累，而是由热忱带来的精神上的满足。热忱是一种神奇的要素，同时也是成功的基石。

诚实、能干、友善、忠于职守、淳朴，所有这些特征，对准备在事业上有所作为的年轻人来说，都是不可缺少的，但是更不可或缺的是热忱，将奋斗、拼搏看做是人生的快乐和荣耀。

发明家、艺术家、音乐家、诗人、作家、英雄、人类文明的先行者、大企业的创造者，无论他们来自什么种族、什么地区，无论在什么时代，这些引导着人类从野蛮社会走向文明的人们，无不是充满热忱的人。

如果你不能使自己的全部身心都投入到工作中去，你无论做什么工作，都可能沦为平庸之辈，你无法在人类历史上留下任何印记。做事马马虎虎，只有在平平淡淡中了却此生。如果是这样，你的人生结局将和千百万的平庸之辈一样。

热忱是工作的灵魂，甚至就是生活本身。年轻人如果不能从每天的工作中找到乐趣，而是仅仅因为要生存才不得不从事工作，仅仅是为了生存才不得不完成职责，这样的人注定是要失败的。

我们现在所处的时代，给满腔热情的人提供了众多的机会！这是一个充满激情的时代，世界给热情的人最广阔的自由空间。大自然的秘密，就要由那些准备把生命奉献给工作的人、那些热情洋溢地生活的人来揭开。各种新兴的事物，等待着那些热有忱而且有耐心的人去开发。各行各业，人类活动的每一个领域，都在呼唤着满怀热忱的工作者。

热情是战胜所有困难的强大力量，它使你保持清醒，并处于兴奋之中，去进行内心渴望的事；它不能容忍任何有碍于实现既定目标的干扰。

著名音乐家亨德尔年幼时，家人不准他去碰乐器，不让他去上学，哪怕是学习一个音符。但这一切又有什么用呢？他在半夜里悄悄地跑到阁楼里秘密去弹钢琴。莫扎特孩提时，成天要做大量的苦工，但是到了晚上他就偷偷地去教堂聆听风琴演奏，将他的全部身心都融化在音乐之中。巴赫年幼时只能在月光底下抄写学习的东西，连点一支蜡烛的要求也被蛮横地拒绝了。当那些手抄的资料被没收后，他依然没有灰心丧气。同样地，皮鞭和责骂反而使儿童时代充满热忱的奥利·布尔更专注地投入到他的小提琴曲中去。

没有热忱，军队就不能打胜仗，雕塑就不会栩栩如生，音乐就不会如此动人，人类就没有驾驭自然的力量，给人们留下深刻印象的雄伟建筑就不会拔地而起，诗歌就不能打动人的心灵，这个世界上也就不会有慷慨无私的爱。

"伟大的创造，"博伊尔说，"离开了热忱是无法作出的。这也正是一切伟大事物激励人心之处。离开了热忱，任何人都算不了什么；而有了热忱，任何人都不可以小觑。"

热忱是一种难能可贵的品质。正如拿破仑·希尔所说："要想获得这个世界上最大的奖赏，你必须像最伟大的开拓者一样，将所拥有的梦想转化为为实现梦想而献身的热情，以此来发展和销售自己的才能。"

最好的劳动成果总是由头脑聪明并具有工作热情的人完成的。在一家大公司里，那些吊儿郎当的老职员们嘲笑一位年轻的同事的工作热情，因为这个职位低下的年轻人做了许多自己职责范围以外的工作。然而不久他就被从所有的雇员中挑选出来，当上了部门经理，进入了公司的管理层，令那些嘲笑他的人瞠目结舌。

事实证明，缺乏热忱，难成大事。从现在开始，对你的工作倾注全部热情吧，你会取得成功！

把创造当成时尚

在我们的生活中，应把"创造"作为一种高尚的生活方式来看待，我在这里所说的创造力是指人所表现出的一种探索精神，一种积极更新以往的方法，一种不断以新的方式处理日常事物、对未来充满幻想、不断追求那种能够提供新颖创造的精神。人的创造潜力在各种场合以多种形式向我们悄悄表明它的存在，如果我们常常熟视无睹、不以为然、轻易忽略，那就失去了创造力的基础。我们对自己潜在的创造力知道得太少了，正如心理学家詹姆斯所说："我们所知道的只是我们头脑和身体资源中极小的一部分。"

人的创造潜力宛如漂浮在海洋中的一座冰山，人们只看到了它露出水面的那隐隐约约的极小部分，而它的绝大部分却被我们忽视、被海水所淹没。如果我们能意识到这一点，就会对自己的创造潜力充满信心，就会唤醒我们的创造意识，促使我们由普通人格向创造性人格转化，我们要充分认识自己的创造力，就应当重新重视存在于我们身上的宝贵的创造资源。

对于创造能力的激发，我们必须了解其本质，在实践中运用并提升自己的创造思维及发挥才能，同时应该懂得自我注意、自我观察、自我探索。在我们的实际生活中，最熟悉最了解我们的人就是我们自己，我们要弄清自己的感觉、知觉、记忆、思维、情感、意志和人格的特点，只要我们讲究方法，合理地发挥我们自己的特长，向好的方向发展，就可以在某个领域有所作为、有所发明、有所创造。长期以来，人们总是认为只有理论家、发明家、文学家、艺术家的创造才是伟大的、令人景仰的，但他们毕竟是人，创造发明并不是他们与生俱来就拥有的专利，所以不能把“创造”两字涂上神秘的色彩。所谓“天才的创造力”、“天才之谜”，都是人类捉弄自己的玩笑。我们要强调的是创造力，我们要改变观念，要承认并重视广泛的创造力，因为创造力不是某些“天才”人物和专业人员的特权与专利，而是人人都具有的一种潜在能力。

任何一个成功的作家、音乐家或发明家，他们的劳动当然是开发了自身的创造性的潜能，而一个没上过学、出身贫寒、没从事过什么专业的纯粹的家庭主妇呢？未必就没有创造力，她可能是一个不错的家庭理财专家，把每一分钱都花在刀刃上；她可能是个极富想象力的厨师，做的饭菜色香味俱全，令人赞不绝口；在布置家庭环境方面，她也有许多独到、新颖、精巧之处，这些不都是创造力的表现吗！

创造力是人类文明前进的原动力，它是一个不受自然资源束缚限制的最重要的资源，这种潜在的能力是人类亟待挖掘的宝藏。在现代社会里，创造力资本已经取代了土地资本和金融资本，成为我们企业发展、工作创新的动力源泉。

通用电气公司一直鼓励员工以客户为目标创造新的改良产品和服务，几乎每个人都可以提出改革创新的构想。通用电气公司创立至今，已建立了深厚的企业文化，就是鼓励员工创造以及给予他们冒险和尝试的自由。

通用电气公司允许其工程技术人员使用15%的工作时间试验他们的发明创造。同时，公司内部也为员工提供了广阔的发展空间，所有的员工在工作实践中都不满足于停留在现有的成绩上，他们勇于冲破各种陈规陋习的束缚，突破不适应现代社会的旧观念，敢于开创前人不曾想过的事业，不断更新、丰富、完善原有的技术和质量。这真是十分难得的一种工作精神。

创造力的自我实现，本来是人人都有的一种潜能，但前提是要有积极的心态、对工作对生活充满热情的人才会在他们的生活和工作中显露出来。他们往往能发现新鲜的、未加工的、实际的、有个性的东西，正如有些人习惯于注意一般的、抽象的、已经定型的成为规矩的东西一样。

在日常生活中，不时会产生一种对自己来说是新颖的、前所未有的认识和体验，尽管这对别人来说可能不算什么新奇，但对我们自己来说意义却非同一般。它使我们感到喜悦、自信和满意，使我们的某项工作进展顺利而迅速，超出了我们现有的经验和当时的期望，这种体验可以称之为“创造潜力的显露”。我们应当自觉开发这种创造潜力，使它发展成“真正的创造”，在工作中发挥创造力，不断提升服务质量，当我们发现了工作中创造的乐趣后，工作对我们的回报一定会超出我们的想象。

每天多做一点点

一般来说，只要是给人打工的人内心都有这样的想法：我必须为老板做什么？其实存在这样的想法本身就阻碍了我们的发展之路。我们想要获得成功、获得发展就要改变这个想法，把想法变成：我能为老板做些什么？

我们在工作的时候全心全意、尽职尽责是不够的，还应该比自己分内的工作多做一点，比别人期待的更多一点，如此可以吸引更多的注意，给自我的提升创造更多的机会。

你只是从事你报酬分内的工作，将无法争取到人们对你的有利的评价。但是，当你愿意从事超过你报酬价值的工作时，你的行动将会促使与你的工作有关的所有人对你作出良好的评价，将增加人们对你的服务的要求。

你当然没有义务要做自己职责范围以外的事，但是你也可以选择自愿去做，以驱策自己快速前进。率先主动是一种极珍贵、备受看重的素养，它能使人变得更加敏捷、更加积极。无论你是管理者，还是普通职员，“每天多做一点点”的工作态度能使你从竞争中脱颖而出。你的老板、委托人和顾客会关注你、信赖你，从而给你更多的机会。

有几十种甚至更多的理由可以解释，你为什么应该养成“每天多做一点点”的好习惯，尽管事实上很少有人这样做。其中两个原因是最主要的：

第一，在建立了“每天多做一点点”的好习惯之后，与四周那些尚未养成这种习惯的人相比，你已经具有了优势。这种习惯使你无论从事什么行业，都会有更多的人指名道姓地要求你提供服务。

第二，如果你希望将自己的右臂锻炼得更强壮，唯一的途径就是利用它来做最艰苦的工作。相反，如果长期不使用你的右臂，让它养尊处优，其结果就是使它变得更虚弱甚至萎缩。

身处困境而拼搏能够产生巨大的力量，这是人生永恒不变的法则。如果你能比分内的工作多做一点，那么，不仅能彰显自己勤奋的美德，而且能发展一种超凡的技巧与能力，使自己具有更强大的生存力量，从而摆脱困境。

社会在发展，公司在成长，个人的职责范围也随之扩大。不要总是以“这不是我分内的工作”为由来逃避责任。当额外的工作分配到你头上时，不妨视之为一种机遇。

提前上班，别以为没人注意到，老板可是睁大眼睛在瞧着呢！如果能提早一点到公司，就说明你十分重视这份工作。每天提前一点到达，可以对一天的工作做个规划，当别人还在考虑当天该做什么时，你已经走在别人前面了！

想成为一名成功人士，必须树立终身学习的观念。既要学习专业知识，也要不断拓宽自己的知识面，一些看似无关的知识往往会对未来起巨大作用。而“每天多做一点点”则能够给你提供这样的学习机会。

如果不是你的工作，而你做了，这就是机会。有人曾经研究为什么当机会来临时我们无法确认，因为机会总是乔装成“问题”的样子。当顾客、同事或者老板交给你某个难题，也许正为你创造了一个珍贵的机会。对于一个优秀的员工而言，公司的组织结构如何，谁该为此问题负责，谁应该具体完成这一任务，都不是最重要的，在他心目中唯一的想法就是如何将问题解决。

下一次当顾客、同事和你的老板要求你提供帮助，做一些分外的事情，而不是让他人来处理时，积极地伸出援助之手吧！努力从另外一个角度来思考，譬如换一个角色，自己就是这件事的责任人，你将如何来更好地解决这些问题?

每天多做一点，初衷也许并非为了获得报酬，但往往获得的更多。

对卡斯一生影响深远的一次职务提升是由一件小事情引起的。一个星期六的下午，律师手头有很急的工作要当天完成，可是周末公司并没有其他人，于是迫不得已，他到办公室隔壁的一家公司询问，哪儿能找到一位速记员来帮忙。

当时隔壁公司的一个普通员工告诉他，公司所有速记员都去观看球赛了，如果晚来五分钟，自己也会走。但这位员工却同时表示自己愿意留下来帮助他，因为“球赛随时都可以看，但是工作必须在当天完成。”

做完工作后，律师问这个素不相识的员工应该付他多少钱。他开玩笑地回答：“哦，既然是你的工作，大约1000美圆吧。如果是别人的工作，我是不会收取任何费用的。”律师笑了笑，向这个人表示谢意。

这位员工的回答不过是一个玩笑，并没有真正想得到1000美圆。但出乎意料的是，律师竟然真的这样做了。6个月之后，估计那个员工早已经将此事抛到九霄云外去了，律师却找到了他，交给他1000美圆，并且邀请他到自己公司工作，薪水比现在高出1000多美圆。这个人叫卡斯，已经成为律师公司的高级助理。

一个周六的下午，卡斯放弃了自己喜欢的球赛，多做了一点事情，最初的动机不过是出于乐于助人的愿望，而不是金钱上的考虑。卡斯并没有责任放弃自己的休息日去帮助他人，但那是他的一种特权，一种有益的特权，它不仅为自己增加了1000美圆的现金收入，而且为自己带来一项比以前更重要、收入更高的职务。

另一位成功人士曾经向我讲述自己是如何走上富裕道路的。

“50年前，我开始踏入社会谋生，在一家五金店找到了一份工作，每年才挣75美圆。有一天，一位顾客买了一大批货物，有铲子、钳子、马鞍、盘子、水桶、箩筐等等。这位顾客过几天就要结婚了，提前购买一些生活和劳动用具是当地的一种习俗。货物堆放在独轮车上，装了满满一车，即使骡子拉起来也有些吃力。送货并非我的职责，而完全是出于自愿，我为自己能运送如此沉重的货物而感到自豪。

“一开始一切都很顺利，但是，车轮一不小心陷进了一个不深不浅的泥坑里，使尽吃奶的劲都推不动。一位心地善良的商人驾着马车路过，用他的马拽出我的独轮车和货物，并且帮我将货物送到顾客家里。在向顾客交付货物时，我仔细清点货物的数目，一直到很晚才推着空车艰难地返回商店。我为自己的所作所为感到高兴，但是，老板却并没有因我的额外工作而称赞我。

“第二天，那位商人将我叫去，告诉我说，他发现我工作十分努力，热情很高，尤其注意到我卸货时清点物品数目的细心和专注。因此，他愿意为我提供一个年薪500美圆的职位。我接受了这份工作，并且从此走上了致富之路。”

因此，我们不应该抱有“我必须为老板做什么？”的想法，而应该多想想“我能为老板做些什么？”一般人认为，忠实可靠、尽职尽责完成分配的任务就可以了，但这还远远不够，尤其是对于那些刚刚踏入社会的年轻人来说更是如此。要想取得成功，必须做得更多更好。一开始我们也许从事秘书、会计和出纳之类的事务性工作，难道我们要在这样的职位上做一辈子吗？成功者除了做好本职工作以外，还需要做一些不同寻常的事情来培养自己的能力，引起人们的关注。

如果你是一名货运管理员，也许可以在发货清单上发现一个与自己的职责无关的未被发现的错误；如果你是一个过磅员，也许可以质疑并纠正磅秤的刻度错误，以免公司遭受损失；如果你是一名邮差，除了保证信件能及时准确到达，也许可以做一些超出职责范围的事情……这些工作也许是专业技术人员的职责，但是如果你做了，就等于播下了成功的种子。

付出多少，得到多少，这是一个众所周知的因果法则。也许你的投入无法立刻得到相应的回报，也不要气馁，应该一如既往地多付出一点。回报可能会在不经意间，以出人意料的方式出现。最常见的回报是晋升和加薪。除了老板以外，回报也可能来自他人，以一种间接的方式来实现。

对百万富翁成功经验的研究也反复证明额外投入的回报原则，尤其是在这些人早期创业时，这条原则尤显重要。当他们的努力和个人价值没有得到老板的承认时，他们往往会选择独立创业，在这个过程中，早期的努力使其大受裨益。你付出的努力如同存在银行里的钱，当你需要的时候，它随时都会为你服务。

对工作负责

有个故事形容德国人非常守时：说是开高架吊车的工人，刚刚把拖着水泥板的吊臂升到半空，这时下午6点的钟声敲响了。这位工人立即将车熄火，走出驾驶室下班回家了，任由吊臂拽着水泥板悬在半空。

这个极端的情节已经被某种刻意的玩笑改变了它的本意，问了去过德国的朋友，他就笑了，说德国人是很守时，但对工作更负责任，相信故事里的德国工人会准时下班，但不会把水泥板吊在半空。

对于一个故事的主题，不同的描述方法将获得不同的认知，我们嘲笑德国人的守时，却忽视了德国人对工作的严谨和负责。我们真正应该嘲笑的是我们今天看到的现状，在浮躁的、急功近利的社会风气下，责任感似乎正在缺失。而与之相伴的，则是惨剧的发生。

2002年9月23日晚，内蒙古丰镇市第二中学。晚上6时50分晚自习结束后，1500多名学生在从该校教学楼东西两个楼道口下楼时，一段楼梯护栏突然坍塌，由于没有灯光，再加上楼道内拥挤，致使下楼至此的学生不断摔下楼梯，最终酿成21人死亡、47人受伤的惨剧。

仅一天时间，警方就公布了事故调查结果：学校基础管理工作混乱。其一，事故发生地的楼梯12盏灯1盏没有灯泡，11盏不亮。事故发生当天下午，还有老师向校长反映灯泡照明问题，校长以“管灯泡的人员不在”为由，未及时处理潜在的安全隐患。其二，技术监督部门怀疑丰镇二中教学楼楼梯护栏实际使用的钢筋强度不够。其三，学校在这座教学楼未经验收的情况下就投入使用了。其四，事故当天，应该带班在岗的校长正与教委、本校和其他学校的18位老师在当地一家饭店喝酒。

事实上，从楼体建筑，到技术监督，到设施配置，到老师的管理，如果上述每一点都有点责任感存在的话，这场惨剧就完全可以避免。一次责任感的缺位，致使21名学生付出了生命的代价。

工作呼唤责任，工作意味着责任。

身为美国总统，杜鲁门的桌子上摆着一个牌子，上面写着：Book of

stop here（责任到此，不能再拖），这就是责任。总统有总统的责任，员工有员工的责任。对于任何一名员工来说，工作就意味着责任，没有责任感的员工不可能成为一名优秀的员工。

对于手头工作和自己的行为百分之百负责的员工，他们更愿意花时间去研究各种机会和可能性，显得更值得信赖，也因此能获得别人更多的尊敬，与此同时，他们也获得了掌控自己命运的能力，这些将加倍补偿他们为了承担百分之百责任而付出的额外努力、耐心和辛劳。

有人说，假如你非常热爱工作，那你的生活就是天堂；假如你非常讨厌工作，你的生活就是地狱。因为在你的生活当中，有大部分的时间是和工作联系在一起的。不是工作需要人，而是任何一个人都需要工作。你对工作的态度决定了你对人生的态度，你在工作中的表现决定了你在人生中的表现，你在工作中的成就决定了你人生中的成就。所以，如果你不愿意拿自己的人生开玩笑，那就在工作中勇敢地负起责任。

踏踏实实地做事

如果给你一张报纸，然后重复这样的动作：对折，不停地对折。当你把这张报纸对折了51次的时候，你猜所达到的厚度有多少？一个冰箱那么厚或者两层楼那么厚，这大概是你所能想到的最大值了吧？通过计算机的演算、模拟，这个厚度接近于地球到太阳之间的距离。

没错，就是这样简简单单的动作，是不是让你感觉好似一个奇迹？为什么看似毫无分别的重复，会有这样惊人的结果呢？换句话说，这种貌似“突然”的成功，根基何在？

秋千所荡到的高度与每一次加力是分不开的，任何一次偷懒都会降低你的高度，所以动作虽然简单却依然要一丝不苟地“踏实”。

其实，我们每个人都会做这样的动作和事情，但又不屑于做，贯穿于整个日常生活，甚至当你把这样一个动作完成后，自己都不记得。比如你每天都会把垃圾袋带出去扔掉，你会记得你扔掉它的动作是怎样的吗？这也正像全世界都谈论“变化”、“创新”等等时髦的概念时，却忘记了

"踏实"。"踏实"是每个人都能够做到的，可是你真正做到了新含义的"踏实"了吗？没有，所以你不是优秀的员工。

我们可以用比较形象的真实例子来说明"踏实"的巨大力量。在美西战争爆发以后，美国必须立即跟西班牙的反抗军首领加西亚取得联系，因为加西亚将军掌握着西班牙军队的各种情报。但是，美国军队只知道他在古巴丛林的山里，却没有人知道确切的地点，因此无法联络。然而，美国总统又要尽快地获得他的合作。一名叫做罗文的人被带到了总统的面前，送信的任务交给了这名年轻人。

一路上，罗文遭遇了很多坎坷，在牙买加遭遇过西班牙士兵的拦截，也在粗心大意的西属海军少尉眼皮底下溜过古巴海域，还在圣地亚哥参加了游击战，最后在巴亚莫河畔的瑞奥布伊把信交给了加西亚将军，因此罗文被奉为美国的英雄。

看过《致加西亚的信》的人也许会觉得罗文所做的事情一点也不需要超人的智慧，只是一环扣一环地前进，因此认为把罗文塑造成英雄有点言过其实。但就是罗文的这种"一步一个脚印"，踏踏实实地把信送给加西亚，才使美国赢得了战争。踏实并不等于原地踏步、停滞不前，它需要的是有韧性而不失目标，时刻在前进，哪怕每一次都要延长很短的、不为人所瞩目的距离。然而"突然"的成功大多都来自于这些前进量微小而又不间断的"脚踏实地"。

做最好的员工

在物竞天择、适者生存的时代，人的主观能动性是决定成败的重要因素。在"人的主观能动性方面"追求完美，最大限度的开发是现代企业适应优胜劣汰法则的必由之路。因此，对于一个企业、一家公司来讲，员工素质的高低成了生存与发展的关键。而作为员工的我们，能否适应这样的环境是我们获得机会和成功的关键。

想要做一个成功的"职业人"，就要注意如下几点：

1.在一个企业中，老板是发给员工工资的人，他自己并不能赚钱。他是通过发薪的形式让员工替他创造金钱，以便维持公司的生存与运营。所以在一个企业中，老板赚钱与否、赚多少钱并不是员工应该关注的。老板只是一个金钱中转站，企业真正的主人是员工。做一个最好的员工，付出一定会有所得，当员工成为公司的支柱，那时真正的老板就是员工。

2.所有的老板都讨厌麻烦，老板靠发薪水请员工来解决各种各样的麻烦。如果一个员工不能替老板解决麻烦，那么员工的命运就真的应了“适者生存”这句话了。解决麻烦能力的高低快慢是检验一名员工好坏的重要标准。

3.老板在企业中担任着决策和“总裁”的任务。他决策一应事务，让员工最大限度地发挥主观能动性。他把员工集合在一起，用薪水拉住大家的心，为他创造财富。员工在企业里不能当自扫门前雪的自私者。老板需要的是“特种兵”，一个最好的员工要像“特种兵”一样文武双全，样样精通。而且企业需要的是“特种兵”组合在一起的“军团作战”。因此，一个好的员工首先要成为一个“特种兵”，之后要学会与别人合作，要有极强的团队精神。这样老板才舍得出大价钱聘用你这个最好的员工，否则老板就会发挥他特有的权力，把你“总裁”掉。

4.老板不喜欢较真的员工，这是一个秘密，一个传承了几千年的秘密。中国是一个人情社会，企业要面临各种各样的“关系”。在面对这些“关系”时，老板尚且无可奈何，员工更不能较真。因此，一个好的员工需要学会“糊涂的艺术”和“拍马的艺术”。这是一门高深的艺术，但需要员工即时掌握，很好运用，否则会有“杀身之祸”。

5.老板喜欢懂事儿的员工。在老板心目里所有的员工都一样，无非是好员工替自己解决麻烦的能力强点，要领的薪水多些。但有一点，不懂事的员工，不管能力有多强，水平有多高，都会被老板“K.O”（踢出去）掉。一个跟老板叫板的员工，充其量只是个愣头儿青，距离最好的员工有10个“唐僧取经”路程那么远。

6.好员工要有创造一切可能被创造的财富的意识和能力。创新思维是企业发展的动力，创造能力是员工生存的不二法门，一个好的员工要具备这种素质。说到底，老板是喜欢能替自己创造财富的员工。不管你会不会“糊涂的艺术”、懂不懂事、心里的怨言有多大，只要你能为老板创造财富，你就是一个好员工。做最好的员工，要能赚钱、会赚钱，这是重中之重。

7.成为一个最好的员工后，就不要再担心会遇到生存危机的问题，因为最好的员工人人都需要。自己当自己的老板，做最好的员工，最大限度地发挥主观能动性，做一个“职业人”。很多时候，当一个企业人、做老板还不如当个“职业人”。老板要面临各种各样的问题，包括公司里的和社会上的。而员工只需要解决公司里的问题。一个“职业人”远远要比某些“企业人”自由逍遥得多。

掌握了综上所述的原则，我们在职场中就会游刃有余、如鱼得水。

坚持勤奋刻苦的工作

无数的事实证明，成功没有捷径可走，必须全力以赴做好每一件事情。人的精力总是有限的，卓越者可能一生要做许多事情，但在一段时间内，只能集中精力投入一个目标，才容易成功。如果在同一时间，一心多用，常不免相互干扰而导致失败。

如果你以前有过失败，检查一下，是否是因为没有全力以赴的行动而使你的目标未能实现？因为未能全力以赴的行动而失败的人很多，看看你周围的一些失败者，行动散漫、一心多用、不能有效地抓住一个目标，不管他们多聪明，如果不能全力以赴地行动，他们亦终生平庸，难以成就大业。

如果你想成功卓越，你就要全力以赴，把你所有的力量都拿出来，全力以赴去行动，一个目标一个目标地去攻克，一个小问题一个小问题地去解决，直至实现你的大目标。

人们在没有取得相当经验之前，是绝对没有十全十美的规划和蓝图的。即便是有相当丰富经验的人，在制订一个新的目标和计划时，也不可能完美，也不会有百分之百的把握。因为目标与现实之间，存在许多不可预测的变化因素，存在一些与设想预测不符的情况。

许多人失败，是因为胆小，害怕某些不可预测的因素和与预测不相符合的情况出现。而成功卓越者，凭着勇气和毅力，用实际行动去打破那些不可预测的因素，碰到与预测不相符合的新问题，就采取行动加以解决。

一个人多次碰壁而不退缩，接连进行10次推销而不怕讨人嫌；另一个人略遭挫折即退避三舍，前者远比后者更易成功。

事实上，世界永远在变化，这个条件成熟了，另外一个条件可能在变化，永远没有万事俱备又不缺东风的时候。如果什么事都要“条件俱备”才去行动，那将永远一事无成。诸葛亮还要采取行动去借东风呢！

的确，采取行动会有些风险，它可能给你带来成功，也可能带来失败。然而，只要你能采取行动，失败就可能变为成功。如果你不行动，风险更大，因为你可能一辈子成为庸人而葬送自己的一生。

一次失败，不要紧，人们可以通过采取新的行动去变失败为成功；而终生退缩的人，却无药可救！

所以，以勇毅取胜，立即行动，才是事业成功的上策。这也是所有成功卓越者的重要素质。

让我们勤奋工作！

这是古罗马皇帝临终前留下的遗言。当时，士兵们全部聚集在他的周围。

勤奋与功绩是罗马人的伟大箴言，也是他们征服世界的秘诀所在。那些凯旋的将军都要归乡务农。当时，农业生产是受人尊敬的工作，罗马人之所以被称为优秀的农业家，其原因也正在于此。正是因为罗马人推崇勤劳的品质，才使整个国家逐渐变得强大。

然而，当财富日益丰富、奴隶数量日益增多，劳动对于罗马人变得不再是必要时，整个国家开始走下坡路。结果，因为懒散而导致犯罪横行、腐败滋生，一个有着崇高精神的民族变得声名狼藉了。

世界上到处是一些看来就要成功的人，在很多人的眼里，他们能够并且应该成为这样或那样非凡的人物，但是，他们并没有成为真正的英雄。原因何在呢？

原因在于他们没有付出与成功相应的代价。他们希望到达辉煌的巅峰，但不希望越过那些艰难的障碍；他们渴望赢得胜利，但不希望参加战斗；他们希望一切都一帆风顺，而不愿意遭遇任何阻力。

懒汉们常常抱怨，自己竟然没有能力让自己和家人衣食无忧；勤奋的人会说：“我也许没有什么特别的才能，但我能够拼命干活以获取面包。”

古罗马人有两座圣殿，一座是勤奋的圣殿，一座是荣誉的圣殿。他们在安排座位时有一个顺序，即必须经过前者的座位，才能达到后者，勤奋是通往荣誉圣殿的必经之路。

由此，我们不难看出，勤奋是一所成功之人必须进入学习的高贵的学校。在这里你可以学到有用的知识，独立的精神得到培养，坚忍不拔的习惯也会得到养成。勤奋本身就是财富。你是一个勤劳、肯干、刻苦的员工，就能像蜜蜂一样，采的花越多，酿的蜜也越多，你享受到的甜美也越多。

一位大学校长在给学生作演讲时说："天才就是不断努力的人"。纯粹靠勤奋和毅力就能产生让人惊讶的成果。即使你的智力比别人稍微差一些，你的实干也会在日积月累中弥补这个弱势。

实干并且坚持下去是对勤奋刻苦的最好注解。你要像那些石匠工人一样，他们一次次地挥舞铁锤，试图把石头劈开。也许100次的努力和捶打都不会有什么结果，但101次的一击石头会裂开的。那就是你成功的时候。这种成功正是你前面不停刻苦的结果。

我们每一个人都要坚信，勤奋是检验成功的试金石。即使你天资一般，只要勤奋工作，就能弥补自身的缺陷，终究会成为一名成功者。

将工作当成人生的乐趣

工作是上天赋予的使命。把自己喜欢的并且乐在其中的事情当成使命来做，就能发掘出自己特有的能力。即使是辛苦枯燥的工作，只要能保持一种积极的心态，就能从中感受到价值，在你完成使命的同时，会发现成功之芽正在萌发。

即使你的处境再不如人意，也不应该厌恶自己的工作，世界上再也找不出比这更糟糕的事情了。如果环境迫使你不得不做一些令人乏味的工作，你应该想方设法使之充满乐趣。无论做什么事，用这种积极的态度投入工作，都很容易取得良好的效果。

人可以通过工作来学习，可以通过工作来获取经验、知识和信心。你对工作投入的热情越多，决心越大，工作效率就越高。当你抱有这样的热情时，上班就不再是一件苦差事，工作就变成一种乐趣，就会有许多人愿意聘请你来做你所喜欢的事。工作是为了自己更快乐！如果你每天工作八小时，你就等于在快乐中游泳，这是一件多么合算的事情啊！

如果年轻的作家想早日写出成功的作品，仅仅想着“我要写一本畅销小说”，就以为能实现心愿，那简直是天方夜谭！如果不只是“我要写一本畅销小说”，而且还抱着“写一部伟大作品是上天赋予我的使命”的念头，才能写出真正优秀的作品。这是为什么呢？

因为如果这样想的话，写作这件事就会变成一件愉快的事情了。

乐观的人往往是事业的成功者，他们身上有无穷的勇气，能够很好地完成自己的工作，给人留下良好的印象，让人信任。通常，他们在做一件事情的时候，不会去考虑失败所带来的后果。即使他们知道自己所做的事情成功的机会不大，但是他们依然毫无怨言地做着。

爱迪生是美国伟大的发明家。他在发明白炽灯泡时，曾作了一千多次的试验，才成功地找到了做灯泡灯丝的最佳材料。我成功地知道了一千种不适合做灯丝的材料，这是爱迪生的一句十分有名的话。

正是有这种锲而不舍与乐观向上的精神，爱迪生才能取得最后的成功。

当你在乐趣中工作、如愿以偿的时候，就会爱你所选，不轻言变动。如果你开始觉得压力越来越大、情绪越来越紧张、在工作中感受不到乐趣、没有喜悦的满足感，就说明有些事情不对劲了。如果我们不从心理上调整自己，即使换一万份工作，也不会有所改观。

许多在大公司工作的员工，他们拥有渊博的知识，受过专业的训练，他们朝九晚五穿行在写字楼里，有一份令人羡慕的工作，拿一份不菲的薪水，但是他们并不快乐。他们是一群孤独的人，不喜欢与人交流，不喜欢星期一；他们视工作如紧箍咒，仅仅是为了生存而不得不出来工作；他们精神紧张、未老先衰，常常患胃溃疡和神经官能症，他们的健康真是令人担忧。

如果一个人轻视他自己的工作，而且做得很粗劣，那么他绝不会尊敬自己。如果一个人认为他的工作辛苦、烦闷，那么他的工作决不会做好，这一工作也无法发挥他内在的特长。在社会上，有许多人不尊重自己的工作，而视工作为衣食住行的供给者，认为工作是生活的代价、是不可避免的劳碌，不把自己的工作看成创造事业的要素和发展人格的工具。抱怨和推诿，其实是懦弱的自白。

这种人的心态是消极被动的，他们只是一味地逃避、指责和抱怨。他们不思索关于工作的问题：自己的工作是什么？工作是为什么？怎样才能把工作做得更好？他们只是为了工作而工作，被动地应付工作，机械地完成任务，不在工作中投入自己全部的热情和智慧。常常抱怨工作的人，终其一生，决不会有真正的成功。

如果一个人鄙视、厌恶自己的工作，那么他必遭失败。引导成功者的磁石，是真挚、乐观的精神和百折不挠的毅力，而不是对工作的鄙视与厌恶。

无论你的工作是多么的卑微，都应该拿出十二分的热忱，付之以艺术家的精神。这样，你就不再有劳碌辛苦的感觉，可以从平庸卑微的境况中解脱出来，同时，厌恶的感觉也自然会烟消云散。

我常常听到一些刚刚毕业的大学生抱怨自己所学的专业，于是我试着向他们提出这样的问题：如果你不喜欢自己所学的专业，那么，当初为什么会选择它呢？既然已经为你的专业付出了四年甚至更多的时间，这说明你对自己专业虽然谈不上热爱，但至少可以忍受。

所有的抱怨不过是逃避责任的借口，无论对自己还是社会都是不负责任的。我们来看一个真正成功的人亨利·凯撒，他使许多哑巴会说话，使许多跛者过上了正常人的生活，使穷人以低廉的费用得到了医疗保障……这一切不仅因为冠以其名字的公司拥有10亿美圆以上的资产，更由于他的慷慨和仁慈。他所做的一切都是由凯撒的母亲在他的心田里所播下的种子生长出来的。

玛丽·凯撒教亨利如何应用人生最伟大的价值，这是她给儿子的无价礼物。玛丽在工作一天之后，总要花一段时间帮助不幸的人们，做义务保姆工作。她常常对儿子说："亨利，不工作就不可能完成任何事情。我没有什么可留给你的，只有一份无价的礼物：工作的欢乐。"

凯撒说："我的母亲最先教给我对人的热爱和为他人服务的重要性。她常常说，热爱人和为人服务是人生中最有价值的事。"

如果你掌握了这样一条积极的法则，如果你将个人兴趣和自己的工作结合在一起，那么，你的工作将不会显得辛苦和单调。你在睡眠时间不到平时的一半、工作量增加两三倍的情况下，不会觉得疲劳，因为兴趣会使你的整个身体充满活力。

工作不仅是为了满足生存的需要，同时也是实现个人人生价值的需要，一个人应该试着将自己的爱好与所从事的工作结合起来，不能无所事事地终老一生，无论做什么，都要真心热爱自己所做的事，做到乐在其中。

成功者乐于工作，并且能将这份喜悦传递给他人，使大家不由自主地接近他们，乐于与他们相处或共事。人生最有意义的就是工作，与同事相处是一种缘分，与顾客、生意伙伴见面是一种乐趣。

只有通过工作，才能保证精神的健康；在工作中进行思考，工作才是件快乐的事。两者密不可分。

把每一项工作当成事业

以事业的态度来对待你工作中的每一件事，并把它当成使命来做，你就能发掘出自己特有的能力，即使是烦闷、枯燥的工作，你也能从中感受到价值，在完成使命的同时，你的工作也会真正变成一项事业。

汉斯和诺恩同在一个车间里工作，每当下班的铃声响起，诺恩总是第一个换上衣服，冲出厂房；而汉斯则总是最后一个离开，他十分仔细地做完自己的工作，并且在车间里走一圈，看到没有问题后才关上大门。

有一天，诺恩和汉斯在酒吧里喝酒，诺恩对汉斯说："你让我们感到很难堪。"

"为什么？"汉斯有些疑惑不解。

"你让老板认为我们不够努力。"诺恩停顿了一下又说，"要知道，我们不过是在为别人工作。"

"是的，我们是在为老板工作，但更是为自己的梦想而工作。"汉斯的回答十分肯定有力。但是，大多数人并没有意识到自己在为他人工作的同时，也是在为自己工作。你不仅为自己赚到养家糊口的薪水，还为自己积累了工作经验，工作带给你的远远超过薪水以外的东西。从某种意义上来说，工作真正是为了自己。而对于工作，我们可以做好，也可以做坏。可以高高兴兴和骄傲地做，也可以愁眉苦脸和厌恶地做。如何去做，这完全在于我们对工作的态度。

齐瓦勃家中一贫如洗，只受过很短学校教育的他到一个山村做了马夫，然而齐瓦勃并没有自暴自弃，无时无刻不在寻找着发展的机遇。三年后，齐瓦勃来到钢铁大王卡内基所属的一个建筑工地打工。一踏进建筑工地，齐瓦勃就抱定了要做同事中最优秀的人的决心。当其他人在抱怨工作辛苦、薪水低而怠工的时候，齐瓦勃却默默地积累着工作经验，并自学建筑知识。

一天晚上，同伴们在闲聊，唯独齐瓦勃躲在角落里看书。那天恰巧公司经理到工地检查工作，经理看了看齐瓦勃手中的书，又翻开他的笔记本，什么也没说就走了。第二天，公司经理把齐瓦勃叫到办公室，问："你学那些东西干什么？"齐瓦勃说："我想我们公司并不缺少打工者，缺少的是既有工作经验、又有专业知识的技术人员或管理者，对吗？"经理点了点头。

不久，齐瓦勃就被升任为技师。打工者中，有些人讽刺挖苦齐瓦勃，他回答说："我不光是在为老板打工，更不单纯为了赚钱，我是在为自己的梦想打工，为自己的远大前途打工。我们只能在业绩中提升自己。我要使自己工作所产生的价值，远远超过所得的薪水，只有这样我才能得到重用，才能获得机遇！"抱着这样的信念，齐瓦勃一步步升到了总工程师的职位上。25岁那年，齐瓦勃又做了这家建筑公司的总经理。

卡内基的钢铁公司有一个天才的工程师兼合伙人琼斯，在筹建公司最大的布拉德钢铁厂时，他发现了齐瓦勃超人的工作热情和管理才能。当时身为总经理的齐瓦勃，每天都是最早来到建筑工地。当琼斯问齐瓦勃为什么总来这么早的时候，他回答说："只有这样，当有什么急事的时候，才不至于被耽搁。"工厂建好后，琼斯推荐齐瓦勃做了自己的副手，主管全厂事务。

两年后，琼斯在一次事故中丧生，齐瓦勃便接任了厂长一职。因为齐瓦勃的天才管理艺术及工作态度，布拉德钢铁厂成了卡内基钢铁公司的灵魂。因为有了这个工厂，卡内基才敢说："什么时候我想占领市场，市场就是我的。因为我能造出又便宜又好的钢材。”几年后，齐瓦勃被卡内基任命为钢铁公司的董事长。

齐瓦勃担任董事长的第七年，当时控制着美国铁路命脉的大财阀摩根，提出与卡内基联合经营钢铁。开始的时候，卡内基没理会。于是摩根放出风声，说如果卡内基拒绝，他就找当时居美国钢铁业第二位的贝斯列赫姆钢铁公司联合。这下卡内基慌了，他知道贝斯列赫姆若与摩根联合，就会对自己的发展构成威胁。

一天，卡内基递给齐瓦勃一份清单说：“按上面的条件，你去与摩根谈联合的事宜。”齐瓦勃接过来看了看，对摩根和贝斯列赫姆公司的情况了如指掌的他微笑着对卡内基说：“你有最后的决定权，但我想告诉你，按这些条件去谈，摩根肯定乐于接受，但你将损失一大笔钱。看来你对这件事没有我调查得详细。”经过分析，卡内基承认自己高估了摩根。

卡内基全权委托齐瓦勃与摩根谈判，取得了对卡内基有绝对优势的联合条件。摩根感到自己吃了亏，就对齐瓦勃说：“既然这样，那就请卡内基明天到我的办公室来签字吧。”齐瓦勃第二天一早就来到了摩根的办公室，向他转达了卡内基的话：“从第51号街到华尔街的距离，与从华尔街到51号街的距离是一样的。”摩根沉吟了半晌说：“那我过去好了！”摩根从未屈就到过别人的办公室，但这次他遇到的是全身心投入的齐瓦勃，所以只好低下自己高傲的头颅。

后来，齐瓦勃终于建立了大型的伯利恒钢铁公司，并创下非凡的业绩，真正完成了从一个打工者到创业者的飞跃。

事实证明，把每一件事情都当成自己的事业去拼搏的话，你就会取得无可估量的成功，现在就去坐吧，成功在等你！